安全教育读本

主　编　自德军　梁继红　罗京宁
　　　　孔照兴　杨中刚

副主编　李学明　黄　岗　胡　超

电子工业出版社
Publishing House of Electronics Industry
北京·BEIJING

内 容 简 介

职业院校学生的身心平安与健康关系着千家万户的幸福与安康，也关系着国家的稳定与社会的和谐。本书针对职业院校安全工作的实际情况，结合学生的安全认知现状，为帮助学生增强安全意识，提高避险能力，指导学生预防安全隐患和正确处理安全事故而编写，目的是传授给学生安全知识和教会学生应对安全事故的办法，为学生今后平安、健康地工作与生活提供帮助。全书共分 11 章，通过案例警报、安全警示、危机预防、危机应对、法规链接、安全小贴士 6 个板块展开，力求贴近职业院校学生的实际情况，语言通俗易懂，图文并茂，具有较强的可读性和可操作性。

本书可供职业院校开设安全教育课程教学使用，可作为班主任开展班级安全教育的教材，亦可供学生自学阅读使用。

未经许可，不得以任何方式复制或抄袭本书之部分或全部内容。

版权所有，侵权必究。

图书在版编目（CIP）数据

安全教育读本 / 自德军等主编. —北京：电子工业出版社，2018.8

ISBN 978-7-121-34383-4

Ⅰ. ①安⋯ Ⅱ. ①自⋯ Ⅲ. ①安全教育—职业教育—教材 Ⅳ. ①X925

中国版本图书馆 CIP 数据核字（2018）第 122911 号

策划编辑：施玉新
责任编辑：裴　杰
印　　刷：三河市良远印务有限公司
装　　订：三河市良远印务有限公司
出版发行：电子工业出版社
　　　　　北京市海淀区万寿路 173 信箱　邮编　100036
开　　本：787×1 092　1/16　印张：16　字数：409.6 千字
版　　次：2018 年 8 月第 1 版
印　　次：2022 年 8 月第 4 次印刷
定　　价：28.00 元

凡所购买电子工业出版社图书有缺损问题，请向购买书店调换。若书店售缺，请与本社发行部联系，联系及邮购电话：(010) 88254888，88258888。

质量投诉请发邮件至 zlts@phei.com.cn，盗版侵权举报请发邮件至 dbqq@phei.com.cn。

本书咨询联系方式：(010) 88254598，syx@phei.com.cn。

前　言

　　本书根据职业院校开展安全教育的需要，结合职业院校学生的特点，在学习、生活、实验实训以及顶岗实习安全等方面进行了有益的探索，有助于全面深入地推动校园安全教育工作，降低各类事故的发生率，切实做好学生的安全保护工作，促进学生健康成长。

　　本书的编写人员为云南省普洱市职业教育中心、金陵高等职业学校的教师，主要编者有自德军、梁继红、罗京宁、李学明、黄岗、胡超、孔照兴、杨中刚、刀剑、吴玉秀、胡氢、李德文、陈正、杨冰、赵至健、彭健。其中，罗京宁撰写了样章，为本书提供了很好的范本，同时还对全书内容进行了统稿及修改。

　　由于时间仓促及编者水平有限，本书难免存在许多不足，敬请读者批评指正，以臻完善。

编　者

编　委　会

目　录

第 1 章

重视安全教育

☞知识要点

1. 安全重要　人人需知
2. 危机意识　牢固树立
3. 安全观念　永驻心上
4. 安全素养　积极提升

→ 1.1 安全重要 人人需知

【案例】

2014年9月26日，云南省昆明市某小学午休楼发生学生踩踏事故，共造成6名小学生窒息死亡，35人不同程度受伤。经事故调查组调查认定，该事故是一起校园安全责任事故。

事发后，云南省昆明市纪检监察机关分别对7名责任人进行了处分，对3名责任人分别以教育设施重大安全事故罪判处有期徒刑。

近年来，各地学生在校园内外受到意外伤害的事件时有发生。在北京市、上海市、广东省、陕西省等10个省市进行的关于中小学生安全问题的调查显示，家长担心孩子受到伤害的地方依次为：学校占51.44%，公共场所占36.32%，自然环境占10.44%，家里占1.8%。这个调查结果表明，学校竟然成为家长最担心孩子受到伤害的地方。学生安全知识教育、自我保护教育已经到了刻不容缓的地步。

《中华人民共和国义务教育法》第二十四条明文规定：学校应该建立、健全安全制度和应急机制，对学生进行安全教育，加强管理，及时消除隐患，预防发生事故。这是学校安全教育的法律依据。一方面，我国的学校安全教育还需加强，形成体系；另一方面，青年学生还需要重视自身安全素养的提升。

青年学生的生命安全和健康成长，涉及亿万家庭的幸福。保障自身的安全，也是对家庭和社会的一种责任，是构建和谐社会的重要基础，是落实科学发展观和习近平主席系列重要讲话的必然要求。安全工作的重要性体现在以下几个方面。

1.1.1 安全是学生健康成长的保证

青年学生是祖国未来的建设者，是中国特色社会主义事业的接班人。青年学生处于一个特殊时期的未成年阶段，其人生观、世界观、价值观尚未完全形成。一些成年人的价值观扭曲，拜金主义、享乐主义、极端个人主义情绪滋长，给青年学生造成了负面影响。少数青年学生精神空虚，行为失常，导致违法犯罪案件居高不下，这已经成为全社会关注的一个突出问题。青年学生积极主动学习安全知识和安全技能，有利于自身的健康成长，有利于成长为有理想、有道德、有文化、有纪律的"四有"新人。

随着经济的发展和社会的进步，青年学生的活动领域越来越宽，接触的事物也越来越多，自身安全问题也日益增多。在日常生活中，从事各种活动，例如出行、集会、旅游、参加体育锻炼等，都有可能遇到各种不安全的因素，而青年学生应付各种异常情况的能力还极其有限。目前，社会治安中仍存在一些问题需要解决，违法犯罪现象频发，不法分子滋扰或侵害的情况还时有存在。此外，自然灾害（例如地震、洪水、风暴等）的发生，同样也会对青年学生的安全构成威胁。

所以，青年学生接受自护自救的安全教育是非常有必要的。有关专家认为，通过学习安全知识，进行安全技能训练和采取必要的安全预防措施，80%的意外伤害事故是可以避免的。安全教育是生命教育，安全教育是公众教育，安全教育是世纪教育。仅仅依靠社会、学校和家长的保护是不够的，更重要的是学生能树立自护自救观念，形成自护自救意识，掌握自护自救知识，锻炼自护自救能力。当灾难发生时，能够果断正确地进行自护自救，机智勇敢地处置遇到的各种异常情况和危险。

1.1.2　安全是未来事业成功的基础

今天的青年学生就是明天的建设者，几年后将进入社会。在校学习期间，应该培养良好的安全意识，养成重视安全的习惯。这既是对自己负责，也是对亲人和社会负责，这是每个人应有的社会责任。在青年时代，养成良好的行为习惯会终身受益。

责任心是指个人对自己和他人，对家庭和集体，对国家和社会所负责任的认识、情感和信念，以及与之相应的遵守规范、承担责任和履行义务的自觉态度。责任心是青年学生健全人格的基础之一，是能力发展的催化剂。责任心以认识为前提，如果认识上没有是非标准，责任心就无从谈起。

职业教育是许多人步入社会的前站，更注重学生素质的全面发展和提高，它要求学生不仅要掌握基本技能，更要学会做人、学会生活、学会创造。良好习惯的养成其实就是学生素质的提高过程，一个人的素质往往是通过人的行为习惯来体现的。没有良好的安全习惯，不仅影响自己事业的发展，而且会给亲人和社会造成沉重的负担。

1.1.3　安全是社会和谐的前提

安全意味着学生高高兴兴上学，家长高高兴兴上班，大家都平平安安回家。安全是千家万户幸福的保证，是社会稳定、和谐和进步的前提。但每天见诸报端的塌方事故、医疗事故、交通事故、高空坠落事故、触电事故等都让人触目惊心。事故中那些死伤者的惨状和亲人们痛不欲生的情景，都让我们感到生命是那么脆弱，都让我们想到人世间最难以割舍的亲情锁链被缺乏责任心的利斧无情地砍断的悲哀，都让我们认识到平时所学的安全法规的每一条、每一款都是用血淋淋的教训和代价书写出来的。

梁启超先生曾说过："人生须知负责任的苦处，才能知道有尽责任的乐趣！"幸福生活来自安全，关注安全就是关爱生命，安全责任重于泰山！我们不能奢求生活中没有意外事故发生，但我们可以通过自己的努力把事故的发生率和危害性降到最低。

➡ 1.2　危机意识　牢固树立

【案例】

2017年8月11—14日，贵州省出现持续3天的大范围强降雨天气。贵州省的遵义、安顺、铜仁、黔东南等6市（自治州）11个县（市、区）4.7万人受灾，2人因灾死亡，2 000余人紧急转移安置，1 200余人需紧急生活救助，200余间房屋不同程度损坏，农作物受灾面积达3 000公顷，其中绝收100余公顷，直接经济损失达3 900余万元。

类似这样的危机总是不经意地发生在我们身边。在我国古代就有了危机意识的萌芽，《周易·系辞》中有言：安而不忘危，存而不忘亡，治而不忘乱。我们要有危机意识，使校园安全事故防范从"亡羊补牢"变成"未雨绸缪"。

1.2.1 危机的概念

危机是突然发生或可能发生的危及组织形象、利益、生存的突发性或灾难性事故、事件等。危机轻则对我们正常的工作造成极大的干扰和破坏，重则使我们的生命和财产受到严重威胁与损失。面对危机事件，将危机造成的损失尽可能地减少，是最具有挑战性的考验。

1.2.2 危机的特点

1. 必然性与偶然性

危机是偶然发生的，有时候难以避免。学校的任何薄弱环节都有可能因为某个偶然因素而发生危机。这就是危机防不胜防、容易带来混乱和惊慌的原因。因此，必须防患于未然，做到居安思危。

2. 未知性与可测性

危机在什么时间、什么地点发生，破坏性有多大往往是难以预料的，特别是自然灾害、科技新发明等带来的冲击是难以抗拒的。但是危机的发生也存在一定的规律性因素，可以通过对这些规律性因素的研究来预见发生危机的可能性，这就是可测性。

3. 紧迫性与严重性

危机发生后，情况往往瞬息万变，危机的应对和处理具有很强的时间限制。严重性是指危机往往具有连锁效应，引发一系列的冲击，不仅破坏正常秩序，更严重的还会威胁到社会、学校、家庭和个人生活。

4. 公众性与聚焦性

校园的危机事件会受到公众的高度关注。由于现代传播媒体十分发达，校园的危机情况会被迅速公开，成为各种媒体热评的素材。同时，公众不仅关注危机本身，更关注学校的处理态度和采取的行动。媒体对危机报道的内容和对危机报道的态度影响着公众对危机的看法和态度。

5. 破坏性与建设性

危机必然会造成不同程度的破坏，但处理危机的过程也是学校和个人决策能力、应变能力的体现。妥善处理危机，将坏事变成好事，可以促进学校安全体系的建设和完善。

1.2.3 危机的类型和分级

准确认识和判断危机的类型，以便明确危机处理的权限和责任主体是危机管理的前提。从不同的角度划分，危机存在不同的类型。

根据危机产生的原因划分，危机可以分为人为的危机和非人为的危机。

根据危机给组织带来损失的表现形态划分，危机可以分为有形危机和无形危机。

从危机与组织的关系程度及归咎的对象划分，可以分为内部公关危机和外部危机。

突发公共事件也可以称为公共危机事件。《国家突发公共事件总体应急预案》将突发公共事件主要分为自然灾害、事故灾难、公共卫生事件、社会安全事件 4 类，按照各类突发公共事件的性质、严重程度、可控性和影响范围等因素把突发公共事件分为 4 级，即 I 级（特别重大）、II 级（重大）、III 级（较大）和 IV 级（一般），依次用红色、橙色、黄色和蓝色来表示，分别由中央级、省级、市级和县级政府统一领导和协调应急处置工作。

1.2.4 导致危机的原因

1. 外部原因

（1）其他谣言和敲诈者的破坏等给组织带来的危机。

（2）政治制度、经济政策、法律法规等因素变化，对组织既得利益的影响而造成的危机。

（3）不可抗力的灾难或重大事件、事故，例如火灾、地震、台风、水灾造成的自然灾难，或由人为原因造成的重大事件、事故，例如恐怖活动、抢劫事件。处理这类危机要尽快做好抢救和善后工作，以便最大限度地减少损失，争取受害者及社会的理解。同时，要及时将事实真相告知公众，消除谣言。

（4）失实报道引起的危机。社会公众对事件本身缺乏详细而全面的了解，对事情的本质也很难科学地分析。公众对新闻媒体的信任度高，它们的报道习惯上被理解为事实。新闻媒体报道失实、不全面，甚至曲解事实、报道失误，从而导致公众对组织的误解，使组织形象受损。

2. 内部原因

（1）管理者缺乏危机意识。当组织利益与社会利益发生矛盾时，管理者社会责任、公众利益意识淡薄，只顾维护组织自身的利益，损害公众利益，导致危机出现。

（2）产品、服务质量有问题。产品质量是企业形象的基础，例如食品、药品、饮料行业发生的中毒事件使组织在一段时间里给公众留下很差的印象，组织要为此花费大量的时间和资金。

（3）组织人员素质低下。一方面，领导者缺乏公关意识，对公众的正当权益置若罔闻，甚至粗暴地对待公众，以致引发组织形象危机；另一方面，很多时候公众是通过员工行为举止了解、认识组织形象的，员工的不当行为会给组织形象带来恶劣的后果。

→ 1.3 安全观念 永驻心上

"安全"是一个古老的话题。关于"安全"一词，现代汉语中解释为"没有危险；不受威胁；不出事故"。安全伴随着人类历史发展的全过程，是人类生存的基础，是社会发展的前提，是个体在社会上生存的基本保障。美国心理学家马斯洛在他的"需要层次论"中，将安全放在了人类需求的第二位，仅次于生理需求，足见安全的重要性。

未成年人的安全牵动万家。而当今生活环境的千变万化，社会诸多的不确定因素，家庭的过多保护，使许多未成年人面对具体问题时显得束手无策。无论是教师、父母还是警察，都不可能给任何一个孩子安全一生的承诺和保护，只有未成年人自身具备了安全意识和能力，方可一生平安。因此，安全教育的落脚点应该是培养未成年人的安全意识，形成自救自护能力。

学校、家庭和社会必须建立起完善的安全网络，认真落实安全责任制，严格执行与未成年人安全相关的规章制度，坚持不懈地进行安全教育，积极推进校园安全文化建设，提高广大师生的安全素质和安全意识，实现安全理念从"要我安全"向"我要安全""我应安全""我懂安全""我能安全"的飞跃。

加快发展现代职业教育是党中央、国务院做出的重大战略决策。2017 年中等职业教育在校生数达到了 2 300 万人，专科层次职业教育在校生数达 1 400 万人。面对这个庞大的群体，职业院校的学生安全教育已经成为不容忽视的问题。建设学校安全教育服务体系已经成为刻不容缓的工作。学校安全教育服务体系应该由"四体系一库一平台"构成，即安全教育课程体系、安全技能训练体系、安全活动开展体系和安全教育测评体系、安全教育教学资源库、安全教育信息化平台，如图 1-1 所示。

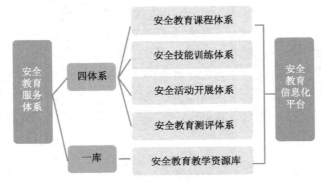

图 1-1　学校安全教育服务体系

职业院校学生主要认真接受学校的安全教育，积极参加学校组织的安全技能训练，提高安全素质和安全意识，做到"安全观念，永驻心上"。

1.3.1　以人为本，珍爱生命

安全是生命之本，每个人都应该学会保护自己的生命和健康，也要学会保护他人的生命和健康，这是最基础的社会文明，否则他就不是一个真正意义上的人，不是一个有基本道德观念的人。所以，学生应该从小树立社会安全意识，自觉维护社会安全，树立正确的人生观和价值观。

确立安全意识是校园安全的前提与保障。学校要定期开展各种"安全"专题活动，传授各种自救知识，特别是遇到犯罪行为如何处理及消防知识等，共同提高师生安全意识和自护自救能力，使师生积极主动地关注校园安全，让安全意识深入人心。

"生命"是一个多么鲜活的词语，正如保尔·柯察金所说："人最宝贵的是生命，生命对每个人只有一次。"珍爱生命，不单单指珍爱自己的生命，也指在珍爱自己生命的同时珍爱他人的生命，这才是真正的珍爱生命。珍爱自己的生命，才能更好地担负起各种责任，对得起父母、妻子（丈夫）、儿女、国家和社会。

"幸福"是一个多么美妙的境界！有了生命，我们才能坐在教室里安静地学习；有了生命，我们才能和他人交往，笑口常开；有了生命，我们才能安心地工作；有了生命，我们的家庭才会幸福、平安；有了生命，我们的国家才会繁荣富强。

一切有社会责任感的人，一切聪明的、理智的、成熟的人，都应该为自己、为家庭、为单位、为社会、为国家珍爱自己和他人的生命。

1.3.2　安全第一，预防为主

安全是生命之本，"安全第一"的原则就是学校要处理好安全工作与学校教育教学的关系，在保障学校师生人身和财产安全的基础上开展教育教学活动。对学生而言，就是指生活中的学习、体育锻炼、社会交往等一切活动，应该将安全放在首要的位置。当其他活动与安全发生矛盾和冲突时，要以安全为重。

"预防为主"的原则是指学校在安全工作过程中，要坚持防患于未然，消除事故隐患，提前采取事故应对措施。隐患险于明火，防范胜于救灾，事前预防胜于事后被动救灾。积极主动地消除隐患是保障学校安全的关键。"预防为主"是保证学校安全最明智、最根本、最重要的指导思想。

在校学生则应该做到以下几点。

（1）能发现安全隐患并向学校报告，能采取必要的措施保护自己。

（2）自觉遵守与生活紧密相关的各种行为规范。

（3）增强自律意识，自觉地不进入未成年人不宜进入的场所，养成自觉遵守与维护公共场所秩序的习惯。

（4）学会应对敲诈、恐吓、性侵害等突发事件的基本技能。

（5）不参加影响和危害社会安全的活动，形成社会责任意识。

1.3.3　遵纪守法，和谐共处

遵纪是守法的基础。加强学生纪律观念的培养，首先是加强对于纪律的认识和觉悟。其次是严格遵守学校和班级的纪律，遵守社会道德所认可的纪律。遵纪守法是每个公民应尽的社会责任和道德义务。法律是国家颁布的公民必须遵守的行为规则，是人们生存的保障和幸福的必需。学生必须学法、懂法、用法、守法。

遵纪守法是公民的义务，是社会和谐安宁的重要条件。从国家的根本大法到基层的规章制度，都是民主政治的产物，都是为维护人民共同利益而制定的。要建设高度文明和民主的社会主义国家，实现中华民族的伟大复兴，就必须在全社会形成"以遵纪守法为荣，以违法乱纪为耻"的道德观念。

➡ 1.4　安全素养　积极提升

在职业院校开展安全教育是促进职业院校学生成长成才的需要。职业院校学生既是祖国未来的建设者，又是自己今后幸福人生与美好生活的开创者。加强职业院校学生的安全教育，提升其安全文化素养、法律意识及自护自救、帮助他人的意识与能力，保障学生的生命财产安全，是学校安定、社会稳定和谐的基础。

1.4.1　认识当前的安全形势

1. 社会安全形势

近年来，社会安全形势总体稳定，但也存在着很多不和谐的因素，例如恐怖袭击、敲诈勒索、突发事件、交通事故、校园暴力、诈骗、抢劫、传销、恐吓、性侵害等。

【案例】昆明火车站暴力恐怖案

2014 年 3 月 1 日 21 时 20 分左右,在云南省昆明市昆明火车站发生了一起新疆分裂势力一手策划组织的严重暴力恐怖事件。该团伙共有 8 人（6 男 2 女）,现场被公安机关击毙 4 名,击伤抓获 1 名（女）,其余 3 名落网。此案共造成平民 29 人死亡,143 人受伤。

2. 校园安全状况

（1）公共卫生事件

公共卫生事件是指突然发生,造成或者可能造成社会公众健康严重损害的重大传染病疫情、群体性不明原因疾病、重大食物和职业中毒以及其他严重影响公众健康的事件。近几年爆发的疫情、流感、传染病疫情等,使校园卫生防疫工作面临着严峻的考验。

【案例 1】哈尔滨医科大学数十人感染诺如病毒

2016 年 10 月 13 日 22 时,哈尔滨医科大学接到部分学生消化系统不适,出现呕吐、发热、腹泻的反应,学校相继护送学生赶往哈尔滨医科大学二院就诊。经过哈尔滨市、南岗区疾病控制中心对 43 名患病学生的流行病学调查,其中有 39 名学生符合诺如病毒感染病例定义,市、区卫生计生行政部门和疾病控制机构根据流行病学调查、病例临床表现和实验室检测结果等资料,判定为人间传播导致的诺如病毒感染,排除由食物中毒和市政供水污染引起。

【案例 2】南昌高校艾滋病传播严重

2016 年 9 月 14 日,江西省南昌市疾病控制中心发布通告称,至 2016 年 8 月底,南昌全市已有 37 所高校报告艾滋病感染者或病人,共报告存活学生艾滋病感染者和病人 135 例,死亡 7 例。同时,近年来南昌市青年学生 HIV/AIDS 病例快速增加,近 5 年疫情年增长率为 43.16%。2011—2015 年新发学生病例中,男男同性性传播占 83.61%,同性性传播已经成为青年学生感染艾滋病的主要途径。

（2）校外交通事故

据国家有关部门统计,我国平均每 41 秒就会发生一起车祸,每天就有近 40 多名中小学生死于交通事故。公安部相关的数据表明,每年超过 1.8 万名 14 岁以下儿童死于交通事故,死亡率是欧洲的 2.5 倍,是美国的 2.6 倍。交通事故已经成为比战争、疾病、洪水、地震等自然灾害等危害更大的、真正的"头号杀手"。全国每年交通事故伤亡的人员中,仅中小学生就占 30%。一些职业院校学生无证、无照驾驶机动车辆、飙车等违法行为,也存在着巨大隐患。

（3）溺水事故

每年发生的中小学生安全事故中,溺水是造成广大中小学生,尤其是农村中小学生非正常死亡的主要杀手之一。调查显示,全国每年有 1.6 万名中小学生非正常死亡,平均每天有 40 多名学生死于溺水、交通或食物中毒等事故,其中溺水和交通仍居意外死亡的前两位。

（4）校园伤害事故

依据教育部等有关部门颁布的《学生校园意外伤害事故处理办法》第一章第二条精神,校园伤害事故是指在学校实施的教育教学活动或者学校组织的校外活动中,以及在学校负有管理责任的校舍、场地、其他教育教学设施、生活设施内发生的，造成在校学生人身损害后果的事故。

（5）校园暴力事件

近年来，校园欺凌和暴力事件频发，且暴力行为逐渐呈现出低龄化、女性化趋势，应该引起全社会广泛关注。据报告，在校园暴力事件的成因中，"日常摩擦"以55.0%的比例居首，"钱财纠纷""情感纠葛"分别以17.5%和15.0%的占比位列二、三位。此外，另有7.5%的暴力事件是由"偏激心理"引发的，这种心理带有很强的青春期烙印，甚至出现因为看不惯对方相貌、行为而产生欺侮、殴打等行为。

校园欺凌是指发生在学生之间，蓄意或恶意通过肢体、语言及网络等手段，实施欺负、侮辱造成伤害的行为。此类案件不仅给被害者造成长期的心理阴影，甚至影响人格发展，施暴者也很可能滑入违法犯罪的歧途，严重影响未成年人的身心健康。

（6）校园裸贷

所谓"校园裸贷"，是在特定的互联网平台借款时，女学生将其手持身份证或学生证的个人的裸体照片及视频发送给出借人，作为如期归还所借款项的承诺，即以照片或者视频作为抵押。当女学生不能还款时，出借人以公开其裸体照片的手段要挟其还款或直接将其照片出售给他人。一些不法黑势力针对青年学生等群体实施裸贷，用"福利"引诱学生进行高额贷款，趁机满足学生的虚荣心理，之后变相加息，以至于借2 000元还2万元的现象屡见不鲜。

一些没有偿还能力的女大学生被骗后，还不敢报警维护权益，因为借贷公司不仅拿着自己的"罪证"，还有涉黑势力，一旦报警，就会受到黑势力威胁，并且"罪证"暴露于周围的熟人，这对于花季少女来讲是致命打击，于是女大学生只好委曲求全，用"色"进行交易偿还，有的甚至走向轻生的地步。同学们千万不要落入"校园裸贷"的陷阱！

（7）利用网络的犯罪

【案例1】诈骗短信

2014年5月，浙江省湖州市警方摧毁了一个群发诈骗短信的犯罪团伙，抓获犯罪嫌疑人18名。经过调查，自2012年以来，该团伙累计群发中奖等网络诈骗短信上亿条，诈骗300余万元。

【案例2】网络招嫖案

2014年12月，江苏省苏州市警方在江苏省苏州市、湖南省常德市、辽宁省锦州市和广东省湛江市四地成功打掉一个通过网络代聊点进行招嫖和卖淫的团伙。经调查，该团伙通过设在锦州、湛江和深圳的三个代聊点进行网络招嫖，有专人负责带路、望风、处理纠纷、记账和汇款，形成了一条完整的网络招嫖黑色链条，造成了恶劣的社会影响。

【案例3】网络色魔

河南省郑州市21岁青年男子范某在2003—2004年的一年间，利用上网聊天约见女网友的方式，采用言语威胁、胶带捆绑、打骂等暴力手段，先后强奸6人，轮奸1人，抢劫财物18 080元。范某因为互联网犯罪依法被判处死刑。这个"网络色魔"在临刑前懊悔地说："都是上网毁了我！"

（8）学生自杀事件

自杀在我国已经成为位列第五的死亡原因，仅次于心脑血管病、恶性肿瘤、呼吸系统疾病和意外死亡。学生自杀事件主要是因为生活事件、人际冲突、经济窘迫、学习成绩等多种因素所导致的，此外也与个人人格特点有关，例如处理问题不灵活、耐受力差等。

（9）其他类型案件

①学生涉毒案件。吸毒需要大量的金钱，平均每个吸毒人员每天的费用不低于200元。受毒品折磨的吸毒人员，在借不到钱的情况下，往往会走上违法犯罪的道路。为了免受毒瘾发作的折磨，八成左右的女吸毒人员不得不去卖淫。很多吸毒者还以贩养吸，走上贩毒、运毒、藏毒的犯罪道路。因为吸毒而感染艾滋病的比例居高不下。

②学生传销案件。传销是经济"邪教"！一些职业院校学生成了传销的牺牲品，他们为此而欺骗家人，危害社会。贵阳某中学的刘老师被学生逼做传销，被关在小屋内，无奈跳楼逃生，造成腰椎骨折。

③学生赌博案件。22岁的大四女生木子整天躲在家里不敢出门。一年多前，她在同学的推荐下加入了一个微信红包群。去年一年她总共发了206万余元微信红包，抢了196万元红包，输了10万余元。为了还债，她还借了"高利贷"，现在欠下了巨额债务。

3. 职业院校学生面临的重点安全问题

（1）学习、生活安全

手机等财物失窃、被敲诈勒索等案件是职业学校中最普遍、最多发的安全事件。火灾等灾害事故也严重威胁着学生生命和财产的安全。职业院校学生在实验实训、体育运动、卫生饮食、社会实践、社会交往、旅行出游等方面也存在安全问题。

（2）实习安全

职业院校按照专业培养目标和教学计划，组织学生到企业等用人单位进行教学实习和顶岗实习，这是职业院校专业教学的重要内容。实习期间学生意外伤害事故的发生，反映出学校安全教育、管理制度方面的缺失。事故发生后，学生权益难以维护，难以得到有效的赔偿，暴露了法律、法规体系的不健全。

【案例】

2007年3月21日凌晨，江苏省仪征市某公司冲压车间发生一起机械伤害死亡事故。死者孙某，男，18岁，系该市某校2005级在校实习学生。上大夜班时，孙某与其他5名实习学生及2名女工被班长安排在压力机台作业。作业时，孙某发现一块物料未放置到位，在主机未停止运转的情况下，弯腰探头伸出左臂拨弄压力机下的物料，被下落的压力机砸中左胳膊等部位，因为伤势过重，抢救无效死亡。

1.4.2 牢固树立安全意识

1. 树立"安全超前"意识

根据马斯洛的需要层次理论（见图1-2），安全的需要是人的基本需要。培养职业院校学生"安全超前"的意识，就是使其通过了解典型案例，学习相关的安全知识，从而增强危机防范意识，训练应对危机的方法和手段，最终达到提升安全素养的目的。

培养"安全超前"的意识对职业院校学生的日常生活有直接帮助。社会治安形势严峻，一些犯罪的"黑手"已经伸入校园。例如，"高利贷"潜入校园就值得大家警惕。在校学生多数靠父母支付生活费用，没有稳定的收入，有些学生入不敷出时，就染指一些高利贷，去炒股、赌球，欠债后被逼还债引发犯罪。高利贷为大学生提供了一种现金随意支付的可能性，滋长了挥霍的坏作风，危害性很大。另外，非法证券"黑手"也已经伸进校园，要引起足够的重视。

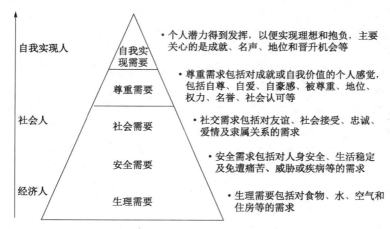

图1-2 马斯洛的需要层次理论

培养"安全超前"的意识对职业院校学生更具有现实意义。"以就业为导向"的职业教育理念，要求学生在学习专业知识、训练专业能力的同时，也要重视安全意识的培养。"条条制度血写成，不可用血去验证"。职业院校学生要认真学习安全生产知识，严格遵守操作规程，养成规范习惯，方能保障安全生产，杜绝生产事故的发生。

2. 增强主动应变的意识和能力

剖析典型案例，学习安全知识，增强防范意识，就是为了在危机发生的关键时刻，能够积极主动并善于应对侵害，自护、自救、援助他人，保障安全。

职业院校学生要在日常生活中学会应对危机的方法与技巧。例如，某市职业院校"校园霸王"沈某、许某在宿舍里对同学动酷刑，扇耳光、烫烟头等。受害者林某声称自入学以来多次被打。沈某、许某因为涉嫌寻衅滋事被起诉。悲剧的产生不是仅仅因为沈某、许某的残忍和对法律的无知，林某的软弱和纵容也是宿舍暴力步步升级的原因。

面对劫财劫色的歹徒，女大学生该如何应付？2007年夏天的一个夜晚，某色狼闯入女大学生小娇的房间，但她能沉着应对，与歹徒展开了4个多小时的较量，最终使歹徒落荒而逃并被抓获，判处有期徒刑10年6个月。

同时，"以服务为宗旨，以就业为导向"的职业院校安全教育必须贴近企业的实际和岗位的需要。例如，从事现代服务行业的职业院校学生在实际工作中不但要热情接待顾客，还要照看好商品不丢失，并要尽可能地帮助顾客防范盗窃事件的发生。其中不但需要具备高度的安全意识，更要讲究应对危机的技巧和方法。

3. 强化守法自律的意识和能力

我国青少年学生的法律意识现状令人担忧。一项调查显示，我国学生对《中华人民共和国未成年人保护法》和《中华人民共和国预防未成年人犯罪法》的基本了解率分别只有24.7%和16.4%。学生对与其权利义务密切相关的这两部法律尚且知之甚少，这从一个侧面反映出，目前我国青少年法律知识水平、法律意识和法律素质亟待提高。

职业院校学生小松的父母是生意人，年收入在300万元以上。父母生意太忙，没时间管他，有时一周才能见一次面。他感到"晚上一个人在家太寂寞了，出去搞点儿事儿才觉得刺激"，于是半年内 7 次抢劫青年学生。他被捕后还无知地说："我好像听说，不满 18 岁的人就是犯了法也不要负刑事责任。"《中华人民共和国刑法》第十七条明确规定："已满十六周岁的人犯罪，应当负刑事责任。已满十四周岁不满十六周岁的人，犯故意杀人、故意伤害致人重伤或者死亡、强奸、抢劫、贩卖毒品、放火、爆炸、投毒罪的，应当负刑事责任……"此案中，小松已满 16 岁，必须负刑事责任。

一份来自中国青少年犯罪研究会的调查资料表明，近年来，我国青少年犯罪总数已经在全国刑事犯罪总数中占到相当高的比例，其中 15 岁、16 岁少年犯罪案件又占了青少年犯罪案件总数的 70%。职业院校学生正处在这个危险的年龄段，有的地区职业院校学生犯罪率明显偏高。

职业院校学生守法自律意识的形成对培养良好的职业道德具有深远意义。走入社会的职业院校学生面对光怪陆离、处处充满诱惑的现实，如果缺乏遵纪守法的意识，缺少必要的自我约束力，就很容易走入"唯利是图"的歧途，走上犯罪的道路。

4．提高调适心理的意识和能力

职业院校学生心理问题日渐增多，增强其心理安全的重要性日益显现。2004 年 12 月 27 日，河南省某美容美发学校的学生丁某由于家中的事情正生着闷气，而同宿舍的两位同学在为庆祝圣诞节排练节目，欢声笑语打扰了丁某的休息，丁某十分烦躁。于是她买了"毒鼠强"投入两位同学的食物中，结果造成一死一伤。

2007 年 5 月 11 日，广东省某市两名学生手绑手投水自杀。令人想不到的是杀死她们的竟是同学间流传甚烈的流言蜚语：最初传她们谈恋爱，随后传她们与高年级男生同居。在她们死后，传言竟然升了级：两人自杀是因为与男生同居后怀孕了。

因此，培育职业院校学生良好的心理素质，增强其抗挫折能力及使其学会交往，学会寻求自我救助的办法，有利于学生毕业后尽快适应社会，顺利步入新的人生阶段。

1.4.3 主动学习安全知识和技能

在校期间，职业院校学生应该主动参加各种安全教育学习和活动。

1．心理安全教育

一些职业院校学生存在性格懦弱、依赖性和嫉妒心强、自私、逆反、情绪焦虑等不良心理，影响自身和他人安全。

（1）逞强心理

例如有的职业院校学生明知自己的能力已经到了极限，再坚持下去可能会出危险，可是为了逞能，显示自己的强大，却偏要"再向虎山行"。

（2）逆反心理

例如有的职业院校学生喜欢与老师、家长对着干。你说开煤气洗澡不能长时间关窗，我偏要试试；你说食品过期不能吃，我偏要尝尝；你说马路上不要挎着肩膀骑车，我偏要这样。

（3）出风头

例如有的职业院校学生喜欢冒险、出风头，例如攀上疾驰的拖拉机，爬上危险的城墙，夏天从数十米高的桥上跳下河游泳等。

（4）盲目崇拜英雄，超出能力所及

例如有的职业院校学生去救火，不会游泳的去救溺水者，结果是不但没救出别人，自己也搭进去一条命。

2．交通安全教育

交通安全教育包括行路安全、骑车安全、乘车安全、乘船安全等教育。职业院校学生要学习交通法规，熟悉交通信号（信号灯、手势）和标志，掌握交通安全常识，在生活中自觉遵守交通规范，切实保障自身和他人的交通安全。

3．日常生活安全教育

日常生活安全教育包括用水用电安全、家务劳动安全、饮食卫生安全等教育。

职业院校学生要掌握用电、用气、用火安全常识，严禁违章操作，并能正确识别并学会使用各类灭火器。

职业院校学生要严格遵守食品卫生，注意饮食卫生和用药卫生，严禁食用过期、变质、有异味儿的食物，不买容易发生食物中毒的菜，防止食品污染，有效防止细菌性食物中毒及其他几种常见的食物中毒，例如发芽的马铃薯、没煮熟的四季豆、鲜黄花菜、认不准的蘑菇等。

4．活动安全教育

活动安全教育包括运动环境和器械的安全、体育课的安全、野外活动的安全、人流拥挤的公共场所安全等教育。

职业院校学生应该遵守体育锻炼规则，做好运动前的准备，掌握正确的动作技巧。例如，游泳要有组织和安全措施，严禁私自下河游泳，杜绝冒险行为。

职业院校学生外出、乘车要注意安全，管好钱物，严禁携带易燃易爆物品、有毒物品等。

职业院校学生燃放烟花爆竹要选择安全地带，不在公共场所及禁燃区燃放烟花爆竹，严禁违章燃放。

5．自然灾害中的自我保护教育

自然灾害中的自我保护教育包括水灾、火灾、暴风雨、雷电袭击、地震等情况下的自我保护教育。

6．社会治安教育

社会治安教育是指教育职业院校学生在遭遇盗贼、骗子、抢劫、挟持、绑架、黄赌毒等违反法律法规的人和事时，要加强自我保护意识，避免被坏人拐骗和伤害，自觉抵制毒品侵害，远离黄色书刊和黄色音像，不迷恋网吧，注意正当的网上交友。使职业院校学生树立正确的人生观、世界观，建立良好的人际关系，注意劳逸结合，科学用脑，克服不良情绪，保持心理健康。

7．意外事故处理教育

要教育未成年人在发现安全隐患时，及时报告教师，掌握安全应急常识，牢记应急电话110，或者火警电话119，急救电话120，交通事故报警电话122等。

总之，职业院校学生要牢牢树立"安全第一"的思想，服从"安全第一"的原则。只有懂得了安全，才会事事安全，人人安全。仅有安全意识、懂得防范方法是不够的，必须将其转化为自身的应变能力。一方面，要学会自护自救和互助互救的知识与技能；另一方面，形形色色的具体问题没有一个标准的万能应对模式，职业院校学生要因地制宜，因事制宜，机智灵活地处理。

第 2 章

校内生活安全

☞知识要点

1. 饮食卫生　严防疾病
2. 住宿防盗　起居安全
3. 谨慎交友　学会辨别

→ 2.1　饮食卫生　严防疾病

2.1.1　饮食卫生　谨防中毒

案例警报

【案例1】食堂就餐也别大意

某职业中专学校的晚餐很丰盛，既有凉拌菜，又有四季豆炒肉片，还有红烧海虾，美味飘香，学生纷纷购买。晚自习时，部分学生出现了不同程度的头晕、呕吐、冒冷汗、腹泻等食物中毒症状。值班教师紧急拨打了120急救电话，并将30多名学生送到医院救治。经过确诊，这些学生皆因所食用的凉拌菜不卫生、海虾不新鲜、四季豆没做熟而导致食物中毒。

为什么不能食用没做熟的四季豆？还有哪些食物食用不当容易导致中毒？

【案例2】不贪吃校门口的小摊食品

职业院校学生小李等一群同学喜欢到校门口的小摊上吃东西。他们觉得学校食堂人多拥挤，食物品种少、价格高，口味儿也不好，而小吃摊的食品种类多、价格低，口味儿也新奇，他们自然成了小摊的常客。这些"三无"食品竟逐渐成了他们一日三餐的主食。

毕业实习前的体检后，小李他们开始懊恼了：因为长期食用这些营养少而添加剂多的食品，导致小李严重营养不良，需要进行药物治疗，需要数千元医疗费。另外几位同学也被查出患有肝炎，必须治疗，实习就业都将受到严重影响。

你是否也喜欢购买小摊上的食品呢？

【案例3】共用茶杯、喝生水不可取

小军和小波是好朋友，都爱好运动，两人运动后口渴了，就喝生水。他们还以此为荣，认为是体质好的象征。即使喝饮料他俩也不分彼此，一人一口，"亲若兄弟"。在宿舍，他们也共用一个杯子，"反正我俩都没病，没关系"。不幸的是，小军患了肝炎病，小波也被传染了。

你认为他们的习惯好吗？这些不良习惯的致病隐患是什么？

安全警示

学校食堂是学生就餐的主要场所，如果管理不善，卫生制度执行不严格，操作不规范，就会发生集体性食物中毒事件。因此，学生在食堂就餐需要时时注意饮食安全，不要大意。同样，在校内外小店购买食品，也要查看保质期，注意食品卫生。不喝生水，不喝过期的桶装水、矿泉水。不要把校外小摊作为自己的"第二食堂"。

危机预防

常见食物中毒及其预防知识

食物中毒是指吃了不洁或有毒食物而导致的疾病。通常在吃了有问题的食物1～72小时内发病，病情严重者可以致命。食物中毒一般分为微生物性（包括细菌性和真菌性食物中毒）、化学性和有毒动植物性几种。

1. 细菌性食物中毒

细菌性食物中毒是指进食含有细菌或细菌毒素的食物而引起的食物中毒。在各类食物中毒中，细菌性食物中毒最多见。其中又以沙门菌、金黄色葡萄球菌最为常见，其次为蜡样芽孢杆菌。细菌性食物中毒发病率较高而病死率较低，多发生在气候炎热的季节。

（1）几种常见细菌性食物中毒的特点

①沙门菌食物中毒。沙门菌常存在于被感染的动物及其粪便中。进食受到沙门菌污染的禽、肉、蛋、鱼、奶类及其制品即可导致食物中毒。一般在进食后 12～36 小时出现症状，主要症状有腹痛、呕吐、腹泻、发热等，一般病程为 3～4 天。

②金黄色葡萄球菌食物中毒。金黄色葡萄球菌存在于人或动物的化脓性病灶中。进食受到金黄色葡萄球菌污染的奶类、蛋及蛋制品、糕点、熟肉类食品即可导致食物中毒。一般在进食后 1～6 小时出现症状，主要症状有恶心、剧烈的呕吐（严重者呈喷射状）、腹痛、腹泻等。一般在 1～3 天痊愈，很少死亡。

③蜡样芽孢杆菌食物中毒。蜡样芽孢杆菌主要存在于土壤、空气、尘埃和昆虫体内。进食受到蜡样芽孢杆菌污染的剩米饭、剩菜、凉拌菜、奶、肉、豆制品即可导致食物中毒。呕吐型中毒一般在进食后 1～5 小时出现症状，主要有恶心、呕吐、腹痛。腹泻型中毒一般在进食后 8～16 小时出现症状，主要有腹痛、腹泻。

（2）预防措施

①严把食品采购关。禁止采购腐败变质、油脂酸败、霉变、生虫、污秽不洁、混有异物或者其他感官性状异常的食品，以及未经兽医卫生检验或者检验不合格的肉类及其制品（包括病死的牲畜肉）。

②注意食品贮藏卫生，防止尘土、昆虫、鼠类等动物及其他不洁物污染食品。

③食堂从业人员每年必须进行健康检查。凡患有痢疾、伤寒、病毒性肝炎等消化道疾病（包括病原携带者）、活动性肺结核、化脓性或者渗出性皮肤病以及其他有碍食品卫生的疾病的人，不得从事接触直接入口食品的工作。

④食堂从业人员有皮肤溃破、外伤、感染、腹泻症状等不要带病加工食品。

⑤食堂从业人员工作前、处理食品原料后、便后要用肥皂、消毒液及流动清水洗手。

⑥加工食品的工具、容器等要做到生熟分开。加工后的熟制品应该与食品原料或半成品分开存放，半成品应该与食品原料分开存放。

⑦加工食品必须做到烧熟煮透，需要熟制加工的大块食品，其中心温度不得低于 70℃。

⑧剩余食品必须冷藏，冷藏时间不得超过 24 小时，在确认没有变质的情况下，必须经过高温彻底加热后方可食用。

⑨带奶油的糕点及其他奶制品要低温保存。

⑩储存食品要在 5℃ 以下。做到避光、断氧，则效果更佳。生、熟食品要分开储存。

2. 化学性食物中毒

化学性食物中毒是指误食有毒化学物质，例如鼠药、农药、亚硝酸盐等，或食入被其污染的食物而引起的中毒。发病率和病死率均比较高。

（1）常见病例

①毒鼠强中毒。毒鼠强毒性极大，对人致死量为 5～12mg。一般在误食 10～30 分钟

后出现中毒症状。轻度中毒表现为头痛、头晕、乏力、恶心、呕吐、口唇麻木、酒醉感。重度中毒表现为突然晕倒，癫痫样大发作，发作时全身抽搐、口吐白沫、小便失禁、意识丧失。

②亚硝酸盐中毒。亚硝酸盐俗称工业用盐。摄入亚硝酸盐 0.2～0.5g 就可以引起食物中毒，3g 可导致死亡。发病急，中毒表现为出现口唇、舌尖、指尖青紫等缺氧症状，重者眼结膜、面部及全身皮肤青紫。自觉症状有头晕、头痛、无力、心率快等。

（2）预防措施

①严禁食品贮存场所存放有毒、有害物品及个人生活物品。鼠药、农药等有毒化学物要标签明显，存放在专门场所并上锁。

②不随便使用来源不明的食品或容器。

③蔬菜加工前要用清水浸泡 5～10 分钟，再用清水反复冲洗。一般要洗 3 遍，温水效果更好。

④水果宜洗净后削皮食用。

⑤手接触化学物后要彻底洗手。

⑥加强亚硝酸盐的保管，避免误作食盐或面碱食用。

⑦苦井水勿用于煮粥，尤其勿存放过夜。

⑧食堂应该建立严格的安全保卫措施。严禁非食堂工作人员随意进入学校食堂的食品加工操作间及食品原料存放间。厨房、食品加工间和仓库要上锁，防止投毒。

3．有毒动植物中毒

有毒动植物中毒是指误食有毒动植物或摄入因为加工、烹调方法不当未除去有毒成分的动植物食物引起的中毒。此情况发病率较高，病死率因为动植物种类而异。

近几年，学校常见的集体植物中毒有四季豆中毒、生豆浆中毒、发芽马铃薯中毒等。学生因为误食有毒动植物导致的中毒有河豚中毒、毒蕈中毒、蓖麻子中毒、马桑果中毒等。

（1）四季豆中毒

未熟四季豆含有的皂苷和植物血凝素可以对人体造成危害，如果进食未做熟的四季豆可以导致中毒。一般在进食未做熟的四季豆后 1～5 小时出现症状，主要表现为恶心、呕吐、胸闷、心慌、出冷汗、手脚发冷、四肢麻木、畏寒等，一般病程短，恢复快。预防措施：烹调时先将四季豆放入开水中烫煮 10 分钟以上再炒。

（2）生豆浆中毒

生大豆中含有一种胰蛋白酶抑制剂，进入机体后抑制体内胰蛋白酶的正常活性，并对胃肠有刺激作用。进食后 0.5～1 小时出现症状。主要症状有恶心、呕吐、腹痛、腹胀和腹泻等。一般无须治疗，很快可以自愈。预防措施：将豆浆彻底煮开后饮用；生豆浆烧煮时将上涌泡沫除净，煮沸后再以文火维持煮沸 5 分钟左右。

（3）发芽马铃薯中毒

马铃薯发芽或部分变绿时，其中的龙葵碱大量增加，烹调时如果未能去除或破坏掉龙葵碱，食后就容易发生中毒。尤其在春末夏初季节多发。一般在进食后 10 分钟至数小时出现症状。先有咽喉抓痒感及灼烧感，上腹部灼烧感或疼痛，随后出现胃肠炎症状，剧烈呕吐、腹泻。此外，还可以出现头晕、头痛、轻度意识障碍、呼吸困难。重者可因心脏衰竭、呼吸中枢麻痹死亡。预防措施：马铃薯应该低温贮藏，避免阳光照射，防止生芽；不吃生芽过多、黑绿色皮的马铃薯；生芽较少的马铃薯应该彻底挖去芽的芽眼儿，并将芽眼儿周围的皮削掉一部分；这种马铃薯不易炒吃，应该煮、炖、红烧吃；烹调时加醋，可以加速破坏龙葵碱。

（4）河豚中毒

河豚的某些脏器及组织中均含有河豚毒素，其毒性稳定，经炒煮、盐腌和日晒等均不能被破坏。误食后 10 分钟～3 小时出现症状。主要表现为感觉障碍、瘫痪、呼吸衰竭等，死亡率高。预防措施：加强宣传教育，防止误食。

（5）毒蕈（有毒蘑菇）中毒

我国有可食蕈 300 余种，毒蕈 80 多种，其中含剧毒素的有 10 多种。常因误食而中毒，夏秋阴雨季节多发。一般在误食后 0.5～6 小时出现症状。胃肠炎型中毒主要表现为恶心、剧烈呕吐、腹痛、腹泻等，病程短。神经型中毒的主要症状有幻觉、狂笑、手舞足蹈、行动不稳等，也可有多汗、流涎、脉缓、瞳孔缩小等，病程短，无后遗症。溶血型中毒发病 3～4 天出现黄疸、血尿、肝脾肿大等溶血症状，死亡率高。预防措施：加强宣传教育，防止误食。

（6）蓖麻子中毒

蓖麻子含蓖麻毒素、蓖麻碱和蓖麻血凝素 3 种毒素，以蓖麻毒素毒性最强，1mg 蓖麻毒素或 160mg 蓖麻碱可致成人死亡，儿童生食 1～2 粒蓖麻子可致死，成人生食 3～12 粒蓖麻子可导致严重中毒或死亡。食用蓖麻子的中毒症状为恶心、呕吐、腹痛、腹泻、出血，严重的可以出现脱水、休克、昏迷、抽风和黄疸，如果救治不及时，2～3 天出现心力衰竭和呼吸麻痹。目前对蓖麻毒素尚无特效解毒药物。蓖麻子无论生熟都不能食用。但由于蓖麻子外观漂亮饱满，所以易被儿童误食。预防措施：加强宣传教育，防止误食。

（7）马桑果

马桑果又名毒空木、马鞍子、水马桑等。马桑果有毒，其有毒成分为马桑内酯、吐丁内酯等。误食后 0.5～3 小时出现头疼、头昏、胸闷、恶心、呕吐、腹痛等症状，常可自行恢复。严重者全身发麻、心跳变慢、血压上升、瞳孔缩小、呼吸增快、反射增强，常会突然惊叫一声，随即昏倒，接着出现阵发性抽搐。严重者可于多次反复发作性惊厥后呼吸停止。一次食用大量者可由于神经中枢过度兴奋而致心搏骤停。因外形似桑葚，所以常被当作桑葚而误食，许多小孩儿特别是农村的小孩儿在外玩耍时常因为采食而引起中毒。预防措施：加强宣传教育，防止误食。

危机应对

食物中毒应急措施

如果就餐后出现呕吐、头晕、冒冷汗、发烧、腹泻等症状，疑似食物中毒的，可以采取以下应急措施。

1. 封存

将吃过的食物、呕吐物、大便样本封存，交医院化验。

在学校就餐的学生发生食物中毒后要迅速报告学校。在外就餐的学生应该索要发票作为凭据，报告卫生监督部门（举报电话：12320），避免更多的人受害。

2．饮水

饮用大量加盐的温水促进呕吐，以便稀释毒素。

3．催吐

用手指压迫咽喉，尽可能地强迫患者将胃里的食物吐出。侧卧，防止呕吐物堵塞气管，引起窒息。

4．就诊

不要拖拉，及时去医院救治。

法规链接

教育部、卫生部《学校食堂与学生集体用餐卫生管理规定》

第十五条　食堂炊事员必须采用新鲜洁净的原料制作食品，不得加工或使用腐败变质和感官性状异常的食品及其原料。

第十六条　加工食品必须做到熟透，需要熟制加工的大块食品，其中心温度不低于70℃。加工后的熟制品应该与食品原料或半成品分开存放，半成品应该与食品原料分开存放，防止交叉污染。食品不得接触有毒物、不洁物。不得向学生出售腐败变质或者感官性状异常、可能影响学生健康的食物。

第十七条　职业学校、普通中等学校、小学、特殊教育学校、幼儿园的食堂不得制售冷荤凉菜。

第二十七条　学校应该对学生加强饮食卫生教育，进行科学引导，劝阻学生不买街头无照（证）商贩出售的盒饭及食品，不食用来历不明的可疑食物。

安全·小·贴士

街头烧烤隐患大

世界卫生组织公布的研究资料表明，烧烤食品易产生有毒性致癌物质，"吃烧烤等同吸烟"。美国一个研究中心的报告甚至说，吃一个烤鸡腿就等同于吸60支烟的毒性。常吃烧烤的女性，患乳腺癌的几率要比其他女性高2倍。

1．露天加工卫生状况差

街头露天烧烤摊点大多无防尘防蝇设施；肉类、鱼类烧烤等食品没有放入冷藏柜；多数食品原料暴露在空气中，直接接触汽车排放尾气、行人飞沫；从业人员没有健康证明，不按规定戴口罩和穿戴工作衣帽；蔬菜得不到充分的浸泡甚至根本不洗，蔬菜上残存的农药直接入口。

2．烧烤原料大多不合格

黑心摊主以病畜肉、变质肉等充当好肉，挣昧心钱。有些肉虽然新鲜，但是由于长时间暴露在高温环境中，再加上蝇虫叮咬，导致细菌大量繁殖。一些街边小贩烤羊肉串的肉未经检疫，可能含有短时间难以杀死的例如囊虫、绦虫等寄生虫。而摊贩用来串食品的金属条和竹签通常是废铁扦和回收竹签，含有铅、铝等有害金属和细菌。有的摊贩为了迎合消费者的口味儿，在肉中过量添加"嫩肉粉"，而劣质的嫩肉粉中常含有亚硝酸盐，过多食用容易引起亚硝酸盐中毒。

3．烧烤产生多种致癌物

肉串在烤制前腌制时间过长，容易产生亚硝胺，这是一种致癌物质。另外，肉直接在高温下进行烧烤，被分解的脂肪滴在炭火上，再与肉里的蛋白质结合，就会产生一种叫"苯并芘"的致癌物。而烧烤的主要燃料木柴、煤炭、谷糠、秸草、液化石油气等燃烧后均会产生苯并芘。该物质是强烈的致癌物，吃多了贻害无穷，可以导致脉管炎，神经系统被侵害而引发末梢神经炎、脑膜炎等疾病。经常食用被苯并芘污染的烧烤食品，致癌物质会在体内积累，产生诱发胃癌、肠癌的危险。烧烤完成后，肉的表面被烤焦，容易产生含烃物质，这种物质也是导致癌症的一个因素。但肉的内部没有烤熟，特别是内层肉，这些生肉中存在许多细菌，最常见的是肉毒杆菌和大肠杆菌，都没有被有效杀灭。其中肉毒杆菌对人体非常有害，达到一定的数量时可直接导致食物中毒。

（资料来源：http://news.sina.com.cn/c/2006-05-16/09018941628s.shtml）

2.1.2 流行疾病 有效预防

学校里学生众多，教室里人员密集，通风情况不佳，各种传染病容易在学生中传播，因此防患于未然很重要。

案例警报

2017 年 8 月，某中学发生一起结核病聚集性疫情。共发现 29 例肺结核确诊病例和 5 例疑似病例，另有 38 名学生预防性服药，共计 72 名学生接受治疗和管理。

2016 年秋冬季节，云南省某中等职业学校发现几十名学生患疥疮，经过医院治疗后痊愈。2017 年 10 月，该校两名班主任在工作交流过程中得知班里有学生因为生疥疮请病假回家治疗，并对生疥疮的学生进行了解，得知在全校范围内生疥疮的学生比较多，班主任随即报告了学生管理部门。经过对全校学生进行筛查，共有 104 名学生生疥疮，其中女生 5 名，大部分是同班级、同宿舍的学生。

安全警示

2001—2009 年全国法定传染病报告发病人数前 3 位分别是乙肝、肺结核、痢疾，2001—2009 年全国法定传染病报告死亡人数前 3 位分别是肺结核、狂犬病、乙肝。

春季是呼吸道传染病高发季节，夏秋季是肠道传染病高发季节，秋冬季是肺结核病高发季节。因此，学校防止流行性传染病的发生和蔓延，维护学生身心健康，是一项长期而艰巨的任务（见图 2-1）。

图 2-1 宿舍常消毒 预防传染病

危机预防

1. 呼吸道传染病的预防

（1）基本知识

①水痘。从出现皮疹前 2 日至出疹后 6 日具有传染性。患病初期可有发热、头痛、全身倦怠等前驱症状，在发病 24 小时内出现皮疹，皮疹分布呈向心性，即躯干、头部较多，四肢处较少。大部分情况下，症状轻微，可不治而愈。

②流行性腮腺炎。在腮腺明显肿胀前 6～7 日至肿胀后 9 日期间具有传染性。患病初期可有发热、头痛、无力、食欲不振等前驱症状，发病 1～2 日后出现颧骨弓或耳部疼痛，然后出现唾液腺肿大，通常可见一侧或双侧腮腺肿大。

③风疹。出疹前 1 周到出疹后 2 周的上呼吸道分泌物都有传染性。症状主要有发热、出疹、淋巴结肿大和结膜炎，病程短。

④肺结核。一般人呼吸系统症状有咳嗽、咳痰、数量不等的咯血，以及胸痛、呼吸困难等，全身症状有疲乏、食欲减退、低烧、盗汗、神经功能紊乱、妇女月经不调等，少数急性发展的肺结核可以出现高烧等。85%的肺结核病都是可防可治的，剩下 15%治愈不了的有可能是因为患者有其他的病症。

（2）预防要点

①在人群聚集场所打喷嚏或咳嗽时应该用手绢或纸巾掩盖口鼻，不要随地吐痰，不要随意丢弃吐痰或擤鼻涕使用过的手纸。

②勤洗手，不用污浊的毛巾擦手。

③双手接触呼吸道分泌物后（例如打喷嚏后）应该立即洗手或擦净。

④避免与他人共用水杯、餐具、毛巾、牙刷等物品。

⑤注意环境卫生和室内通风，当周围有呼吸道传染病症状的病人时，应该增加通风换气的次数，开窗时要避免穿堂风，注意保暖。

⑥多喝水，多吃蔬菜水果，增加机体的免疫能力。

⑦尽量避免到人多拥挤的公共场所。

2．肠道传染病的预防

（1）基本知识

①细菌性痢疾。细菌性痢疾是指由痢疾杆菌引起的肠道传染病，简称菌痢。传染源是痢疾患者和带菌者。主要通过肠道传播。病原菌随病人粪便排出，污染食物、水、生活用品或手，经口使人感染。人群普遍易感，以儿童发病率最高，其次为中青年。潜伏期为数小时至 7 天，平均为 1～2 天。本病全年均可发生，但多发生在夏、秋季。

主要临床表现：腹痛、腹泻、里急后重和黏液脓血便，可伴有发热及全身毒血症，严重者可出现感染性休克和（或）中毒性脑病。

②伤寒和副伤寒。伤寒和副伤寒是分别由伤寒杆菌和副伤寒杆菌甲、乙、丙引起的急性肠道传染病。传染源是伤寒或副伤寒患者和带菌者。主要通过肠道传播。伤寒杆菌和副伤寒杆菌通过病人或带菌者的粪便排出，污染水、食物，经口使人感染。还可以通过日常生活接触、苍蝇与蟑螂等传递病原菌而传播。伤寒杆菌在水中不仅可以存活并保持毒力，还可以繁殖，因此，水源被污染后，易造成伤寒和副伤寒的流行。人群普遍易感，以儿童和青壮年发病率最高。病后免疫力持久。此病潜伏期为 10～14 天。此病全年均可发生，但多发生在夏秋季。

主要临床表现：持续发热，相对缓脉，有腹胀、便秘、腹泻等肠道症状，还可能出现精神恍惚、表情淡漠等神经系统症状，部分病人全身可以出现玫瑰色皮疹。

③甲型肝炎。甲型肝炎是由甲型肝炎病毒引起的一种病毒性肝炎。传染源是甲型肝炎患者和病毒携带者。主要以粪便排出，经口使人感染，多由日常生活接触传播。水和食物的传播，特别是水生贝类等，是甲型肝炎爆发流行的主要传播方式。潜伏期平均为 30 天。儿童发病率高。患者康复后通常会终身免疫，不会成为长期携带病毒者。秋、冬

季为发病高峰。

主要临床表现：起病急，有畏寒、发热、全身乏力、食欲不振、厌油、恶心、呕吐、腹痛、肝区痛、腹泻、尿色加深、皮肤和巩膜黄染等症状。

④霍乱。霍乱是由霍乱弧菌所引起的烈性肠道传染病。属于甲类传染病。传染源是霍乱患者和带菌者。通过病人和带菌者粪便或排泄物污染的水、食物及日常生活接触，苍蝇叮咬等不同途径进行传播或蔓延，其中水的作用最为突出。人群普遍易感。潜伏期由数小时至5天不等，通常为2～3天。夏、秋季为霍乱流行季节，沿海地区流行较多。

主要临床表现：发病急，起病快；发病迅速出现频繁的水样腹泻，粪便通常呈米汤状，后出现喷射性、连续性呕吐；病人可能很快会有脱水及肌肉痉挛、循环衰竭伴严重电解质紊乱与酸碱失衡。若不能及时接受治疗或治疗不当，患者可能会死亡。

（2）预防要点

由于传染病的传播必须同时具备3个条件：传染源、传播途径和易感人群（宿主），即所谓的传染链，因此，控制传染病的蔓延也必须针对这几个条件采取相对应的预防措施。

①控制传染源。学校要特别加强对食堂从业人员（包括水源管理人员）的管理，食堂从业人员每年必须进行健康检查，取得健康证明后方可参加工作。凡患有痢疾、伤寒、病毒性肝炎（包括病原携带者）等疾病的，不得从事接触直接入口食品的工作。食堂从业人员及集体餐分餐人员在出现腹泻、发热、呕吐等病症时，应该立即脱离工作岗位，待查明病因、排除有碍食品卫生的病症或治愈后，方可重新上岗。

一旦发现或者怀疑有传染病疫情发生时，学校要及时报告当地疾病控制部门及上级教育行政部门，并在疾病控制部门的指导下，迅速采取果断措施，以便做到早预防、早发现、早报告、早隔离、早治疗。

②切断传播途径。为了防止厕所对周围环境及水源的污染，学校厕所建设应该做到布局与设计合理、卫生、安全、方便、实用，并达到粪便无害化处理的要求。独立设置的厕所应该与生活饮用水水源和食堂相距30米以上。厕所基地排水通畅，不易被雨水淹没。

学校供水设施要符合卫生要求，自备水源要定期进行消毒处理并加强监测。学校食堂应该保持内外环境整洁，食堂从业人员要有良好的个人卫生习惯。普通中小学、职业学校、特殊教育学校和幼儿园的食堂不得制售冷荤凉菜。

③保护易感人群。学校要广泛开展宣传教育，使学生及教职员工了解痢疾、伤寒、病毒性肝炎等肠道传染病的预防知识，提高师生员工的自我防护能力。

注射疫苗是保护易感人群的方法之一，现在很多传染病可以通过注射疫苗来控制，其中包括甲型肝炎。需要对学校人群实施群体性预防接种的，必须按照《疫苗流通和预防接种管理条例》要求，由学校所在地县级以上人民政府决定，并报省、自治区、直辖市人民政府卫生行政部门备案。任何单位和个人不得擅自组织学校人群进行群体性预防接种。

3. 传染性皮肤病的预防

（1）基本知识

疥疮是一种由人型疥螨寄生于人体皮肤表层内引起的慢性传染性皮肤病，具有较高的传染性，主要通过密切接触传染，也可经衣物间接传染，可以在家庭或集体人群中流行。皮损好发于指缝、腕屈侧、腋下、乳房下、阴部、脐周围及大腿内侧等处。白天症状轻，夜间在温暖的被褥中由于疥虫活动瘙痒剧烈，影响睡眠。临床表现以皮肤柔嫩之处有丘疹、水疱及隧道、阴囊瘙痒性结节、夜间瘙痒加剧为特点。疥疮严重的时候在皮肤薄嫩的地方出现黄豆大或绿豆大的硬疙瘩，称为疥疮结节。疥疮的潜伏期为 2～6 星期，一般疥疮发病在人免疫力下降时。至于曾感染该种疾病的人，症状则会较早地表现出来，通常在再度患上疥疮后 1～4 日内症状便会出现。在疥疮的潜伏期内患者是没有症状的，而且由于是少量疥虫穿入表皮，所以疥疮不容易被发现。

（2）预防要点

①注意个人卫生，对被污染的衣服、被褥、床单等要用开水烫洗杀灭疥虫。如果不能烫洗者，就一定要放置于阳光下暴晒 1 周以上再用。

②杜绝不洁性交。

③出差住店要勤洗澡，注意换床单。

④凡是与病人密切接触的家属及朋友应该同时就诊、治疗。如果其中任何一个人没治好，那么其他人会被再次传染，使治疗前功尽弃。对未被传染的家人要进行必要的隔离，对病人所用的物品要经常消毒。

（3）日常护理

①注意个人卫生，勤洗澡，勤换内衣裤，经常洗晒被褥。

②发现患者应该及时隔离并彻底治疗。患者治愈后，应该观察 1 周，未出现新的病情才算治愈，因为疥虫虫卵发育为成虫需要 1 周的时间。

③家庭和集体宿舍发现患者，应该同时使用疥舒治疗，才能避免互相传染而使病情反复。

④接触疥疮患者后，要用肥皂或硫黄皂洗手，以免传染。疥疮患者用过的衣服、被褥、床单、枕巾、毛巾等，均需煮沸消毒，或在阳光下充分暴晒，以便杀灭疥虫及虫卵。

⑤可以使用热水浸泡或炭火熏烤重症部位，有较好的疗效。

（4）饮食调养原则

①饮食宜清淡，多吃蔬菜和水果。

②宜多吃清热利湿的食物，例如丝瓜、冬瓜、苦瓜、马齿苋、芹菜、马兰头、藕、西瓜、薏苡仁、绿豆、赤小豆等。

③不吃或少吃猪头肉、羊肉、鹅肉、虾、蟹、芥菜等发物，以免刺激皮损而增加痒感。

④不要吃过于辛辣的刺激物，例如辣椒、川味儿火锅、高度酒类等，以免加重瘙痒症状。

（5）生活起居要点

①疥疮患者应该自觉遵守一些公共场所的规定，不去游泳池游泳，不去公共浴室洗澡，以免传染他人。

②患者的衣物、被褥要用开水烫洗灭虫，一般在 50℃水中浸泡 10 分钟即可达到灭虫的目的。对于不能烫洗的，可以放置于阳光下暴晒 7 日后再用。健康者不能用患者用过的衣物、被褥等。

③健康者帮助患者搔抓、涂抹疥舒、洗晒衣被后，应该用硫黄皂等洗手，以防传染。

④应该避免与患者过性生活，以防不洁性交导致疥疮传播。

⑤人与动物的疥虫可以互相传染，故家里有疥疮患者时，应该预防宠物发病。如果家里的宠物得了疥疮，那么除了及时治疗以外，还要预防传染给家里的人。

危机应对

早发现、早诊断、早报告、早隔离、早治疗

（1）如果自己身体出现不适，那么一定要及早就医，不要拖拉。对有传染病发的教室、宿舍、厕所等地方要进行消毒。

（2）加强卫生教育，培养学生良好的卫生习惯。要加强教学、生活场所的通风换气工作。要做好校园内公共设施和公共用具的清洁与消毒，搞好校园环境卫生。

（3）加强体育锻炼，保证必要的营养供给，合理安排生活作息制度。有计划地进行预防接种，提高易感者的免疫能力。确保学生每天一小时的体育锻炼时间，组织学生参加多种形式的户外运动，督促学生课间到室外活动，呼吸新鲜空气，增强体质。

法规链接

《中华人民共和国传染病防治法》

第十条　国家开展预防传染病的健康教育。新闻媒体应该无偿开展传染病防治和公共卫生教育的公益宣传。各级各类学校应该对学生进行健康知识和传染病预防知识的教育。

第十三条　各级人民政府组织开展群众性卫生活动，进行预防传染病的健康教育，倡导文明健康的生活方式，提高公众对传染病的防治意识和应对能力，加强环境卫生建设，消除鼠害和蚊、蝇等病媒生物的危害。

卫生部、教育部《学校结核病防控工作规范》。

安全小贴士

● **一月3起青年猝死，元凶多是感冒**

某中学一名学生在课堂上倒地猝死；20多天前，一名27岁男子、另一名32岁男子也相继在家倒地猝死……2004年4月，南京市第一医院心内科一个月内就接诊了3个猝死病人。市民对由感冒引发的猝死认识不足，让人痛心。

● **不可小看感冒的"杀伤力"**

他们猝死的原因非常明确，都是由感冒引起心肌炎后，大脑突然缺血死亡的。

感冒是由病毒感染引起的呼吸道疾病，40%的感冒病人会引发心肌炎，导致心脏跳动失调。正常人的心脏跳动频率一般保持在每分钟60～100次，但心肌炎病人的心脏跳动频率高者会突然达到200次以上，心脏跳动的间隔如此之小，使体内刹那间出现严重供血不足。很多患者就是在这种情况下，大脑突然缺血并昏迷倒地，如果两三分钟内没有得到有效的抢救，病人在5～7分钟内就会死亡。

"患者千万别漠视感冒的杀伤力。一旦出现感冒，就要尽量减少心脏负担，多卧床休息，少做运动，并最好及时上医院接受医生指导"。在生活中，很多感冒患者对自己的病情并不重视，以为自己吃点儿感冒药就行了。有的人更是全然不当回事儿，甚至参加剧烈的体育运动。于是，猝死事件屡屡发生，尤其是气温忽冷忽热时，这样的惨剧就更频繁。

● **现场急救知识亟待普及**

据统计，每年每10万人中，就有3～5人会发生心脏猝死。而大部分的猝死病人，只要在前期得到正确的急救，是完全可以脱离危险的。可惜从送到医院的这些死者来看，情况都并非如此。

以前面几名猝死病人为例，他们发病时，旁边都有亲友，只要在他们刚刚倒地时，立刻褪去患者上衣，对着患者暴露的左胸用拳头猛击3～5下，患者苏醒的可能性就有近40%。如果再进一步采取人工呼吸、压胸等更专业的急救法，患者恢复的可能性就更高。而实际上，被送来的猝死病人，往往都未经过任何急救。他们被发现后，亲友首先想到的就是打急救电话，或者干脆吓得手足无措，浪费了黄金抢救时间。有的亲属虽然知道采取人工呼吸等，但往往因为姿势不正确，也是枉费力气。

● 结核病预防不是有卡介苗吗？为什么不起作用？

卡介苗无法预防结核病感染的观点已经基本成为公认。1921 年，法国的两名科学家发明了卡介苗（以他们的姓氏首字母命名可卡介苗）。卡介苗发明至今，全球超过 40 亿人接种，我国亦有数十亿人次接种。但遗憾的是，正因为预防效果有限，结核病仍在全球广泛流行，并成为重大的公共卫生问题和社会问题。

全球关于卡介苗效果的研究不计其数，但研究显示，不同的国家卡介苗的保护效果从 0～80% 不等。总体来说，在北美和北欧的保护率最高（60%～80%），而在热带地区临床试验的保护率通常较低甚至无保护。

由于我国是结核病高发国家，权衡利弊后，我国仍然要求新生儿接种卡介苗，这是因为虽然无法预防结核病，但是卡介苗可以在儿童感染结核杆菌后避免两种严重的并发症，对预防结核性脑膜炎和播散性结核有 75%～86% 的效果。而美国等发达国家因为发病率过低，所以已经不再接种。

● 结核病传播性有多强？

肺结核是呼吸道传染病，患者咳嗽、打喷嚏、说话或吐痰时，会排出直径为 0.5～5.0 微米的感染性气溶胶滴。一个喷嚏可以释放多达 40 000 个液滴。由于肺结核感染剂量非常小，所以每一滴液滴都可能传播疾病。与结核病人有长期密切接触的人感染的可能性非常高。一个肺结核病人每年可能感染 10～15 人（或更多）的新患者。

（资料来源：http://www.longhoo.net/gb/longhoo/news2004/njnews/yiwei/userobjectlai222829.html）

自我检测

1．请说出食物中毒后应急处理办法的具体步骤。
2．请说出肠道传染病的传染途径和预防方法。
3．请说出预防疥疮传染的方法。

应急模拟

1．为了预防呼吸道传染病，你能为班级做些什么工作呢？
2．你是否配合做好了晨午检工作？你的班级晨午检情况都按时上报吗？

→ 2.2 住宿防盗 起居安全

2.2.1 管好钱财 严防宿盗

案例警报

【案例 1】财物离身 安全不保

新生报到时整个宿舍区里乱哄哄的，新生、老生、家长等各类人员都有。班级集合的时间快到了，小周匆忙整理好床铺，顺手将装有近 1 000 元生活费的钱包塞在被子下面，最后一个离开房间。当她回来时，钱包已经没了踪影。小周又急又气，老师也寻查无果，无奈只好报警求助。警察虽然进行了调查、做了笔录等，却仍未能破案。

小周丢了 1 000 元"买到"一个什么教训呢？这个代价是不是太大了？

【案例 2】小偷光顾 15 间宿舍卷走 16 部手机

凌晨，某职业技术学院的男生宿舍被盗。经过调查共丢失手机 16 部，现金 2 000 多元。宿舍管理人员称，该楼是封闭管理，仅有一个出口。前一天晚上楼道门是正常锁好的，第二天早晨门锁也未被破坏。经过警方调查，现场没有攀爬痕迹，门窗没有损坏。不过据该楼的一些学生称，他们为了晚上如厕方便，许多宿舍都不锁门，因此这些宿舍均被窃贼光顾。警方认为，学生警惕性不高，是造成失窃的重要原因。

你推测盗窃案是怎样发生的呢？

安全警示

警惕性不高，疏于防范，缺少防盗意识，是造成宿舍被盗的重要原因。有的住宿生随意摆放自己的贵重物品。例如，将钱包、手机、手提电脑等随意地放在被子下、枕头下、抽屉里。很多人平时总认为自己不会那么倒霉，丢东西的事情自己不会遇到，离开宿舍时，不及时将贵重物品带走或者锁好，导致财物被窃。

危机预防

教你 7 招防盗术

1．离开时将门窗锁好

学生应该养成锁门的好习惯，防止外人随便进入自己的宿舍，造成不必要的损失。

2．睡前关好门窗

夏天，一楼的学生一定要检查防护栏是否完好，一旦发生破损要及时修复。另外，在睡觉时，不要将装有贵重物品的衣物挂在床头和离窗口过近的地方，也不要放在公开处，以防偷窃。

3．不要乱放物品

应该认识到集体宿舍也是一个相对复杂的环境，不能认为进了宿舍就等于进了保险柜，应该把自己的手机和钱包等贵重物品随身携带，不要随手乱放。尤其是在外出时，应该将贵重物品锁到自己的柜子里面，以防止丢失。

4．不要随意留宿外人

在校住宿的学生应该严格遵守校规校纪，不要留宿外宿舍的学生，更不能擅自留宿外校学生或者社会上的朋友。

5．不要将宿舍钥匙借给别人

宿舍的安全关系到众人的利益，因此一定要保管好自己的钥匙，不能轻易将宿舍钥匙交给他人。如果发现自己的钥匙丢失，那么同宿舍的人一定要立即更换门锁。

6．假期里将贵重物品带回家

节假日要将贵重物品带回家，不能因为怕麻烦而留在宿舍内。

7. 不要"露富"

不要炫耀自己的贵重财物，不要向别人透露自己的现金数量，不要将自己存放贵重物品的地方随意告诉他人，避免招灾惹祸，因为说者也许无心，听者可能有意。

危机应对

物品失窃紧急应对

第一，自己的贵重物品在宿舍被盗，要及时通知学校保卫部门。学校保卫人员到达后会采取必要的方式进行处理。必要时再报警求助。

第二，在学校保卫人员没有到场的情况下，不要擅自翻找他人的物品甚至对他人进行搜身，避免违法行为。

第三，不要盲目地怀疑任何同学。在没有证据的情况下，不要恶语中伤你认为有嫌疑的同学，这样可能会给处理工作带来很多麻烦，也会给不确定的"嫌疑"者带来莫大的心理压力，引起新的纠纷。

重视对自己贵重物品的管理，不给他人以可乘之机，防患于未然是最好的方法。

法规链接

《中华人民共和国刑法》

第十七条 已满十六周岁的人犯罪，应当负刑事责任。

已满十四周岁不满十六周岁的人，犯故意杀人、故意伤害致人重伤或者死亡、强奸、抢劫、贩卖毒品、放火、爆炸、投毒罪的，应当负刑事责任。

已满十四周岁不满十八周岁的人犯罪，应当从轻或者减轻处罚。

因不满十六周岁不予刑事处罚的，责令其家长或者监护人加以管教；在必要的时候，也可以由政府收容教养。

安全·小贴士

宿舍最易丢失的4种财物

1. 现金

现金是一切盗窃分子图谋的首选对象。尤其是数额较大时，更应该及时存入银行并加密码。密码应该选择容易记忆且又不易解密的数字，千万不要选用自己的出生日期做密码。特别要注意的是，存折、信用卡等不要与自己的身份证、学生证等证件放在一起。在银行存取款或在自动取款机取款时要注意密码的保密。发现存折、信用卡丢失后，应该立即到银行挂失。

2. 各类有价证券卡

目前，学校已经广泛使用各种有价证卡，例如饭卡、月票卡和电话卡等。这些有价证券卡应该妥善保管，最好是放在自己贴身的衣袋内，袋口应该配有纽扣或拉链。所用密码一定要注意保密。在参加体育锻炼或沐浴时，应该将各类有价证卡锁在自己的箱子里，同时保管好自己的钥匙，千万不要怕麻烦。

3. 贵重物品

贵重物品，例如手表、随身听、高档衣物等，暂不使用时，最好锁在抽屉或箱（柜）

子里，不能随便放在教室、自习室、图书馆等公共场所，以防被顺手牵羊、乘虚而入者盗走。门锁钥匙不要随便乱放或丢失。价值较高的贵重物品、衣服上最好有意地做上一些特殊记号，便于被偷后查找。

4. 自行车、电动车或摩托车

自行车、电动车或摩托车被盗是社会的一大公害，校园内也不例外。买自行车、电动车或摩托车时一定要到有关部门办理落户手续。购买二手车一定要证照齐全。自行车、电动车或摩托车要安装防盗车锁并按规定停放，并养成随停随锁的习惯。骑车去公共场所，最好花钱将车停放在存车处。如果停放时间较长，那么好加固防盗设施，例如将车锁固定在物体上。

（资料来源：http://www.jxnews.com.cn/jrjtb/system/2006/06/29/002286026.shtml）

2.2.2　起居小心　生活安全

【案例1】室内无人手机充电隐患多

2017年，某职业院校学生将手机插在宿舍充电，然后一起离开寝室到教室上课，因为充电器发热导致短路起火燃烧爆炸，火灾事故造成巨大的经济损失。

【案例2】叠被从上铺摔下

2017年，学生小莹双腿跪在上铺叠被子（见图2-2），展开被子时用力过猛，头往后一仰就从上铺翻下来，"咚"的一声，后脑重重砸在地上，口吐白沫，当时就昏迷了。同学们赶紧给她掐人中，做人工呼吸，但小莹仍没有反应。最终小莹因为蛛网膜下腔出血，抢救无效死亡。

2017年，高等职业院校学生小花在上铺叠被，也是在掀展被子时用力过猛，失去重心，从四楼跌出窗外，花季陨命。

再普通不过的叠被子却造成了人身伤亡，教训是不是太沉痛了？

图2-2　跪在上铺叠被子

【案例3】楼道溜冰（滑板）划断肌腱

某天晚自习后，初学溜冰的小超意犹未尽，穿着溜冰鞋在光滑的楼道里练习，由于速度太快难以刹住，他一下子撞上了玻璃门，双手撑碎了玻璃，划断了手指与手腕的多处肌腱，四处鲜血滴洒。经过一年多数次手术，花费了4万多元后，小超的双手才基本能料理自己的生活，完全康复却已没有了可能性。

难道小超不知道楼道溜冰的危险性吗？那为什么还会发生这样的惨剧呢？

安全警示

"在家千日好，出门一时难"。集体生活犹如出门在外，有很多不方便，也存在一些不安全的因素，但这些都是我们成长过程中难免要经历的。在集体生活中要注意安全事项，照顾好自己和室友，让宿舍成为我们第二个温馨的家。

危机预防

宿舍生活安全：谨记"及时、纪律、即刻"

1. 发现问题及时报修

（1）整修床架与护栏。上铺没有护栏是导致个别学生摔下致伤的主要原因。床架不牢，会导致在学生上下铺时发生危险。学生上下铺时，要踩稳支撑物，不要猛然跳跃，避免发生床翻、人倒事故。

肥胖、胆小、身体虚弱、患有疾病和睡觉习惯不好的学生，不适宜睡上铺，这类学生要主动向教师说明情况，申请睡下铺，以便保证安全。

学生床铺应该远离窗口，避免发生意外坠楼事件。

（2）要注意吊扇安装的高度，吊扇要有防护罩，防止吊扇伤及上铺学生。定期检查吊扇的牢度，避免吊扇坠落伤人。

（3）发现楼梯扶手损坏、台阶破损等情况要及时报修。发现走廊、厕所等场所的电灯损坏后要及时报修，避免学生晚间上下楼梯、进出厕所时引发事故。

（4）建议学校在宿舍各楼层配备灭火器和消防栓，并就近设置消防水源。

2. 遵守纪律

（1）住宿学生要严格遵守宿舍规章制度，爱护公物，避免物损人伤。不挪用他人财物，避免发生矛盾。遵守作息制度和返校时间。规范自己的行为，不吸烟、不喝酒，不在宿舍里、楼道内嬉闹，避免碰伤。

（2）遵守安全规定。没带钥匙时，不能采取楼外攀爬入室的危险行为。晾晒衣被不要把身体置于窗外，也不要故意去惊吓其他同学。

（3）不夜间外出，不冒险逃夜。不论是夜间外出购物，还是逃出去玩耍、上网等都是严重违反纪律，非常危险的行为。有的学生采用攀爬楼层、翻围墙、爬越铁门的方法，极易发生不测。

3. 即刻汇报

不要留宿其他同学、异性同学，更不能留宿校外人员，以防失窃、危害生命事故的发生。

住宿学生应该避免与社会闲杂人员接触，以免引狼入室。遇有不法分子入侵宿舍，应该大声呼救，便于宿舍管理老师迅速到场，或及时拨打报警电话。社会闲杂人员、不法分子一旦侵入宿舍，对未成年学生造成的伤害是难以估计的。某中学曾发生一起流氓侵入女生宿舍侮辱学生事件，对该生的身心健康造成很大伤害，在社会上也造成极坏的影响。

危机应对

夜间急诊不耽搁

1. 突发疾病要急诊

发现自己或室友身体不适，要及时报告教师，迅速就诊。特别是夜间突发疾病的学生千万不要大意，不要怕麻烦同学和教师，一定要告知他们，请求帮助，及时去医院诊治，不能耽搁。心脏病、哮喘病、癫痫、急性阑尾炎、胰腺炎、肺炎、消化道出血等，如果医治不及时，那么都会危及生命。

同学之间要互相关心，相互照顾，起夜时顺便照看一下生病的同学，密切关注病情发展。如果发现病情加重就要及时到医院诊治，不要拖延。

2. 传染病尽早隔离

集体生活中要重视传染病的控制，例如流行性感冒、肝炎、细菌性痢疾、疥疮、麻疹、水痘等。即使一人得病，如果不及时治疗控制，乃至隔离，那么往往会迅速感染其他学生。

宿舍每天都要定时开窗通风换气、经常消毒。每个人在注意自己个人卫生的同时，还要讲究公共卫生，避免疾病传播。

法规链接

《中华人民共和国预防未成年人犯罪法》

第十四条　未成年人的父母或者其他监护人和学校应该教育未成年人不得有下列不良行为：

（一）旷课、夜不归宿；

（二）携带管制刀具；

（三）打架斗殴、辱骂他人；

（四）强行向他人索要财物；

（五）偷窃、故意毁坏财物；

（六）参与赌博或者变相赌博；

（七）观看、收听色情、淫秽的音像制品、读物等；

（八）进入法律、法规规定未成年人不适宜进入的营业性歌舞厅等场所；

（九）其他严重违背社会公德的不良行为。

《中华人民共和国未成年人保护法》

第三十九条　任何组织或者个人不得披露未成年人的个人隐私。

对未成年人的信件、日记、电子邮件，任何组织或者个人不得隐匿、毁弃。除了因为追查犯罪的需要，由公安机关或者人民检察院依法进行检查，或者对无行为能力的未成年人的信件、日记、电子邮件由其父母或者其他监护人代为开拆、查阅以外，任何组织或者个人不得开拆、查阅。

安全·小·贴士

宿舍隐私安全注意事项

1. 尊重他人的隐私

不暴露自己的隐私，也不打听他人的隐私。

2. 不要侵犯他人的隐私

不监视他人的行踪，不偷听他人的交谈，不偷窥他人的日记，不私拆他人的信件，更不能宣扬他人的隐私，例如生理缺陷、疾病史、婚恋生活等隐私。

3. 保护好自己的隐私

锁好自己的日记、信件，洗澡、换衣服时要关好门窗，拉好窗帘，保护自己的隐私。即使天热时，也不要在宿舍袒胸露背。及时关闭手机及电脑上的摄像头。不拍摄自己或他人的隐私照片，更不能存储这类照片，若丢失后，则贻害无穷。

自我检测

1. 请总结归纳出预防宿舍盗窃的几种方法。互相交流自己听到的或者亲身经历的宿舍盗窃的案例，总结归纳出导致盗窃案发生的共性原因。

2. 分小组制作墙报或者宣传海报，主题为"提高自身警惕，管好自己的财物，预防宿舍盗窃"。

应急模拟

1幢309室是一个文明宿舍，宿舍成员相互关心、体贴，人人成绩优秀，月月拿到"文明寝室"的流动红旗。没想到的是在2007年3月10日中午上完课回到宿舍的时候，小王却发现自己放在枕头下面的钱包不翼而飞，里面有小王上周回家刚刚拿到的800元生活费和身份证、银行卡等有用证件。小王心急如焚，不知所措。面对小王的失窃，宿舍成员也起了内讧，互相猜疑。

请为小王和她的舍友们想一想办法，她们究竟该怎么办？

→ 2.3　谨慎交友　学会辨别

"一个篱笆三个桩，一个好汉三个帮"，每个人都需要朋友，都离不开朋友的支持和帮助。广交益友，能终身受益；结交损友，会误入歧途。职业院校学生交友要谨慎，不能只顾讲义气而违法乱纪。

2.3.1　防交损友　杜绝斗殴

案例警报

【案例1】众恶友壮胆　斗殴致人残

某夜，职业院校学生小王跟社会上的"朋友"一起狂欢聚会直到深夜，有人提议到外面"找点儿事做做"。小王明知不会有什么好事，却硬着头皮跟着去了。他们在路上因为言语不和与另一伙人争斗起来。依仗酒力和人多势众，他们抢了对方的钱物并殴打一人重伤致残，生命垂危。最终小王和他的"朋友"全部受到了法律的严惩。

小王为什么有胆量去斗殴呢？预感到要出事儿，小王应该怎样正确对待和处理？

【案例2】动机不善寻"靠山"　害人害己被处分

职业院校学生小孙身材弱小，自己怕被欺侮，入学后极力讨好"霸王"小张，把他作为自己的"靠山"。渐渐地，小孙口气越来越大，胆气也越来越足。一次与同学发生了口角后，他立刻约请"靠山"小张等一些狐朋狗友帮他出气，去教训教训同学。没料想当时局面难以控制，打得同学鼻青脸肿。事后，他们不仅受到学校的严厉处分，还与家长一起向同学赔礼道歉，并赔付了高额的医药费、营养费。

小孙寻"靠山"是一种什么行为？同学间发生口角应该如何处理？

【案例3】帮哥们儿争女友　参与斗殴被拘留

一天，高等职业院校学生小波接到朋友小强的电话，小强说自己的女朋友被别人抢了，请他陪同去"评评理"。小波认为，既然朋友小强如此信任自己，"为朋友两肋插刀"，义不容辞。他欣然前往，如约到达后，双方言语不和，大打出手，他身不由己只得参与其中。最终他因为参与团伙斗殴被刑事拘留，并被学校开除。

如果是朋友，能让你两肋插刀吗？想让你两肋插刀的，还是朋友吗？

安全警示

个别职业院校学生受社会风气影响，盲目崇拜影视作品所渲染的"哥们儿义气"，缺乏法纪观念，是非不清，好坏不分。崇尚"为朋友两肋插刀"的江湖义气，成为"朋友"违法犯罪的帮凶。有的学生模仿黑社会中的丑恶现象，"拜把子""找靠山"，充当"打手"。还有的学生认为"黑白两道的朋友都要交，日后都有用"，只要把持自己不违法即可，但不久就发现自己深陷其中难以自拔。"近朱者赤，近墨者黑""常在河边走，难免不湿鞋"，这些道理要牢记。

危机预防

近益友　远损友

1. 交友要近益友远损友

（1）交友要有选择。青年学生爱交友，这本不是一件坏事儿，但对于所交的朋友要有选择，要交一些对自己成人成才有帮助的益友，不能交行为不良、人品不好的损友。千万不能和社会上的一些"朋友"厮混。

（2）探求交友学问。应该根据自己的性格特点及将来从事职业的需要，选择一些适合自己交往的朋友。在交友过程中，要学习一些交友之道，学会观察并选择那些待人真诚、要求上进、人品好、行为端、兴趣爱好广泛、具有一定的生活经验、能真心对待自己的人做朋友，和他们在一起相处自己会得到很多有益的帮助。

2. 与朋友相处要讲原则明是非

（1）与朋友交往应该有明确的是非观念和法纪观念，违法乱纪的事儿绝对不能做。

（2）在交友活动中一旦发现有不好的苗头就要引起警觉，不能碍于情面而硬着头皮去跟着别人干坏事儿。

（3）朋友间既要互助友爱，也要讲究原则，不分是非的哥们儿义气是要不得的，为了异性朋友争风吃醋，甚至大打出手更不可取。

3. 参与活动要近高雅远低俗

要选择那些内容健康、情趣高雅的活动，例如文学沙龙、知识讲坛、音乐会、体育比赛、技能竞赛、文艺汇演等。参加这些活动对于丰富同学们的精神生活、开阔视野、培养素质、增强本领等都是很有好处的。

危机应对

晓以利害　巧避危机

1. 找寻借口　巧避危机

当交友不慎卷入了是非圈时，头脑要清醒，遇到异常或紧急情况，要学会急中生智、临场借故脱逃，以免自身受到牵连。不要傻信那些"要讲义气""走就不够哥们儿"等一些具有欺骗性、对人不负责任的话语。常用的托辞有"不好，我忘了一件很重要的事儿，不得不走了""哎哟，肚子怎么疼起来了，哪里有厕所？""对不起，刚才接到一个电话，可能家里出事儿了，我要赶快回去看看""我们的班主任叫我赶快去"等。

2．面对矛盾　化解纷争

当遇到矛盾争执时，要学会排解纷争，"化干戈为玉帛"，例如"这件事儿其实我们也没有什么损失，何必跟他们计较呢？""有话好好说，大家朋友一场，低头不见抬头见，何必呢？"等。

3．私下"咬耳"　晓以利害

在预计打架等事件即将发生时，要向与此事关系不大、犹豫不决的同伴陈述法律常识及违法后果，争取他和自己一道离开。可以悄悄地对他说："这件事儿跟我们没有什么关系，你觉得有必要卷进去吗？我看卷进去不会有什么好结果""帮他打架对我们能有什么好处啊？连小孩儿都知道打人是犯法的""为什么到这儿来我都不知道，我们也够糊涂了，不要再糊涂下去了""今天如果参与打架肯定要倒霉，等我们倒了霉哪个又会来帮我们呢？"等。

法规链接

《中华人民共和国治安管理处罚法》

第二条　扰乱公共秩序，妨害公共安全，侵犯人身权利、财产权利，妨害社会管理，具有社会危害性，依照《中华人民共和国刑法》的规定构成犯罪的，依法追究刑事责任；尚不够刑事处罚的，由公安机关依照本法给予治安管理处罚。

第八条　违反治安管理的行为对他人造成损害的，行为人或者其监护人应当依法承担民事责任。

第十二条　已满十四周岁不满十八周岁的人违反治安管理的，从轻或者减轻处罚；不满十四周岁的人违反治安管理的，不予处罚，但是应当责令其监护人严加管教。

安全·小·贴士

古人"交友"二则

孔子曾教育他的学生：要和正直、讲信用、有学问的人交朋友；不要和那种谄媚奉承、心术不正、华而不实的人交朋友。即经典名言"益者三友，损者三友"，意思是与前者交朋友会受益匪浅，而与后者交朋友只会带来害处。

古人认为明智的人交朋友是先做选择而后见面交往，所以他们的忧愁和烦恼就少。而见识浅薄的人交友是先见面交往而后再选择，所以他们的忧患和抱怨多。即"君子先择面后交，小人先交面后择，故君子寡忧，小人多怨"。

2.3.2　把持自我　拒绝烟酒

职业院校的学生正处于长身体、学技能的大好时光。沉迷烟酒、消极颓废，既损伤身体，又虚度了青春时光。

案例警报

【案例1】学生在宿舍抽烟引发火灾

2017年，某职业院校学生宿舍发生一起火灾。起火原因系某学生于当日早上离开寝室前，在整理内务时抽烟，烟灰火星落入被子中，慢慢将被子引燃，结果引发火灾。

你知道学生抽烟的危害有哪些吗？如果火灾真的发生了，肇事者将要承担什么样的后果呢？

【案例2】醉酒很危险

职业院校学生小孙一天晚上因为饮酒过量、不省人事被送到医院抢救。医生边救护边对送他的人说：酒精中毒过深、双眼瞳孔放大，如果再迟来一会儿，命就难保了。原来不久前小孙交上了一个朋友，一天这个朋友约小孙出来吃饭。在饭桌上，小孙经不住朋友的哄劝，接连喝下了半斤多高浓度白酒，险些丧命。

如果小孙没被抢救过来，将会是怎样的结局？从小孙的身上，我们要吸取哪些教训？

安全警示

1987年5月发生在大兴安岭的火灾，就是由一个未熄灭的烟头引起的。

学生在宿舍抽烟既违反学校住宿管理规定，又存在很大的安全隐患，一旦不慎引发火灾，后果更是不堪设想。吸烟既有害身体，又存在安全隐患，极易造成家庭矛盾，真正是"有百害而无一利"。

职业院校学生正处于身体成长发育阶段，饮酒不仅损伤肝脏，而且容易造成酒精中毒，并且还会妨碍身体的健康发育成长。

危机预防

1. 不交喜欢抽烟喝酒的朋友

（1）明白古语"君子之交淡如水"所蕴含的道理——有知识有品位的人交友，讲究的是志向、情趣相投，而不是看对方在物质条件方面是否富有，是否会吃喝玩儿乐等。

（2）学会观察、分辨益友与损友。一般来说，喜好吃、喝、玩儿、乐的朋友素质比较低，如果与他们结为朋友，那么对自己的健康和成长都不会有什么益处。而好学上进、积极进取的人一般素质都比较好，与他们交友可以使自己受益、进步。

2. 偶尔饮酒也要控制好质与量

（1）如果到了成人的年龄，与朋友们难得相聚，大家喝点儿酒也无可非议，但要注意把持自己，以不影响健康为前提。

（2）遇到朋友相聚不得不喝酒时，最好只饮用一点儿酒精浓度低的啤酒或红酒，不要饮用酒精浓度高的白酒，更不能过量。

3. 丰富业余生活，抵御烟酒侵扰

（1）充实自己的精神世界，将注意力放在自己这个年龄段应该学习和掌握的知识与能力上。

（2）日常多参加对社会、集体及他人有益的活动，以充实的精神生活冲淡孤单、寂寞的感觉。

（3）培养有益、高雅的情趣及爱好，例如学习琴、棋、书、画，参加登山、游泳、打球等健身运动，学习一些手工制作，与朋友探讨一些创意发明，主动参加公益劳动，为班级、学校布置环境，前往人才市场进行调研等。

危机应对

不沾烟酒

（1）日常看到同学或朋友抽烟时，不要出于好奇而学着抽烟，以防上瘾。遇到朋友硬劝自己抽烟，可以假托自己身体不适应（例如怕呛、气管有炎症等）进行推辞。

（2）和朋友聚在一起吃饭时，不要劝酒、哄酒。遇到他人哄酒时要真诚劝阻，晓以利害。遇到别人向自己劝酒时，则直言自己是学生，不会喝酒。千万不能"打肿脸充胖子"，以防酒精中毒。

（3）当朋友或家人聚会时，遇到有人喝酒过量，发生较严重的酒精中毒情况时，一边要尽力催吐，一边要迅速送往医院进行救治。对于轻度醉酒者，可以使其静卧、保温，并给予浓茶或咖啡，促使其醒酒。

法规链接

《中华人民共和国预防未成年人犯罪法》

第十四条　未成年人不得有参与赌博或变相赌博的不良行为。

第十五条　未成年人的父母或者其他监护人和学校应当教育未成年人不得吸烟、酗酒。任何经营场所不得向未成年人出售烟酒。

《中华人民共和国治安管理处罚法》

第十五条　醉酒的人违反治安管理的，应当给予处罚。醉酒的人在醉酒状态中，对本人有危险或者对他人的人身、财产或者公共安全有威胁的，应当对其采取保护性措施约束至酒醒。

安全·小贴士

我国每年 100 多万人死于吸烟所致的疾病

吸烟有害健康已经成为一个公认的事实。据了解，香烟中含有 1 400 多种成分。吸烟时产生的烟雾里有 40 多种致癌物质，还有 10 多种会促进癌发展的物质，其中对人体危害最大的是尼古丁、一氧化碳和多种其他金属化合物。有关医学研究表明，吸烟是心脑血管疾病、癌症、慢性阻塞性肺病等多种疾患的行为危害因素，吸烟已经成为继高血压之后的第二号全球杀手。有资料表明，长期吸烟者的肺癌发病率比不吸烟者高 10～20 倍，喉癌发病率高 6～10 倍，冠心病发病率高 2～3 倍，循环系统发病率高 3 倍，气管类发病率高 2～8 倍。被动吸烟的危害更大，每天平均 1 小时的被动吸烟就足以破坏动脉血管。一些与吸烟者共同生活的女性，患肺癌的概率比常人高出 6 倍。

（资料来源：http://www.finance.sina.com/chanjing/b/20070529/01413637337.shtml）

2.3.3　法纪铭心　远离赌友

古语道："近朱者赤，近墨者黑。"与正直的人交友，可以使自己积极向上。与颓废的人交友，会使自己不思进取。与违法乱纪的人交友，会导致人生偏航甚至会引发祸患。

案例警报

【案例1】赢钱未得　抢劫手机

职业院校学生小李不仅和赌徒表哥有交往，还拉同班同学小张、小王一起去赌博。有一次他们赢了钱，但对方说没带钱。在小李表哥的唆使下，他们前往其住处讨赌债，因为没讨到钱就动手打了对方并抢走了对方的手机。最终他们三人因涉嫌团伙入室暴力抢劫而被捕。

对方输钱不付，小李等抢手机来抵账，错在哪里呢？

【案例2】为还赌债　伪造餐券

某职业院校学生结识了社会上的赌博团伙成员后，受引诱多次参与赌博。因为欠下赌债无法偿还，便想出了歪点子：伪造食堂餐券并贩卖，以便筹集赌资。事发后，该生被学校开除，并赔偿相关的损失。

制造并贩卖假餐券属于什么行为？购买假餐券有没有错？

【案例3】为筹赌资　收保护费

某高等职业院校有几个三年级的学生躲在宿舍里用扑克赌博，不仅威胁低年级知情者不准告诉老师，还为了聚敛赌资向低年级的学生收保护费，使几个低年级的学生人心慌乱、无心读书，向学校提出了退学申请。学校查明情况后，对这几个学生进行了教育并给予他们相应的处理。

向低年级的学生收取保护费属于什么行为？低年级的学生碰到类似情况应该如何正确地保护自己？

安全警示

结交赌友　贻害无穷

我国法律明文规定禁止赌博，因此参与赌博本身就是违法犯罪。赌博是一种贻害社会、家庭及亲人的恶习。一个人如果沾染上赌博恶习，就如同身陷沼泽和泥潭，难以自拔。结交赌友同样十分危险，会使自己在无形中被卷入旋涡和陷阱。

沾染上赌博恶习会引发多种犯罪行为。因为赌资来源不可能有正当渠道，欠债者为了还赌债不惜铤而走险，逼债者为敛横财不乏残暴手段……最终等待好赌并犯罪者的只能是法律的制裁。不思进取、不务正业、负债累累、众叛亲离、不能自拔、悔恨终生……这就是沾染赌博恶习并不思悔改者的"前途"。

在小赌小玩儿中耗费青春大好时光，辜负父母的殷切期望，这不应该是在校生所为。为了贪蝇头小利，而给违法犯罪行为以可乘之机，这也不应该是头脑清醒的职业院校学生之举。结交赌友会贻害无穷！

危机预防

1．不沾染赌博恶习

（1）要学法、知法、懂法。我国相关的法律明确规定禁止赌博，职业院校学生要明白赌博的危害。

（2）了解赌博是一种社会痼疾，花样繁多，根深蒂固。对此我们要有自我防范意识，要自觉从各个方面抵御这种恶习的侵扰，使自己远离赌博，免遭祸患。

2．远离赌友

要增强是非观念，远离喜欢赌博的人，远离赌博群体及赌博现场。发现同学中有参与赌博等违法行为的，要及时劝阻并主动向学校、教师报告。

危机应对

误入赌博现场怎么办？

当遇到有人拉自己参与赌博时，要意识到这会引发犯罪，要借机离开，力求回避。如果不慎误入赌博场所，就要立即意识到这不是自己的久留之地，应该设法迅速撤离。当我们发现赌博事件后应该立即报警。因为隐匿不报既是包庇也属于违法。面对不法分子侵扰，应该积极采取措施保护自己，例如义正辞严地进行拒绝、向教师或学校汇报、告知家长等。

法规链接

《中华人民共和国治安管理处罚法》

第七十条　以营利为目的，为赌博提供条件的，或者参与赌博赌资较大的，处五日以下拘留或者五百元以下罚款；情节严重的，处十日以上十五日以下拘留，并处五百元以上三千元以下罚款。

《中华人民共和国刑法》

第三百零三条　以营利为目的，聚众赌博、开设赌场或者以赌博为业的，处三年以下有期徒刑、拘役或者管制，并处罚金。

安全·小·贴士

澳门5 400名学生进行"坚定不赌"签名

据《澳门日报》2007年5月5日"新闻焦点"报道：由澳门某群体发起的"明亮行动"启动仪式，为澳门一系列青少年品德教育活动揭开序幕。与会的200名学生代表进行了"坚定不赌"的宣誓。教育局长苏朝晖在会上还接受了5 400名学生响应"坚定不赌"号召的签名。

自我检测

你具备应对危机的能力吗？

1．遇到好友请你帮忙：去找某人"谈谈"（斗殴），你准备怎样应对？
2．某天你在车站等车时有好友向你递香烟，你能以什么理由有效拒绝？
3．你和几个好友在打扑克时，有人提出搞点儿小刺激（赌钱），你准备怎样应对？

应急模拟

1．与同宿舍几位同学一起就"如何戒烟"问题进行讨论：导致中学生很多人吸烟的原因有哪些？吸烟究竟有什么害处？为什么学校的相应教育会遭到抵触？有什么好办法能让中学生自觉戒烟？

2．现场模拟：你与几位好友一道为某人庆贺生日共进生日餐，你提议喝点儿啤酒，而其他几人却一致坚持喝白酒，还强拉你一道喝，你设法拒绝了。继而你看到他们一个个喝醉了，有的胡言乱语，有的又吵又闹，还有的乱砸东西。最严重的是有个人倒在地上不省人事，此时你采取了有效措施，分别妥善处理好了这几个人的问题。

3．小明与朋友不慎误入了赌博场所，有人上前招呼小明参与。假如小明无法及时回避又目睹了赌博场景，处于想报警又怕被这些人报复，不报警又怕日后被视为隐匿不报的两难境地，但最后小明既报了警，又没被那些人发觉，小明采用了什么办法？

2.3.4　擦亮眼睛　理性消费

天上不会掉馅儿饼！校园贷用申请便利、手续简单、放款迅速等"优点"，诱惑学生落入高利率、高违约金的陷阱。学生在不断膨胀的消费欲望和侥幸心理之下可能陷入"连环贷"的危险，同学们千万要当心！

案例警报

【案例1】平台无良　诈骗泛滥

吉林省长春市警方破获了一起特大校园贷诈骗案，此案涉及12个省市的150余名学生。诈骗团伙利用学生的单纯，打着"内部有人，贷款不用还"的名义组织起了一支具有传销性质的学生大军，最终这些学生都被骗了。不法分子实则利用这些学生的信息贷款造成了学生拉下线骗学生的后果。

北京某高校的一名大学女生，邀请多名同学注册借贷平台账户，注册后让同学从平台里提现并交给她，最后却卷钱消失。此外，该女生还借用他人的借贷平台账号申请贷款，至今也未还款。目前已有80多人涉及此事，被骗金额超过60万元。

这是一种典型的不负责任的做法，让很多与贷款不相干的学生身陷其中。在本质上，校园贷平台的审核机制有名无实，监管形同虚设，只为最后催贷而生，这与非法组织一般无二。

【案例2】校园贷只是表　高利贷才是里

学生小尹办理了校园贷，还申请了分期产品，因为逾期，所以还要交滞纳金。一算才知道，借款本金6 000元，但是现在要还1.3万元，利息高达30%。这意味着，如果他在此平台借款1万元，1个月后滞纳金的利息金额就是10 000×1%×30=3 000（元），一年就可以滚到36 000元，年利息高达36%。

在河南省某高校学生因为无法还贷而自杀的案子中，其中有一笔8 000元的校园贷债务，在半年内经过借款、还款、再借款，最后总还款金额竟高达8万余元。

纯贷款产品，则经常会出现借款10 000元，到手只有8 000元的情况，因为放款人还要收取手续费与代理费，但是利息要按10 000元算。按照某些学生的说法，校园贷正是因为他们是学生还款能力差，才会提高利息让他们故意还不上的，最后只能由家庭买单。要知道，年利息超过24%已经不受法律保护。

【案例3】裸贷害人不浅　或在暗中继续

裸贷，改变了很多学生的命运。安徽省合肥市某职业学校一名大二女生就通过裸贷借钱用来和男友花销。借来的本金不到5万元，一年不到，欠下的贷款本金已经高达30万元，本息合计更是达50多万元。因为还不起钱，所以其裸持身份证照片被曝上网，家人的电话也被催债电话打爆。不得已，家人在报警的同时，正在变卖唯一的住房还款。

裸贷还在暗处继续滋生，甚至还出现了胁迫裸贷女学生"肉偿"的事件。20岁的大三女生小茜，通过裸贷向杨某贷款1 000元，扣除利息实际到手850元，商定周息为15%。后来因为利息太高无法偿还，被放贷人杨某威胁以卖淫还债，小茜无奈通过媒体报警。

【案例4】赌球炒股　贻误终身

从2015年开始，小郑就开始接触各种网络贷款，种类达到了数十个。至案发，小郑已经背负了上百万元的债务。

学生小魏先后在20多个校园贷平台上借钱用于赌球，最后借了30多万元，要账公司各种威胁与催账，小魏一度喝农药自杀，幸好及时发现被救回。

　　某职业技术学院的学生小王，一直想靠炒股为自己毕业开公司挣到第一桶金。在没有股金的情况下，在多家校园贷平台借了 3 万多元，委托给股票公司帮其炒股，但投进去的钱全都打了水漂。为此，他背负了巨额债务。

安全警示

　　网络贷款的危害不容小觑。

　　（1）网络贷款会给自身心理产生极大的压力，让生活陷入网贷的泥潭中不可自拔。

　　（2）网贷会促使学生不良消费及连环贷款，容易使其消费理念及价值观产生偏颇。

　　（3）若学生不能及时还清贷款，则可能导致辍学、自杀等情况的发生。

　　（4）网贷会使原本幸福的家庭陷入网贷的阴影，增加了家庭的经济负担以及父母的心理负担。

　　（5）网贷的学生在同学及朋友之间的信誉受损，影响正常的人际交往。

危机预防

1. 加强学生校园不良网贷的教育引导工作

　　（1）开展校园网贷的教育引导工作。积极开展"防范非法集资，拒绝校园贷，提高安全意识"主题教育活动，让学生充分认识校园网贷的危害性，提高警惕，防止上当受骗。

　　（2）广泛开展拒绝校园网贷的宣传活动。让学生切实明白网络贷款带来的危害及困扰。积极开展"理性消费，拒绝校园贷"活动，让学生远离不良网络贷款。

　　（3）拓宽帮扶渠道，加大精准扶贫力度。加大对困难学生的帮扶力度，对其进行成长帮助、生活帮扶、就业帮带，杜绝贫困学生因为生活困难而进行网络贷款。

2. 构建多方防范长效机制

　　（1）积极发挥辅导员、班主任的带头作用，组织学生干部队伍密切关注学生的异常消费行为，及时发现学生在消费中存在的问题。

　　（2）做好学生的风险提示工作，让学生认清自身的消费能力，树立正确的消费观念。

　　（3）提醒学生严密保管个人信息及证件，不将个人信息外泄，不要做贷款担保人。

　　（4）利用校园网站、微博、微信等渠道，向学生推送校园不良网贷的典型案例。

　　（5）要及时掌握学生的网贷信息，并对网贷学生进行督促、跟踪教育工作。

危机应对

1. 擦亮眼睛

　　广大学生要增强防范意识，谨慎使用个人信息，不随意填写和泄露个人信息，对于推销的网贷产品，切勿盲目信任，提高自身对网贷业务的甄别、抵制能力。

2. 找准组织

　　广大学生上学遇到经济困难时，请及时找学校资助部门，只要上学有经济困难，国家和学校都会提供适当的帮助。解决学费、住宿费问题，以国家助学贷款为主，解决生活费问题，以国家助学金为主，解决突发临时困难问题，以临时困难补助等为主，解决综合能力和生活补助问题，以勤工助学等为主。

3. 理性消费

　　广大学生要培养勤俭意识，摒弃超前消费、过度消费和从众消费等错误观念，合理安排生活支出，不盲从、不攀比、不炫耀。

法规链接

中国银监会、教育部、人力资源社会保障部《关于进一步加强校园贷规范管理工作的通知》《关于进一步加强校园网贷整治工作的通知》。

安全·小·贴士

2015 年，中国人民大学信用管理研究中心调查了全国 252 所高校的近 5 万名大学生，并撰写了《全国大学生信用认知调研报告》。调查显示，在弥补资金短缺时，有 8.77% 的大学生会使用贷款获取资金，其中网络贷款占一半儿，因此而产生的不良事件后果严重。

自我检测

网络贷款、校园贷款、分期付款到底有哪些风险呢？

应急模拟

与同学们一起讨论：身边不理性消费的情形有哪些？究竟有什么害处？

2.3.5 严防欺凌 用好法律

近年来，校园欺凌事件频频发生，轻则敲诈勒索，重则围殴大骂，对被欺凌的学生身体和精神上都造成了严重的打击。校园欺凌事件在社会上引起了广泛关注，学生家长更是担忧害怕，那么遇到校园欺凌怎么办呢？校园欺凌并不能只依赖于舆论的谴责，法律的约束更加有效。

案例警报

【案例 1】寻衅滋事

刘某某，因琐事与一同学发生矛盾，即指使无业青年笑某、文某教训这名同学。笑某、文某等人赶到学校门口时，与刘某某有矛盾的同学已经离开学校。刘某某想起朋友殷某某与同学王某某有矛盾，随即指使笑某、文某等人在学校附近对王某某拳打脚踢，致王某某轻伤。

【案例 2】故意伤害

2015 年 1 月 9 日，葛某某回宿舍时，路上不意间碰撞张某某一下，二人因此发生争执并厮打。厮打中，张某某持刀将葛某某捅伤。经鉴定，葛某某的损伤构成重伤。

【案例 3】聚众斗殴

李某、王某某均系某中职学校二年级学生，二人因琐事产生矛盾，双方约场在学校门口打架。王某某、李某各纠集多人持刀叉、棍棒等物品参与斗殴，双方均有人员受伤。

【案例 4】健康权纠纷

刘某与王某某、廉某某、董某某、张某某、朱某某均系同班同学。在操场上体育课下课时，五被告将原告抬起扔到空中，摔落在地，致使原告刘某受伤，构成十级伤残，造成各项经济损失共计 61428.1 元。

【案例】生命权纠纷

2014 年 8 月 22 日，陈某某与张某某、王某某，薛某某相约到村旁河中洗澡。张某某在水中后退时不慎进入深水区，后将陈某某拉入水中，王某某见状施救时，也被张某某拉入水中，后张某某、王某某自救，陈某某溺水死亡。陈某某的父母陈某某、左某某起诉要求张某某、王某某、薛某某及其监护人赔偿损失。

安全警示

（1）同学之间偶有矛盾是正常的，要学会合法合理去解决矛盾。刘某某结交闲散人员，不仅要教训与自己有矛盾的同学，还"热心"地帮朋友出气，无视法律，恃强凌弱，缺乏对规则的基本认知和敬畏，虽因未达刑事责任年龄不予刑事处罚，但是其家长应当对其严加管教，学校对其严肃处理，必要的时候，也可以由政府收容教养。

（2）法院认为，张某某故意伤害他人身体，致人重伤，其行为构成故意伤害罪。鉴于被告人犯罪时未满十六周岁，系未成年人，投案自首，且已与被害人和解，对其减轻处罚，并适用缓刑。据此，认定张某某犯故意伤害罪，判处有期徒刑一年，缓刑二年。

（3）两名中职生之间的小矛盾，由于双方纠集多名校外人员参与，最终演变成一起聚众斗殴刑事案件，严重影响了社会秩序，特别是他们在学校门口，又是下课期间斗殴，众多学生围观，刀叉、棍棒打斗的场面引起学生恐慌，影响恶劣。案件发生后，李某、王某某主动投案，对自己的行为痛悔不已，法院坚持"教育为主，惩罚为辅"的原则，考虑到他们心智尚不成熟，平时表现较好，一时冲动误入歧途，对二人适用缓刑，对其他被告人全部判处有期徒刑。

（4）同学之间嬉闹玩耍本无可厚非，但是，必须以安全为前提。在操场上将同学抛向空中，即使有人去承接，也可能导致危害后果，如果没有人承接，同学摔到地上，极有可能会摔伤甚至致残，伤害的后果无法弥补。在法院审理的校园伤害案件中，还有因同学间嬉闹而引起笔尖戳伤眼睛、水杯砸伤牙齿、骑车时互相踢打碰撞而引发的伤害案件，因而同学们应当约束自己的行为，把安全放在首位，避免伤人或伤己案件的发生。学校也应当严格按照有关规定做好组织管理工作，对学生进行安全教育，及时发现并制止学生的危险行为。

（5）暑假期间，学生相约到附近河里洗澡导致溺水死亡的恶性事件。暑假期间是此类恶性案件的高发期，水火无情，孩子自救能力差。作为监护人的父母一定要教育、看护好孩子，避免此类恶性案件的发生。

危机预防

1．分析可能引发事件的原因

由于种种因数对社会不满和因矛盾激化而铤而走险、因严重利益冲突而报复、精神病人发病及极少数歹徒行凶犯罪、学生之间的矛盾等情形是引发学校欺凌、暴力事件的主要原因。

2．采取针对性的预防措施

（1）各年级要加强对学生进行思想品德、心理健康、法制和安全教育，增强师生的法制意识和自我保护意识。

（2）心理咨询室要结合学校班级实际、开展老师、学生心理健康咨询和疏导工作。

（3）严格门卫登记、管理制度，控制外来人员进入学校。发现可疑人员或不法分子非法侵入校园应及时报告或报警。

（4）对可能引起矛盾激化事件的当事人要逐一排摸登记、耐心接待，尽力做好化解工作。

（5）经常性的以当地政府、派出所沟通联系，及时掌握校园周边地区存在的不稳定的因素（人和事），及时采取有效对策。

1. 面对校园欺凌，学生该怎么做

（1）独自面对时

一个人遇到突发霸凌状况，要尽快走开。通常施暴者只是借机发泄不快，如果你没有反应，对方往往不会再纠缠。如果对方突然出手或者追逐，立刻向最近的人群奔去。

如果实在不能避开，气势上不能软弱，施暴者总选那些看上去比自己弱的人下手，目光要坚定，保持沉着冷静，腰杆也要挺得笔直，传递出"我也不好惹"的信息，或者直接告诉对方"你这样做是不对的，老师知道了会批评你的"。

（2）大声说出来

如果已经遇到校园霸凌，要勇敢地向老师、学校或权威部门反映。告诉他们施暴者是谁?他们具体做了什么?在哪里?什么时候?持续多久了?对自己造成了怎样的困扰?当你觉得霸凌已经威胁到你的人生安全，那你必须说出来!

如果相关部门迟迟没有回复，试着向其他权威机构求助。这听起来很复杂，但是只要坚持不懈，问题就能解决。

向父母倾诉。或许你会担心他们反应过激，但是他们依旧是最愿意帮助你的人。

（3）打理好自己的情绪

遭遇霸凌并且克服它带来的伤害并不是一桩简单的事情，所以如何摆脱校园暴力带来的心理阴影是每一个受害者都需要面对的困境。

尽量尝试着表现的和平常一样，自嘲或幽默地调侃会减弱不安的情绪，或者跟自己信任的人积极交流。要把注意力放在个人和情绪管理身上，罗列出积极的目标，并且努力实现它。这样带来的成就感会增加你的底气。

2. 面对校园欺凌，教师该怎么做

（1）在暴力事件未发生前进行预防

不论我们的应对措施是有多么的到位、多么的成功，都不如将校园霸凌事件预防在萌芽状态。日常教学应对给孩子们讲述校园霸凌的危害，让可能成为施暴者的学生得到警示，使可能成为受害者的学生学会保护自己。

（2）预防手段可以采取多样化

建议教师在预防青少年犯罪问题上要重视，不要以为自己的学生不会做出那么恐怖的事情。可以带孩子们去参观少教所，可以让他们观看校园暴力事件的案例视频之类的。

（3）级确定多名班情联络员

教师不可能将全部时间都和自己的学生们进行相处，要想避免校园暴力事件，还是需要学生群体中有人监督、观察可能存在发生暴力事件的现象，及时跟老师汇报。或者在暴力事件发生后这部分班情联络员能够第一时间告知教师具体情况。

（4）多了解班级情况，鼓励学生们团结

一个班级之所以会出现霸凌事件，和班级的团结与否有很大关系，教师应该多关心班级的团结问题，让班级的凝聚力加强，孩子们团结了自然就不会出现矛盾，班级就和谐了。

（5）当暴力事件出现的时候一定要按照程序走，切勿隐瞒

很多教师怕暴力事件一旦报告了，就会影响到个人的发展问题。正是教师的这种态度让施暴方肆无忌惮，让受害方倍感屈辱。当暴力事件严重的时候如果教师故意隐瞒还涉嫌违法，如果被媒体曝光了更是容易饭碗不保。所以，不论站在何种角度上，按程序走才是最正确的。

3．面对校园欺凌，家长该怎么做

（1）教会孩子自尊自爱和自我保护

许多遭受校园霸凌的孩子在第一时间会自我怀疑，认为真的是自己不好，才会受到欺负，这会让校园霸凌的情况持续存在。实际上，校园霸凌尤其容易发生在一些低自尊、遭受欺负而不反抗的孩子身上。很多情况是，有些家长在家中打压孩子的自尊，要求孩子一味顺从，这样的孩子在学校很有可能会成为被欺负的对象。所以，家长要教会孩子面对霸凌勇敢面对、保护自己。

家长在孩子被欺负时需要亲自出面，采取行动，联系老师，要求老师和学校有所作为，教育惩戒欺凌孩子的学生，而决不能听之任之，任由孩子遭受伤害。

（2）帮助孩子学习识别和建立有益的人际关系，对抗人际孤立和欺凌。

另一类容易遭受校园霸凌的孩子，是那些孤僻、不合群、人际交往能力差的孩子。家长要从小培养孩子和同伴建立善意、支持性人际关系的能力。

如果孩子遭受欺凌，而仍然能和班里的一些同学建立良好的人际关系，那么就会对校园霸凌的影响产生很大的缓冲作用。家长也需要和孩子解释，某个同学的孤立和排挤可能是出于嫉妒或其他动机，但并不意味着不能和其他同学建立好的关系，让孩子对同伴关系抱有合理的预期和期望。

家长们要多带孩子参加一些亲友间的社交活动，营造环境提供机会让孩子参与同伴社交，耳濡目染，会对孩子上学后的人际适应产生良好的影响。如果察觉孩子性格有些孤僻，缺少有意义的同伴关系，一定要及时的干预和治疗。

法规链接

我国《治安处罚法》《民法通则》《未成年人保护法》有关校园欺凌的相关规定：

第九条 对于因民间纠纷引起的打架斗殴或者损毁他人财物等违反治安管理行为，情节较轻的，公安机关可以调解处理。经公安机关调解、当事人达成协议的，不予处罚。经调解未达成协议或者达成协议后不履行的，公安机关应当依照本法的规定对违反治安管理行为人给予处罚，并告知当事人可以就民事争议依法向人民法院提起民事诉讼。

第三节 侵犯人身、财产权利的行为和处罚

第四十条 有下列行为之一的，处10日以上15日以下拘留，并处500元以上1000元以下罚款;情节较轻的，处5日以上10日以下拘留，并处200元以上500元以下罚款：

（一）组织、胁迫、诱骗不满16周岁的人或者残疾人进行恐怖、残忍表演的;

（二）以暴力、威胁或者其他手段强迫他人劳动的;

（三）非法限制他人人身自由、非法侵入他人住宅或者非法搜查他人身体的。

第四十一条 胁迫、诱骗或者利用他人乞讨的，处10日以上15日以下拘留，可以并处1000元以下罚款。

反复纠缠、强行讨要或者以其他滋扰他人的方式乞讨的，处 5 日以下拘留或者警告。

第四十二条 有下列行为之一的，处 5 日以下拘留或者 500 元以下罚款;情节较重的，处 5 日以上 10 日以下拘留，可以并处 500 元以下罚款:

（一）写恐吓信或者以其他方法威胁他人人身安全的;

（二）公然侮辱他人或者捏造事实诽谤他人的;

（三）捏造事实诬告陷害他人，企图使他人受到刑事追究或者受到治安管理处罚的;

（四）对证人及其近亲属进行威胁、侮辱、殴打或者打击报复的;

（五）多次发送淫秽、侮辱、恐吓或者其他信息，干扰他人正常生活的;

（六）偷窥、偷拍、窃听、散布他人隐私的。

第四十三条 殴打他人的，或者故意伤害他人身体的，处 5 日以上 10 日以下拘留，并处 200 元以上 500 元以下罚款;情节较轻的，处 5 日以下拘留或者 500 元以下罚款。

有下列情形之一的，处 10 日以上 15 日以下拘留，并处 500 元以上 1000 元以下罚款:

（一）结伙殴打、伤害他人的;

（二）殴打、伤害残疾人、孕妇、不满 14 周岁的人或者 60 周岁以上的人的;

（三）多次殴打、伤害他人或者一次殴打、伤害多人的。

第四十四条 猥亵他人的，或者在公共场所故意裸露身体，情节恶劣的，处 5 日以上 10 日以下拘留;猥亵智力残疾人、精神病人、不满 14 周岁的人或者有其他严重情节的，处 10 日以上 15 日以下拘留。

据了解，校园欺凌绝大部分发生在小学、初中，施害者多为未成年人，因此，在适用法律时多采取从宽处理的措施，使得他们没有认识到危害的严重性，这种做法无疑过分保护了犯罪未成年人而忽视了受害的未成年人，这是法律的弊端，也从某种角度助长了校园欺凌的发生。因此，我国可比照最高人民法院、最高人民检察院、公安部、民政部最近出台的《关于依法处理监护人侵害未成年人权益行为若干问题的意见》，尽快制定专门的反校园欺凌法规，明确监护人、学校、社区、公安、司法等的职责;同时司法机关应加大对典型的校园欺凌案件的惩罚力度，各方形成合力，预防和减少校园欺凌的发生。

安全小贴士

青少年身体和心理发育都不成熟，遇到校园欺凌怎么办应该学生自己、学校老师及家长多方面综合处理，在加强教育管理的同时，合理进行引导和疏导。面对校园欺凌一定要合理处理，运用法律武器处理，千万不能以暴制暴，酿成不良后果。

自我检测

你认为校园欺凌是违法行为吗?

应急模拟

与同学们一起讨论:你身边发生的校园欺凌有哪些? 如果发生在自己身上应该如何应对?

第3章

校内学习安全

☞知识要点

1. 体育运动　严防伤害
2. 课余活动　切莫打闹
3. 暑期军训　充分准备

→ 3.1 体育运动 严防伤害

图 3-1 健康体育

积极参加体育运动，有利于处在青春期的职业院校学生的身心健康发展（见图 3-1）。但在体育课、运动会和课余锻炼中，经常会出现因为运动不慎造成运动伤害的事故，必须引起高度重视。

3.1.1 体育课的安全要点

体育课是学生锻炼身体的重要途径，但因为准备活动不充分、动作错误及冲撞摔倒等原因，常会发生踝、腕、膝关节扭伤，韧带、肌肉组织损伤等事故，严重的会导致骨折。

案例警报

【案例 1】课前准备不足受伤害

学期末上最后一节体育课时，班长小亮帮班主任做成绩单姗姗来迟，他没来得及换上运动鞋和运动裤，穿着皮鞋和西裤就来到运动场。体育老师正在组织 100 米补测，小亮不顾体育老师的嘱咐，没做准备活动就参加测试。在冲刺时，突然摔倒不起。医院诊断为股骨骨折，需要手术治疗。经近一年的治疗后才基本康复，可 3 年后还需再手术，医疗费高达 4 万余元。

你认为造成小亮受伤的原因有哪些？

【案例 2】课中不遵守规定被砸伤

某体育老师组织同学们进行掷实心球练习。练习前，老师把学生分为两组，相距 15 米面对面站在安全线后，要求大家集中注意力，听从指挥统一出手，统一捡球。小兵思想不集中，在大家听到口令将实心球掷出 2 秒后，才慢腾腾掷出实心球，而对面的小强偏又没听口令，提前上前低头捡球，结果被实心球砸中头部，导致昏迷不醒。通过医院抢救后转危为安，但留下了后遗症。

你若也在场练习，你会注意哪些安全要求呢？

【案例 3】课后大意砸脱视网膜

体育课结束时，本应去送还篮球的小俊出于好玩儿，将一个篮球投向球筐，没想到砸中了小民的后脑勺，造成其右眼视网膜脱落。经手术治疗，小民的右眼几乎失明，被鉴定为十级伤残。通过法院调解，小俊支付了赔偿金两万余元。

课后还球时，你看见过类似的情形吗？应该如何安全地还球？

安全警示

小亮课前准备不足，不穿运动鞋、运动裤，不做准备活动，猛然运动造成骨折。小兵和小强思想不集中，不遵从教师的安全要求，造成运动伤害；小俊一时兴起，随手扔球砸得小民视网膜脱落，视力不能恢复正常，留下永久性伤害。

学生缺乏防范运动伤害的必要认识，缺少自我保护意识。准备活动不充分、运动技术存在缺陷、体能欠缺、练习方法与比赛方式有缺点、动作粗野违反规则、场地设备不安全等因素，都是造成运动伤害的主要原因。

危机预防

课前：思想重视　准备充足

（1）穿好运动服装要牢记，检查佩饰要仔细。课前要穿好运动服装和运动鞋，不能穿底被磨光的运动鞋、不适合运动的便装及皮鞋等。要摘除别针、徽章（例如校徽、团徽）等尖锐物，不戴手表、耳环等饰物，口袋中不放手机、钥匙、小刀等杂物，部分运动不能戴眼镜。足球、轮滑等运动要戴好护膝、护肘等护具。

（2）适应场地要尽早，检查器材别忘了。许多学校都有塑胶运动场地，这类场地比我们平常走的水泥地更具有弹性。课前要尽早到塑胶运动场地上去做一些轻微的准备活动，让肌肉、韧带适应跑道的弹性，避免运动伤害。

雨后场地湿滑，运动前要认真检查，避免摔伤。不要在过于光滑的地砖、大理石地面上运动，避免滑倒受伤。查看运动场地周围是否存在不平坦、有坑洼、有障碍物的情况。发现问题要提醒教师及时解决。

养成运动前检查器具的好习惯。运动器具在多次使用后易损坏和松动，使用前要仔细检查，避免发生伤害事故。曾有一位同学出于好玩儿，使用拍柄已经晃动的羽毛球拍，结果打球时球拍飞出伤及同学。

（3）准备活动要充分，专项准备不可省（见图3-2）。准备活动是体育运动的首要环节，也是预防运动伤害的第一关。准备活动要全面，它能使各个关节、部位逐渐进入运动状态。准备活动还要充分，达到热身和调动心肺等器官功能的作用，一般做到身体发热，微微出汗即可。准备活动不能做得太早、太猛、量太大。

图3-2　充分准备

不要省略专项准备活动。例如，跑、跳运动过程中易发生下肢肌肉拉伤和膝、踝关节扭伤，投掷项目易发生腰、背、手指和手腕的损伤，体操运动易发生颈部、腕部和肘部扭伤，要针对运动项目，选择有实效性的专项准备练习，活动开易拉伤的深层肌肉群和关节。

（4）既往病史要告知，选修免修要自持。学生应该主动向教师报告既往病史，不隐藏自己的运动伤害史。患有心脏病等不适合运动的学生要申请免修或选修。身体不适的学生要及时向教师请假，便于教师合理安排休息或见习。

休息或见习的学生应该严格遵照教师的要求，不参加其他运动，以免出现意外。有一位患有心脏病的免修学生小鑫，一时技痒，趁教师不注意，在下课前5分钟上场与同学比赛篮球，结果在争球时突然发病，被送医院抢救。

课中：思想集中　遵从要求

（1）揣摩示范要看清，动作要领要记明。要集中注意力，认真观看教师的动作示范，理解技术要领，明确技术的重点与难点。例如，在单双杠练习中，有的动作要正手完成，有的要反手完成，千万不能出错，否则就会脱杠摔落。

尝试练习某个动作前，必须熟悉技术要求，循序渐进完成，不鲁莽、不盲动。不做教师没有教过的动作、非教学内容动作及危险动作。曾有一名学生在跨栏练习过程中违反规定跨反栏，结果被绊倒导致大腿粉碎性骨折。

（2）比赛游戏不嬉闹，安全要求要明了。在比赛和游戏时，学生兴奋性高，场面热烈且较混乱，相互间身体接触多，如果忽视安全注意事项，就极易造成伤害。例如，学生在追逐游戏过程中，拍打对手用力较重，常会出现推倒对方的现象。又如，在双人互助练习过程中，若任保护帮助的学生开玩笑，对练习者"挠痒痒"，则嬉闹很容易造成伤害。

（3）自我保护要加强，注意位置和间距。前面案例中，小兵和小强不遵从教师的安全要求，缺乏自我保护意识，造成实心球伤人事件。在投掷练习前，要观察前方有无人员。进行其他项目练习前，也要观察前面的练习者是否离开了练习场地，避免造成冲撞。前后两名练习者同时练习时，要保持适当的间隔距离。惯用左手的学生在练习前要告知教师与同伴，便于教师安排场地和保护帮助，协调与同伴的练习方式，避免发生肢体相撞。

常见的接力赛也容易发生危险。接力棒的传接要规范，最好在传接处竖立一根标志杆，应该绕杆传接，避免接力棒伤人。起跑线后 3 米，应该设立准备线，作为缓冲区。传、接棒的两位学生应该各跑一道，避免相撞。等待的和已经赛完的学生应该站在规定好的跑道上，不要挡住奔跑学生的前方，避免撞伤。

练习有一定的难度的动作时，要请有经验的教师与学生做好保护与帮助，避免与身体条件悬殊大的选手发生正面对抗，要注意保护好自己较弱和易伤的部位。

（4）自我控制运动量，争强好胜不可取。体育教学面向全体学生，教师应该注意因材施教、因人而异、区别对待。因为上课人数多，教师难免有疏漏，所以，学生更需要自己掌握运动规律，根据自己的健康状况、身体素质、运动能力与水平、运动情绪等因素，控制运动量与强度。

比赛是体育运动常见的方式。不论是两人间的还是小组间的比赛，都应该量力而行，切忌强人所难、勉为其难。

课后：及时放松 注意恢复

（1）放松运动要及时，对待损伤要慎重。剧烈运动后要做一些放松操、深呼吸与慢跑，以便肌肉放松，心率逐渐恢复正常。特别是快速跑后，不能立刻坐下休息，那样会对心脏有害，对健康不利。

（2）归还器材要有序，防止拥挤与打闹。

（3）课后饮水要合理，补充能量要科学。运动后可以适当饮水，但不能大量饮水，以免增加心脏负担。最好适当饮用盐开水，补充体内电解质。不要立刻吃冷饮，以防出现胃痉挛。

危机应对

1. 肌肉拉伤

肌肉拉伤指肌肉过度主动收缩或被动拉长导致肌肉纤维损伤或断裂。这在引体向上和仰卧起坐时容易发生。受伤部位会出现肿痛、肌肉紧张或痉挛，摸起来有发硬的感觉，常伴有皮下淤血，活动时疼痛加重。轻者需要立即休息，抬高伤肢，局部冷敷，加压包扎，还可以服用一些止痛类药物，24～48小时拆除包扎后，根据伤情可贴消肿活血类膏药，适当热敷或用较轻手法进行按摩。严重者应该加压包扎并立即送往医院诊治。

2．关节韧带扭伤

关节韧带扭伤指在外力作用下，使关节发生超常翻转活动，造成关节内外侧韧带部分纤维断裂，易发生于踝、腰、腕和颈椎关节。以常见的急性踝关节扭伤为例，应该立即停止踝关节运动，局部冷敷，加压包扎。这些措施可以有效地减少韧带断裂部位出血，缩短愈合时间。踝关节扭伤超过24小时，则需改为热敷，每次30分钟。严重者应该冷敷、加压包扎并立即送往医院诊治（见图3-3）。

图3-3　及时救护运动损伤

3．骨折

在运动过程中身体某部位受到暴力撞击易造成骨折。患处会立即出现肿胀，疼痛剧烈，常伴有皮下淤血、肌肉紧张或痉挛，肢体失去正常功能。骨折部位常发生变形，移动时可以听到骨头摩擦声。严重者，伴有出血、神经损伤、发烧、口渴甚至休克等全身性症状。骨折后必须暂勿移动伤肢，应该用夹板或其他代用品固定伤肢。对伤口出血的，应该立即止血包扎。对休克的，应该立即点按人中穴，并进行口对口的人工呼吸或心脏胸外按压，并及时送往医院治疗。

法规链接

教育部《学生伤害事故处理办法》

第十条　学生或者未成年学生监护人由于过错，有下列情形之一，造成学生伤害事故的，应当依法承担相应的责任：

（一）学生违反法律法规的规定，违反社会公共行为准则、学校的规章制度或者纪律，实施按其年龄和认知能力应当知道具有危险或者可能危及他人的行为的。

（二）学生行为具有危险性，学校、教师已经告诫、纠正，但学生不听劝阻、拒不改正的。

（三）学生或者其监护人知道学生有特异体质，或者患有特定疾病，但未告知学校的。

（四）未成年学生的身体状况、行为、情绪等有异常情况，监护人知道或者已被学校告知，但未履行相应的监护职责的。

（五）学生或者未成年学生监护人有其他过错的。

安全·小·贴士

心脏性猝死的预防

1．心脏性猝死的原因

心脏性猝死是指由于各种心脏原因引起的自然死亡。发病突然、发展迅速，一般死亡发生在症状出现后1小时内。病发后心脏停止收缩，失去排血功能，医学上称为心脏骤停。这类心律失常自行转复可能性很小，但如果能及时救治，那么部分患者可以成功复苏。

常见的心脏性猝死的原因一般有以下3种。

（1）有心脏方面疾病隐患（例如冠心病、心肌病等）的人在运动时可能会出现心脏性猝死。

（2）心脏功能较弱的人参加体育锻炼时，选择了不是自己力所能及的体育项目，承受了较大的运动负荷。在运动时，如果感到身体不适，就要停止运动，在休息中让心脏逐渐恢复，一般不会发生问题。但是，往往在运动时，有的学生逞强好胜，不能量力而行，结果导致心脏没有能力供血，造成突然休克，心脏和大脑缺血、缺氧性猝死。

（3）心脏比较健康的人，在大强度连续工作、晚上加班没有休息好或患有感冒发烧等疾病后，心脏的疲劳没有恢复，功能已经下降。在这种情况下，参加强度较大的体育锻炼活动时，也容易发生意外，导致猝死。

2. 预防心脏性猝死的方法

（1）应该对自己的心脏功能有一个清楚的认识。通过医学检查，了解自己是否有先天性的心脏疾病隐患。除了医学检查之外，还可以通过人体运动负荷的生理检查，对自己的心脏进行一个评定。

（2）参加体育运动时应该注意观察自己的身体反应，如果没有任何不适的感觉，心率变化稳定，就说明处于健康的状态中。如果脸色发白，身体感觉不适，嘴唇发紫，心律不齐，就应该停止运动，避免发生意外。

（3）参加体育锻炼贵在坚持，量力而行。运动负荷量应该循序渐进，逐步提高。只要能够长时间坚持锻炼，增强了心脏功能，有一颗健康的心脏，就可以避免心脏性猝死的发生。

（4）健康的人也需要很好地休息，保证自己的心脏通过休息恢复到最好的工作状态后，才能参加激烈的体育运动。

（5）在参加较大强度的运动时，不要突然停止，避免在运动时血液较多地集中在腿部肌肉中而使大脑短暂性缺血，发生突然昏厥休克。在夏季气候炎热的条件下锻炼，身体出汗较多，要及时补充水，防止体液流失后补充不足造成失水过多后的运动休克。

（6）多选择一些户外有氧运动，多吸入一些新鲜空气，对保证心脏为人体供血、供氧充足，避免发生运动过程中的意外猝死也有一定的帮助。

3.1.2 运动会安全

学校运动会是学生展示体育才能的舞台，也是为班级争光的良机。安全参加学校运动会，应该做好哪几方面的准备工作呢？运动会有哪些安全注意事项呢？

案例警报

【案例1】感冒长跑 易发猝死

高等职业院校学生小姜参加了学校秋季运动会，但他在获得男子3 000米冠军后，却昏倒在跑道上。校医急忙把他送往医院抢救，但终因抢救无效而死亡。经法医鉴定，小姜患有感冒，带病参加运动会，并发病毒性心肌炎，加之3 000米长跑比赛剧烈，最终导致心力衰竭而死亡。

小姜带病参加比赛的做法值得学习吗？运动能治疗感冒吗？

【案例2】临时代跑 韧带撕裂

运动会进入最激动人心的男子4×100米决赛。体育委员小亮刚跑完3 000米，实在没有体力参加4×100米决赛。为了力争班级团体冠军，小刚自告奋勇代替小亮比赛，完成至关重要的最后一棒。在全场欢呼声中，小刚遥遥领先。眼见胜利在望，突然，小刚减慢了速度，跌跌撞撞摔倒在跑道上，抱着右腿痛苦万分。

原本没有比赛任务的小刚，在运动会前没有做身体放松练习。许久不运动的他，临时代跑，用力过猛，造成腿部肌肉拉伤和韧带撕裂。运动要讲究科学性，这样的教训值得大家引以为戒！

【案例3】加油陪跑　铅球砸伤背部

小丽参加校运会1 500米比赛，好友小霞为了给她加油与送水，违反规定进入运动场。她一边陪跑，一边大声给小丽"加油"。兴奋的小霞在快跑中，眼睛只顾看着小丽，误入铅球比赛场地，连铅球裁判员也没来得及拦住她。结果小霞背部被铅球砸伤，当即倒地不起。

作为非参赛人员，应该用何种方式为朋友加油助威呢？

安全警示

运动会是学生展示运动才能的盛会，是日常锻炼成果的集中汇报。同学们要提前锻炼，做好充分准备。小刚为了力争班级团体冠军，不讲究运动的科学性，临时代跑，导致腿部肌肉受伤，导致了"痛苦一生"的惨痛教训。

讲究科学，参加运动会要量力而行，不勉强，不逞强。小姜患有感冒，并发病毒性心肌炎是潜在的危险，带病参加运动会，最终导致心力衰竭而死亡。

运动会是大型体育活动，人多场面大，需要每位学生的配合。运动员要崇尚"友谊第一，比赛第二"的体育精神。作为观众的学生也需"文明观看，科学助威"，遵守运动会纪律，以便避免出现小霞陪跑串场地，被铅球砸伤的伤害事故发生。

危机预防

赛前：端正思想　加强训练　整装待发

（1）我的比赛我做主。选定自己的强势项目去参赛，不要做陪衬或凑数。若参加自己不熟悉的项目，一定要提前加强训练，千万不要"失分、丢人还伤身"，否则得不偿失。

（2）打好有准备之仗。比赛需要好的竞技状态，加强训练，才能提高运动成绩。对于需要专门器材的跳高、铅球等项目，要严格安排好场地与器材，在教师的帮助下安全练习。长跑等项目特别要加强练习，不能有"平时不锻炼，咬牙拼命一次"的错误思想，这有悖于运动会的宗旨。

（3）熟悉场地，理好装备。提前熟悉比赛场地是取得运动佳绩不可缺少的重要环节。特别是平常不穿钉鞋的同学，更要预先多次试穿钉鞋，到比赛场地进行适应性练习。另外，要选择适合运动成绩发挥的比赛服装，备好比赛所需物品（例如别针、标志贴等），且别忘了带一瓶饮用水。赛前不要过于兴奋，注意休息，养精蓄锐。

赛中：安全参赛　公平竞争　文明助威

（1）健康是运动的目的，安全是竞赛的保障。不要带病参赛，特别是有慢性病、运动损伤的学生不要参赛，患有感冒的学生不能参加激烈的竞赛。没有充分准备的学生不要勉强参赛，逞强好胜极易导致运动伤害。

（2）运动员赛前要做好充分的准备活动，增加肌肉、韧带的弹性和伸展性，提高内脏器官的功能水平，调节运动神经系统的兴奋性，进入"最佳"状态。参赛时，必须服从裁判组的安排，一切行动听指挥。要遵守运动会的规则，严格按运动项目的动作顺序进行。要顾及周围同学的安全，谨防铅球等器械伤人，防止钉鞋踩伤他人。

（3）全体学生必须遵守运动会的要求，服从班主任的安排，听从执勤人员的劝告，在指定的地区观看比赛，不进入危险区域。比赛期间，非参赛人员一律不得进场为运动员"加油"或穿越赛场，要做到"文明观看，科学助威"。

赛后：积极放松　合理补充　调适心理

（1）比赛后，要主动、及时地进行放松运动，缓解运动疲劳。

（2）合理补充水分与盐分等，不要立即进食，不要立即大量饮水和暴食冷饮。

（3）比赛总有胜负之分，"胜不骄，败不馁"。取得佳绩，不要妄自尊大，趾高气扬。成绩不佳，也不要妄自菲薄，诋毁对手。要尊重自己，尊重对手，尊重裁判，尊重观众。

危机应对

长跑运动：闯过"极点"，迎来"第二次呼吸"

许多同学都很怕长跑。因为在长跑过程中，有一段时间身体感到特别难受，出现胸部发闷、呼吸困难、心跳、腿软、头晕恶心、步子发沉等现象，这就是生理学上所指的"极点"。它是一种正常的生理现象。

"极点"是怎样产生的呢？它是人体从安静状态转入运动状态时，身体的各个器官未能很好地配合，尤其是心脏和呼吸器官的活动未能适应肌肉、骨骼等运动器官活动的需要，引起大脑皮质工作的紊乱。同时，由于人体在活动过程中，产生了大量的二氧化碳、乳酸等代谢产物不能及时氧化和排除，越积越多，为了吸入氧气和排出二氧化碳，此时人的呼吸更加急促，心跳更加频繁，大脑皮质受到这种过度刺激，中枢神经系统的协调性遭到破坏，因此出现了上述"极点"现象。

"极点"出现之后，经过一个很短的时间，由于内脏器官的活动逐渐适应了运动器官活动的需要，大脑皮质工作正常起来，上述各种难受的感觉便随之消失。此时，跑步的动作就会转为轻松自如，这就是运动生理中的所谓"第二次呼吸"。

"极点"出现的早晚与人体反应的强弱、持续时间的长短、人的体质、锻炼水平和运动强度紧密相关。运动强度大、锻炼水平低、体质较弱的人"极点"出现得早，反应强一些。反之，则会出现得晚，反应小一些。

要减轻和克服"极点"，首先要在长跑前做好充分的准备运动。平时应该坚持刻苦锻炼，持之以恒。出现"极点"怎么办？既然它是一种正常的生理现象，就不要害怕和紧张，更不要中途停止运动。可以适当减慢速度，有意识地加大呼吸深度，减少呼吸次数，调整呼吸与动作节奏，并以顽强的意志和毅力坚持跑下去。

法规链接

教育部《学生伤害事故处理办法》

第十二条　因为下列情形之一造成的学生伤害事故，学校已经履行了相应的职责，行为并无不当的，无法律责任：

（一）地震、雷击、台风、洪水等不可抗的自然因素造成的。

（二）来自学校外部的突发性、偶发性侵害造成的。

（三）学生有特异体质、特定疾病或者异常心理状态，学校不知道或者难以知道的。

（四）学生自杀、自伤的。

（五）在对抗性或者具有风险性的体育竞赛活动中发生意外伤害的。

（六）其他意外因素造成的。

安全·小贴士

锻炼能治感冒吗？

有些人认为，得了感冒后不用吃药治疗，只要打打球或跑跑步，运动一下，出一身汗，就会好转。其实，这是不对的。

有些青年人在感冒后打打球、跑跑步、出些汗后，感冒症状确实会减轻一些。这种情况，多见于少数体质较强、发病在感冒初期且症状较轻的人身上，但对于多数人来说，是有害无益的。

因为感冒病毒通常首先侵犯上呼吸道，故感冒初期多有流鼻涕、打喷嚏、咳嗽、咽喉痛等症状。如果坚持体育锻炼，呼吸势必加速。体内产热速度加倍增快、代谢旺盛，势必造成体温过高，进而使体内调节功能失常。中枢神经过度兴奋，氧气和营养过度消耗，这不仅加重心肺负担，也会削弱病人的抵抗力。当感冒为细菌引起时，由于致病细菌大多为一种溶血性链球菌，少数为肺炎双球菌，在全身症状较重时，如果不及时休息和治疗，就有可能使局限于上呼吸道的病毒与细菌轻易地通过防御"关卡"而进入下呼吸道，除了可以继发鼻窦炎、支气管炎以外，往往还会导致严重的支气管炎，甚至肺炎，还有可能引起风湿病、肾炎等，少数可以继发病毒性心肌炎。

因此，感冒时不宜参加体育锻炼，而应该在医生指导下服药，注意多休息，不宜带病运动或劳动，待感冒痊愈后休息几天再参加活动。

（魅力体育网）

3.1.3　课外锻炼安全

"每天锻炼一小时，健康工作 50 年，幸福生活一辈子。"晨练一般在半小时左右，以徒手操等轻缓的运动为宜，让心脏从"晨醒"到运动逐步适应。课间 10 分钟，不要进行激烈的运动与比赛，可以做做伸展运动，缓解疲劳。下午的课后锻炼可以进行 1～2 小时自己所喜爱的运动与比赛。课外锻炼是学生自发进行的，需要自我把握时间、强度和协调人际关系，确保个人运动安全。

案例警报

【案例1】为争一分　赔偿一万

某高等职业院校两班举行篮球赛。离比赛结束还有 1 分钟，两队实力旗鼓相当，仅 1 分之差，比赛在呐喊声中达到"白热化"程度。最后 7 秒钟时，小军运球上篮，小俊上前去阻截。在抢球过程中，小俊把小军撞倒。小军倒地未起，后医院诊断为"左腿腓骨骨折"。小军认为小俊在关键时间，为了阻止自己得分，动作粗野，明显恶意犯规，以致将自己撞伤。小军请求法院判令小俊承担医疗费等 2.2 万元。经过法院调解，最终小俊支付了赔偿金 1 万余元。

你认为小俊该赔钱吗？为什么？

【案例2】中小学生安全事故中溺水占1/3

2006 年全国各类中小学校园安全事故中，溺水占 31.25%。2006 年 6 月 7 日—7 月 12 日，短短 35 天时间内，竟有 37 人因为溺水不幸死亡。

2006 年 5 月 31 日，四川省泸州市江阳区况场小学 3 名男生放学后，在回家途中私自到双河水库游泳，不幸溺水身亡。2006 年 5 月 31 日，陕西省西安市雁塔区高新二小两名学生放学后到枫叶新都市小区泳池游泳时不幸溺水，经抢救无效死亡。2006 年 6 月 1 日，海南省儋州市雅星中心学校新村小学 3 名女生到离村 3km 的山塘水库游泳，溺水死亡。2006 年 6 月 4 日下午，北京市房山区交道中心小学和交道中学 3 名学生结伴到小清河游泳，因为水情不明，3 人不幸溺水死亡。2006 年 6 月 7 日下午，海南省昌江黎族自治县乌烈镇第一小学 22 名学生（12 名男生、10 名女生）一起到离乌烈村不远的昌化江玩儿水。男生在下游游泳，女生在上游涉水到河中心沙洲玩耍。当她们手拉手从沙洲下游另一处涉水回来时，由于河水较深，水流较急，10 名女生在过河时被水冲走，两名获救，8 名不幸溺水死亡。

安全警示

图 3-4　宁失一分　不伤一人

（1）友谊比赛，"宁失一分，不伤一人"，如图 3-4 所示。

体育比赛比较激烈，会发生身体接触与碰撞，具有一定的危险性，容易出现人身伤害，参与者都要自担风险。课外体育锻炼有别于正规比赛，因此要提倡"友谊第一，比赛第二"。要进行友谊比赛，不打赌气赛，不打拼命赛，不恶意犯规。赢球重要，赢得对手的尊敬更重要。

（2）在每年发生的中小学生安全事故中，溺水是造成广大中小学生，尤其是农村中小学生非正常死亡的主要杀手之一。

每当夏季来临时，中小学生的溺水事故就进入了高发期。有的是学生在上学途中到池塘边捉鱼虾时失足溺水，有的是在双休日学生到桥上玩耍时不慎掉入水中溺死，有的是学生在放学路上到池塘游泳时溺水。这些溺水事故的发生，给死亡学生的家庭带来了巨大的精神伤害和无法弥补的损失。谨防溺水，要做到"四不游泳"：一不在无家长或教师的带领下私自下水游泳；二不擅自与同学结伴游泳；三不到无安全设施、无救护人员、无安全保障的水域游泳；四不到不熟悉的水域游泳。不在水库、大江大河、水草繁杂、有钉螺分布的危险水域戏水、游泳。尤其要教育学生，在发现同伴溺水时应该立即呼喊大人去救，不宜盲目下水营救，避免发生更多伤亡。

（3）不在恶劣天气环境下锻炼身体。

在大雾、尘埃、暴雨、雷电等恶劣天气条件下，不要在室外锻炼身体，更不能在室外进行运动比赛。

危机预防

游泳安全注意事项

（1）去有救生条件、卫生设施、管理严格的游泳场，要与懂水性的成人结伴而行。

（2）入水前应该先做准备活动，活动身体。按规定清洗身体，适应水温，再下水游泳。

（3）学习游泳时一定要由浅入深，循序渐进。初学者可以选用救生圈和潜水镜等辅助器材。

（4）遵守游泳池规则，严禁在水中打闹、嬉戏。冒险跳水，容易"呛水"。呛水后气管被水堵住，人体失去呼吸的条件，很容易造成大脑缺氧性休克，直接导致死亡。

（5）量力而行，不要因比试而误入深水区。若身体不适，则应该马上离开水池，上岸缓解或接受救护。

（6）饭后1小时内不要游泳。

（7）空腹易导致身体热量不足，过度疲劳、睡眠不足、情绪激动都不宜游泳。

（8）在海水中游泳时，由于海水的浮力比淡水大，所以游泳时会感觉比较轻松，但是海水的水域情况比较复杂，一定要正确估计自己的水性，量力而行。体力和技术不强的，不要到深水区域游泳。只能在固定开放的海水浴场游泳，不要到情况比较复杂的浴场外游泳。在海水中游泳时，要充分了解水域的水底情况，了解潮汐情况。

（9）患有心脏病、高血压、癫痫、传染病等疾病，以及有开放性伤口的人都不适宜游泳。

（10）游泳时间不宜过长。游泳后要及时淋浴。一般人不宜冬泳。

危机应对

溺水急救常识

溺水急救时要注意以下几点。

1. 镇静自救

首先，要大声呼救，但不要惊慌失措。要尽量放松身体，使自己能漂浮在水面上，顺水漂流，等待救援。其次，要尽量将头伸出水面呼吸空气。另外，还要配合他人救援，不要抱紧救援者以妨碍施救。

2. 尽力他救

可抛绳、木板、竹竿和救生圈给靠岸较近的溺水者。若溺水者离岸较远，则可下水进行救护，最好从其身后接近，一手迅速托其腋下，使其头部露出水面呼吸空气，缓解紧张。为了防止溺水者挣扎中抱紧救援者，妨碍施救，可用臂压住其一臂，而手抓住其另一臂，避免其乱抓，然后将其头部托出水面，用反蛙泳或侧泳托带上岸。施救者需量力而行，不宜盲目下水营救，避免发生更多伤亡。

3. 岸上抢救

（1）清除溺水者口腔、鼻腔中的淤泥及分泌物，拉出其舌头，保持其呼吸道的通畅。

（2）将溺水者俯卧，下腹部垫高，使其头及上身尽量下垂。救护人员可以用手压迫或拍打其背部，控出溺水者胸腔、腹腔内的积水。

（3）检查溺水者的呼吸和脉搏，必要时进行人工呼吸和心脏按压。现场抢救要争分夺秒，切不可忙于倒水而延误了抢救时间。要耐心地、不间断地坚持抢救，直到医生到场。

法规链接

教育部《学生伤害事故处理办法》

第九条　因下列情形之一造成的学生伤害事故，学校应当依法承担相应的责任：

（一）学校的校舍、场地、其他公共设施，以及学校提供给学生使用的教具、教育教学和生活设施、设备不符合国家规定的标准，或者有明显不安全因素的。

（二）学校的安全保卫、消防、设施设备管理等安全管理制度有明显疏漏，或者管理混乱，存在重大安全隐患，而未及时采取措施的。

（三）学校向学生提供的药品、食品、饮用水等不符合国家或者行业的有关标准、要求的。

（四）学校组织学生参加教育教学活动或者校外活动，未对学生进行相应的安全教育，并未在可预见的范围内采取必要的安全措施的。

（五）学校知道教师或者其他工作人员患有不适宜担任教育教学工作的疾病，但未采取必要措施的。

（六）学校违反有关规定，组织或者安排未成年学生从事不宜未成年人参加的劳动、体育运动或者其他活动的。

（七）学生有特异体质或者特定疾病，不宜参加某种教育教学活动，学校知道或者应当知道，但未予以必要的注意的。

（八）学生在校期间突发疾病或者受到伤害，学校发现，但未根据实际情况及时采取相应的措施，导致不良后果加重的。

（九）学校教师或者其他工作人员体罚或者变相体罚学生，或者在履行职责过程中违反工作要求、操作规程、职业道德或者其他有关规定的。

（十）学校教师或者其他工作人员在负有组织、管理未成年学生的职责期间，发现学生行为具有危险性，但未进行必要的管理、告诫或者制止的。

（十一）对未成年学生擅自离校等与学生人身安全直接相关的信息，学校发现或者知道，但未及时告知未成年学生的监护人，导致未成年学生因为脱离监护人的保护而发生伤害的。

（十二）学校有未依法履行职责的其他情形的。

安全·小贴士

游泳时请带一瓶水

在很多人眼里，游泳是在水中进行的，没有出汗，身体不会失水。但实际上，游泳后常常会感到口渴，这主要有两方面的原因：一是游泳时用嘴呼吸，造成唾液量减少，嘴里发干、发黏，咽喉干燥。二是游泳时呼吸加深，气体通过潮湿的口腔环境呼出，从而使水分排出增多，体液变得黏稠，在人体内引发"口渴"生理现象。

一般来说，为了减轻运动时的缺水程度，应该在运动前、运动中、运动后分别补充水分。建议在游泳前 15～30 分钟补足水分 250～500 毫升。运动过程中多喝水会引起胃部不适，因此在游泳间歇时可以适当少量饮水，每次饮水量最好不超过 100 毫升。运动结束后，也不应该一次饮用大量的水，可以根据游泳时间的长短，分几次补足 250～500 毫升水。在运动过程中掌握饮水量的简单办法是：在满足解渴的基础上，适当增加水量，少量多次，以胃部不产生胀感为宜。饮用水温度应该在 5～10℃，不可饮用冰水，以免影响消化系统。

运动前后的补水，最好选择富含钙元素和镁元素的矿泉水，以便补充身体对无机盐的需求。也可以选择一些补糖、补电解质和多种维生素的运动饮料，以便减轻因为身体失水和能量消耗造成的不适。

（资料来源：http://www.360doc.com/content/1010907/02/95228-51）

自我检测

1. 请你按体育课课前、课中、课后 3 个环节，默写出相关的安全注意事项。再对照书本，检查你遗漏了哪些，请记住你所遗漏的内容。

2．说一说：感冒时能锻炼吗？为什么？

3．考考你的同桌，请他说出肌肉拉伤、关节韧带扭伤的应急处理方法。

应急模拟

1．请找5位球友讨论一下：假设两班篮球友谊比赛中，因为裁判误判导致你班比赛失败，你们会怎么办？若是你班赢了，你们又会怎么办？因为对方恶意犯规，双方产生激烈冲突，这时你会怎么办？为什么？

2．邀请同学共同模拟岸上急救溺水者的各个步骤与环节，对照上述相关的内容，提出改进意见。两人交换角色，重新模拟一次后，再互相提意见。

→ 3.2　课余活动　切莫打闹

职业学校课余时间，学生自由活动幅度大，伤害事故具有偶发性、不确定性和高发性特点，而此时因为教师正在休息、用餐等，所以防范难度很大。增强学生课余活动时的安全意识，提高其自护防范能力就显得非常重要。

3.2.1　课间活动不打闹　游戏活动有分寸

学生课间活动以舒展身体、放松大脑、调节情绪为主要目的，以不消耗体力、安全、健康、活动适量为主要原则。

案例警报

【案例1】粉笔头"砸歪"了鼻子

课间休息，职业院校学生小强看见好友小超坐在座位上很无聊，就想逗逗小超，于是他跑到黑板前，拿起粉笔头去砸小超。小超也坐着"积极"应战：捡起砸过来的粉笔头予以"还击"。激战正酣，小超随着低头捡粉笔头的速度加快，鼻部不慎撞在桌子边缘上，造成鼻梁骨折。虽然经过整型治疗，但是小超的鼻子好像不再那么直了。

两个好朋友由玩笑开始，却最终导致鼻梁骨折，责任到底应该由谁承担呢？

【案例2】一跳摔成脑震荡

期中考试刚结束，职业院校学生小涛交完卷子，哼着歌曲，欢快地跑出教室。本次考试他发挥得很理想，想到父母会因此给自己奖赏，小涛不由心花怒放，高兴地跳了起来，像篮球明星一样做了一个"摸篮圈"的动作。他落地时，脚下一滑，后脑着地，导致呕吐不止，意识不清。医院确诊为脑震荡，必须立即住院治疗。

小涛从安静的考试状态突然到运动状态，在走廊上跑跳很容易造成伤害。学校教室、楼道地面都比较平整、光洁，适合行走，便于打扫，但不适宜运动。刚拖过的地面有时还比较湿滑，更不能跑跳。

课间，楼道里适合运动吗？课间适合做哪些活动呢？

【案例3】他被同学们"夯成"瘫痪

小冰身材魁梧高大，平常喜欢与同学们打打闹闹，自然他每次都不会吃亏。一次课间，小冰与体育委员又打闹着抱在一起，较着劲儿不分上下。平常吃过亏的同学们看到"报复"

小冰的机会来了，一拥而上，把小冰"四仰八叉"地抬了起来，叫喊着"一二三"往下打夯，尽管小冰不断地求饶可没人理会。只几下而且"好像"也没怎么用力，小冰就发出了痛苦的叫喊声。体育委员赶忙叫大家住手，却再也扶不起瘫软在地的小冰。刚才的欢呼刹那间变成了寂静，静得让人害怕。

小冰被医院诊断为瘫痪，再也站不起来了。起哄的同学们又将承担什么样的赔偿责任呢？钱能弥补他们的过失吗？

安全警示

课间，同学们追逐玩耍，打闹玩笑而造成受伤的情况，在学校是比较常见的。教室、楼道比较狭窄，不适宜活动，更不能运动。同学们从课堂的静坐状态也不适宜立即进入到运动状态。相互间更不能三五成群地打闹，因为对各人的分寸难以掌控，所以，一旦出了事，个个都感觉"没用力啊！他怎么就伤了？"

课间休息时应该到室外去呼吸一下新鲜空气，远眺绿荫，放松眼睛，舒展身体以便解除疲劳，调整思绪，便于进入下堂课的学习（见图3-5）。

图3-5　课间运动

危机预防

课间活动：三大纪律八项注意

1．三大纪律

纪律一：不要在室内运动。不在室内（教室、楼道、楼梯间）拍球、踢球、打乒乓球等。室内空间狭窄，运动容易损坏财物，误伤同学。禁止在教学楼楼梯、走道及转弯处快跑或追逐游戏，以防冲撞他人，造成伤害。例如某学生在教室内玩儿小垒球，小球失控，将日光灯管打碎，碎片落入同学眼睛，造成伤害。

纪律二：绝不恶作剧。例如，某天课间，一个女生故意伸出脚绊了一下走过来的男同学，结果致使这名男同学撞在课桌角上，因为肝脏受伤顿时昏厥过去。还有的同学会趁机抽掉别人的凳子，看同学坐空摔倒，以此取乐，这些恶作剧都非常危险。某校学生小新在同学小山小便时恶作剧：乘其不备撞其背部，导致小山小便失禁。

纪律三：誓不身处于险境。学生擦玻璃时，严禁将身子探出窗外或爬窗擦玻璃。课间严禁坐在窗台或走廊外侧台架上休息，也不得在窗口等危险地区推拉嬉闹，以防高空坠落。

2．八项注意

一要注意课间不剧烈运动。不要进行跑步、打球等激烈运动，以免影响学习和健康。

二要注意游戏安全。课间玩耍、嬉闹时要注意场合、对象和分寸，切记不能有危险动作。游戏不当会误伤他人。例如，某学生课间弹制图用的钢尺玩儿，不料钢尺被弹出，伤及另一个学生的眼睛。

三要注意和睦相处。同学之间言行要文明，严禁开过分的玩笑，严禁用不恰当的言辞羞辱或激怒对方，严禁吵架甚至打骂，要注意保持课间的安静。

四要注意防止设施伤人。学校花坛、护栏、墙角等处有尖锐的触角，易发生撞伤。学校走道、楼梯等地面过于光滑或地上有积水未能及时拖干净时，易滑倒摔伤。热水瓶放置要稳妥，避免造成烫伤。

五要注意不抛掷杂物。严禁在楼上将任何物品向上、向下抛掷，否则不但影响环境卫生，也易引起伤害。

六要注意窗台外侧不放杂物。禁止在窗台和走廊外侧台架上放置花盆或其他物品，避免高空坠物伤人。

七要注意爬高需要保护（见图3-6）。进行黑板报布置、擦窗和擦电扇等爬高作业，或需要站在凳子、桌子、梯子上时，要请其他同学帮助扶持保护，避免支撑物侧倒，同学摔伤。

八要注意上下楼梯不推搡，防止拥挤与踩踏。上下楼相互礼让，靠右行走，有序慢行。

图3-6 登高作业要帮扶

危机应对

脑震荡的急救

脑震荡急救时，应该让患者平卧、安静。头部可以冷敷，身上要保暖。对昏迷者可以掐人中、内关穴，对呼吸障碍者可以施行人工呼吸。昏迷4分钟以上，两眼瞳孔大小不等，耳、鼻、口内出血，眼球青紫，剧烈头痛、昏迷，或再度昏迷者，说明损伤较严重，应该立即将其送往医院急救。

在转送过程中，伤者要平卧，头部两侧要用枕头或衣服垫好使之固定，避免颠簸震动。对意识不清者，要注意保持其呼吸道畅通，让其侧卧，以防呕吐物吸入气管或舌头后坠发生窒息。要密切观察病情变化。

对无严重征象、短时间意识丧失后很快恢复的患者，经过医生诊治后，应该平卧送回休息地，并应该卧床休息到头痛、头晕等症状完全消失。可以用闭目举臂、单腿站立平衡试验来决定其是否可以继续参加体育活动，切忌过早地参加体育运动或脑力劳动。

法规链接

教育部《中小学幼儿园安全管理办法》

第三十六条 学生在校学习和生活期间，应当遵守学校纪律和规章制度，服从学校的安全教育和管理，不得从事危及自身或者他人安全的活动。

安全小贴士

卫生大扫除时"三不应该"

（1）不应该超越安全极限作业。不要攀越到窗外擦拭玻璃，用力要适当，防止玻璃破碎划伤皮肤。卫生大扫除要量力而行。

（2）不应该逞能、鲁莽行事。踩桌子、椅子登高擦拭物品时，要请同学帮扶，防止失去重心，摔倒跌伤。搬动物品要轻拿轻放，动作谨慎，防止误伤他人。

（3）不应该急躁、违反科学规律办事。擦黑板时，要注意保护呼吸道，避免吸入粉尘，诱发疾病。擦洗电器等，要先关闭电源，用干布擦拭，避免触电。

3.2.2 上下楼梯不推搡 防止拥挤与踩踏

1896年5月18日，在莫斯科官方举办的活动中，沙皇心血来潮，向其臣民散发金币，结果在人们疯狂的争抢中，大约有 2 000 人因为被挤压踩踏而丧生。这是最早被研究并记入史册的群体性挤踏事件。

不少大中专院校规模大、学生密集，如果没有科学完善的管理措施，就容易在晨会、晚自习上下楼时或集体活动中发生拥挤、混乱，导致学生被挤伤或踩踏的事故，后果将会非常严重。

案例警报

【案例 1】晨会：上下楼混乱导致惨剧发生

一天早晨 7 点钟，某校举行晨会，近千名学生下楼到操场集合。从西侧下到一楼的同学发现门未开，又返回挤向东侧出口。可是东侧的楼道灯未开，且没有教师指挥，下楼的同学与上楼放书包的同学挤在一起。同学们拥挤着各不相让，发生踩踏事件，最终造成死亡 28 人、重伤 59 人的惨剧。

你认为该事件不安全的隐患有哪些？

【案例 2】晚自习：未见鬼来，却失人命

2005 年的一天，某学校晚自习下课铃响后，同学们蜂拥而出，顺着楼梯下楼。突然听到一个男同学大声喊："鬼来了！"向下走的人群闻声突然混乱了，导致有学生被挤倒，可后面的人还在不断地往前拥，再后面的人踩在摔倒的人的身上也被绊倒，顺着楼梯往下滚，灾难就这样发生了。在这次拥挤踩踏事故中有 8 名学生死亡、17 名学生受伤。

此类惨剧屡见不鲜，触目惊心。例如，2006 年，某学校晚自习下课，学生下楼时，发生拥挤踩踏事件，造成 6 名学生死亡，39 名学生因为受惊吓或受伤被送往医院观察治疗。

一个"黑色"玩笑夺走那么多同学的生命，一个人的"笑声"换来多少家庭的哭泣！

【案例 3】集体活动：队伍行进中，不能弯腰与急停

某学校举行外出参观活动，4 个班 8 路纵队并排前行，走得很急。行走在队伍中间的小明发现自己的鞋带散了，随即弯腰系鞋带。而他身后的同学对这突然的举动没能及时反应，就被绊倒在地，后面的学生来不及停步纷纷倒地。此时学生较多，且行走急促，造成跌倒的学生被严重踩踏挤压，致使多名学生重伤。

图 3-7　系鞋带　要出列

若在行进中发现自己的鞋带散了（见图3-7），你会如何处理呢？

安全警示

每天学生们上下楼很频繁，特别是集中上下楼情况占多数。楼道相对狭窄，很多学生急着快速上下，不靠右行，很容易出现相互碰撞，发生矛盾与伤害。少数同学还喜欢边走边打闹、推推搡搡、故意关掉过道灯或发出怪声，这样一来，很容易出现拥挤踩踏事故。此类事件一旦发生，后果往往相当严重。以上几个触目惊心的真实案例警示同学们：上下楼梯也要讲究文明和遵守秩序，尽可能避开人群聚集地，避免拥挤受伤害，绝对不能拿同学的生命安全开"玩笑"。

危机预防

1. 安全素养　人人培养

第一，避免群集，不看热闹。课间操、集会等集体行动时要排好队伍，上下楼相互礼让，靠右行走，有序慢行。晚自习、课间等非集体行动时，尽量避开人流高峰，可以提早或晚些上下楼。若遇到局部区域人员过于拥挤的情况，则应该绕道而行。

有些同学的好奇心比较重，爱去人多的地方看热闹，实际上这种行为是维护自身安全的大忌。有些同学喜欢一边走一边打闹、三五成群、并排而行，在人流比较密集的场所，这种行为很容易发生危险。在相互之间的推搡中，极易撞到周围的同学。

第二，遵守规定，按时作息。为了师生安全，有些学校实施了错时上下课、上下操按指定路线行进等规定，每位教师和学生都应该自觉遵守，严格执行学校此类规定。

第三，维护安全，人人有责。行走在楼道和桥梁上，不能成群结队齐步走，以防行走频率暗合建筑结构振幅而使桥塌楼垮。要爱护安全设施，如果发现楼道灯不亮、路面台阶损坏、扶手摇晃等情况，就要积极向学校反映，便于及时维修。学生晚自习期间必须有教师值班。出现停电或楼梯间照明设施损坏时要及时开启应急照明设备，同时学校领导与值班教师要立即到现场疏导。

面对突发事件，不能起哄或恶作剧，以防其他同学受到惊吓而造成混乱。面对突发事故，要不恐慌、不害怕，要沉着冷静，迅速撤离。

2. 安全技能　个个掌握

人群在行进中因为出入口、走道突然变窄等原因会造成人群行进宽度的骤然缩小，另外，公众聚集场所疏散走道的采光、照明不良，路面不平、易滑或有台阶、斜坡等原因都会降低人群行进的速度，有可能引发挤踏事件。面对危险，很多人由于缺乏安全知识，遇到突发事件便不知所措、盲目恐慌、仓皇逃生，反而造成了更大的伤亡。平常的安全演练是安全教育的重点。

3. 心理防护　生生训练

恐慌心理的出现和扩散是灾难的放大器。面对可能或确实存在的危险，人群中的某些同学会由于过分不安而失去理智，感情用事，出现狂躁和冲动行为，成为群体恐慌的导火索和爆发点。而少数人的恐慌心理迅速蔓延扩散为整个群体的恐慌，将会导致拥挤情况加剧。所以，危急时刻人人都应该保持心理镇定，避免恐慌造成更大的灾难。

危机应对

1. 遭遇拥挤的人群时要躲避

（1）发觉拥挤的人群向着自己行走的方向涌来时，要立即设法避到一旁，但不要奔跑，以免摔倒。可以暂时躲避到旁边的办公室、教室。切记不要逆着人流前进，那样非常容易被推倒在地。如果有可能，就抓住一样坚固牢靠的东西（例如路灯柱），待人群过去后，迅速而镇静地离开现场。

（2）若身不由己陷入人群之中，则一定要先稳住双脚。切记要远离玻璃窗，以免因玻璃破碎而被扎伤。一定不要采用体位前倾或者低重心的姿势，即便鞋子被踩掉，也不要贸然弯腰提鞋，也不要系鞋带或捡书包等。

2．出现混乱局面时要自护

（1）在拥挤的人群中，要时刻保持警惕，当发现有人情绪不对或人群开始骚动时，就要做好准备保护自己和他人。此时脚下要敏捷一些，千万不能被绊倒，避免自己成为拥挤踩踏事件的诱发因素。

（2）当发现自己前面有人突然摔倒了时，要马上停下脚步，同时大声呼救，告知后面的人不要向前靠近，及时挡住后面往前拥挤的人群，迅速拉起跌倒的同学。若被推倒，则要设法靠近墙壁。面向墙壁，身体蜷成球状，双手在颈后紧扣，以使保护身体最脆弱的部位。

3．事故已经发生时要求救

（1）如果发生拥挤踩踏事故，就应该及时报警，联系外援，寻求帮助。可以赶快拨打110或120等。

（2）在医务人员到达现场前，要抓紧时间用科学的方法开展自救和互救。发生严重踩踏事件时，最多见的伤害就是骨折、窒息。要将伤者平放在木板上或较硬的垫子上，解开衣领、围巾等，保持伤者呼吸道畅通。当发现伤者呼吸、心跳停止时，要赶快做人工呼吸，辅之以胸外按压。

法规链接

教育部《中小学幼儿园安全管理办法》

第二十九条　学校组织学生参加大型集体活动，应当采取下列安全措施：

（一）成立临时的安全管理组织机构。

（二）有针对性地对学生进行安全教育。

（三）安排必要的管理人员，明确所担负的安全职责。

（四）制定安全应急预案，配备相应的设备。

第三十二条　学生在教学楼进行教学活动和晚自习时，学校应当合理安排学生疏散时间和楼道上下顺序，同时安排人员巡查，防止发生拥挤踩踏伤害事故。晚自习学生没有离校之前，学校应当有负责人和教师值班、巡查。

安全小贴士

心理镇定是个人逃生的前提，服从大局是集体逃生的关键

1．临危不惧

在拥挤的人群中，一定要时时保持警惕，不要总是被好奇心理所驱使。当面对惊慌失措的人群时，更要保持自己情绪镇定，不要被别人感染，惊慌只会使情况更糟。

2．心理镇定

已被裹挟至人群中时，要切记和大多数人的前进方向保持一致，不要试图超过别人，更不能逆行，要听从指挥人员的口令，同时发扬团队精神，因为组织纪律性在灾难面前尤为重要。心理镇定是个人逃生的前提，服从大局是集体逃生的关键。

自我检测

1．复述课间活动"三大纪律八项注意"的内容。考考你的好朋友，看他（她）是否也记得。

2．回忆一下，如何进行脑震荡的急救？

应急模拟

1. 专门组织一次主题班会，学生与教师一起讨论如何防止拥挤踩踏事故的发生。
2. 学生和教师一起查找整理课间容易发生哪些类型的伤害事故。
3. 学生和教师一起列举常见的恶作剧及其各自潜在的危险。

→ 3.3　暑期军训　充分准备

开展学生军事训练工作，是国家人才培养和国防后备力量建设的重要措施，是学校教育和教学的一项重要内容。暑期新生军训具有特殊性，健康军训、安全军训是新生安全教育的第一课。

案例警报

【案例 1】他昏倒在开营式上

小兵考入某高等职业学院，今天是新生报到的日子。小兵兴奋得一夜无眠，早晨 6 点钟就拖着沉重的行李从家出发，冒着高温暑热，坐了近 3 个小时的汽车才赶到新学校。一个上午，他忙得大汗淋漓，口干舌燥。报到结束时已近中午，小兵匆匆吃完午饭，回到班级便集合乘车前往军训地点。一路颠簸，在闷热的车厢中又熬了 1 个多小时，终于到达军训地点。下了车，又是将近 2 个小时的准备工作，下午 4 点开始举行军训开营式。

暑热难耐，小兵又一夜无眠，从早晨到下午 4 点始终都没好好休息，水也没喝几口。他此时四肢无力，浑身冷汗如雨下，昏昏沉沉。但他不愿意请假，不甘落后，想给教师和教官留下好印象。但不知怎么回事儿，他就昏厥过去了。当他醒来的时候，发现自己躺在医院里，磕掉了 2 颗牙，脸部擦伤，唇部还缝了 4 针。

你认为是哪些因素导致小兵昏倒在开营式上的？

【案例 2】带病参训不可取

15 岁的小石考入某职业技术学院。9 月 4 日，小石在军训过程中突发昏厥，教官将他送到医务处，采用掐人中的方法使其苏醒，但没做进一步检查。9 月 6 日军训结束，小石返校途中再次昏厥，教师随即拦截警车将他送往附近的医院。当天，小石因为抢救无效死亡。经过法医鉴定，小石患有先天性心脏病，因为劳累诱发急性心力衰竭死亡。

同样的惨剧还在发生。大学新生小力在军训第一天，训练期间突然倒下，口喘粗气，满头冒汗，紧接着就是昏迷。他身边的教官察觉不对劲儿，立即将小力送往医院抢救，到医院时他已经死亡。这名学生的身体条件比较特殊，体重达 300 多斤。因此，死亡原因除了天气比较炎热之外，也可能与这名学生自己的身体疾病有关。

你对自己的身体状况了解吗？有无先天疾病？你会事先告知教师和教官吗？

【案例 3】军训生病"硬挺"不可取

新生暑期军训第一天刚结束，小成就赶紧去冲凉，晚上睡觉又未盖被子，第二天一早就有些感冒。"感冒小病哪用吃药，扛一扛就过来了"，当晚小成就发烧了。"说出来，那多不好意思，男子汉面子上过不去。若坚持的话，则随时都有可能倒下，怎么办？"他犹豫着。第三天早上，小成刷牙时发觉牙龈流血不止。到医院检查被告知，因为感冒、疲劳导致血小板骤然下降，必须立即住院治疗。

你若在军训中生病，是不是也有"不好意思说，扛一扛再说"的想法呢？

图 3-8 暑期军训 准备充分

安全警示

暑期军训天气炎热，同学们从在家避暑的休息状态到大运动量的训练状态，从舒适的家庭生活环境到师生关系陌生的、艰苦的军训新环境，在心理、身体、生活等方面都有很多不适应。因此，只有全面、充分、科学地做好军训准备工作（见图 3-8），才能健康、安全地取得"军训战斗"的胜利。

危机预防

安全军训需要全面准备

如图 3-9 所示为学生军训现场。

1. 了解军训特点 充分做好心理准备

新生军训在情感上常会经历 4 个时期：兴奋畏惧期、疲劳厌倦期、适应上进期和亢奋留恋期。

图 3-9 健康军训 安全军训

多数新生对神秘的军营生活满怀憧憬，参加军训的第一反应都是非常兴奋。案例中，新生小兵报到前兴奋得一夜无眠，报到当天又热、又累、又渴，最终昏倒在开营式上，他的教训值得警惕。

许多新生畏惧军训，就是因为要严格执行作息时间，服从军队统一管理，例如统一着装，不许带手机、MP3 及贵重物品，不准带零食，营房没有电视机、娱乐设施和商店，整天就是高强度的操练。特别是新生进入新的学习环境，师生关系陌生，自我调节能力和适应环境能力差，对艰苦紧张的军训缺乏足够的心理准备，容易感到紧张。

军训开始后，新生从避暑休息的状态一下子进入酷暑暴晒的大强度训练状态，加之饮食不适、休息不好等因素，很难适应军训的各种要求。封闭式军事化管理及生活单调、枯燥等，极易导致身心疲劳，产生厌倦，激发心理矛盾。另外，许多教官是从部队调来的年轻士兵与军官，缺乏解决新生心理问题的经验。部分学生体能下降、出现伤病、情绪低落，这些都会导致新生逐渐产生逃避军训的念头。

此后几天军训生活的训练，使多数新生的身体和心理已经逐步适应军训的训练规律，"团结紧张、严肃活泼"的训练生活使同学之间、同学与教官之间很快地熟悉起来并开始进行感情的交流。大家在思想和生活上及训练过程中互相关心、互相帮助。训练中"流血流汗不流泪，掉皮掉肉不掉队"的决心空前高涨，训练效果明显提高。

当军训生活即将结束时，学生们一方面非常想家、很亢奋，另一方面也留恋同甘共苦的教官和军营生活，思想开始松懈，违纪现象有所上升。

2．了解身体　锻炼身体

暑期军训对新生是体能极限的挑战，因为军训是一种全天候训练，有的还有夜行军项目，学生连续运动时间比较长。军训是连续较长时间的集中训练，要考验新生的体力、毅力、耐力等多方面的身体素质和意志品质。因此，在暑假中要提前进行适量的身体及耐热锻炼（不要终日待在空调房间内），以便适应炎热的气候和大运动量、高强度的训练。否则，会因为体质较差不能适应军训要求而发生伤害事故。

军训前，军训教官、教师对新生的体质情况都缺乏了解，军训时要求也很严格。个别体质较差的学生不能适应，却又不便、不敢、不好意思提出，极易发生伤害事故。军训前，新生最好进行全面体检，防患于未然。

学校应该提前了解学生的体质状况，家长和学生也应该提前主动告知学校、教官该生有无心血管疾病、肾病及其他不适合参加军训的疾病，如果有，就要办理相关的免训手续。对患有贫血、痛经等病症的学生也应该登记。肥胖新生易出现心悸、气短、生痱子、大腿内侧皮肤糜烂等情况，军训时也应该给予适当的照顾。学生还应该知晓自己的既往病史和禁忌药物，以便救治所需。

3．了解预防军训伤病知识　养成健康军训生活方式

了解常见军训伤病知识，提高自我防护意识。对中暑、感冒、日光性皮炎、腹泻、关节肌肉痛、尿频（急、痛）、便秘、虫咬等军训常见病，都应该了解其症状、预防办法与处理措施，以便养成健康军训的生活方式。

军训过程中若出现头晕、恶心、四肢乏力等中暑先兆症状，则要主动向教官或教师报告，及时到阴凉通风处休息。站立不住不要勉强坚持，自己一定要主动报告，避免因为摔倒造成头部、面部、肢体等损伤。

军训期间运动量大、出汗较多，此时如果贪吃各种零食、无节制地大量喝冰镇饮料，会导致消化功能紊乱，出现食欲差、恶心、腹痛腹泻等胃肠道病症。因此，应该尽量少吃零食，饮食有规律，饮水有节制，不喝生水，不吃不洁食物，可以适当准备一些运动型饮料，也可以从家中带少量的盐、糖加入水中饮用，补充身体所需。特别要注意：

合理饮食有规律，荤素好赖不挑剔，吃饱三餐不浪费，才会精力更充沛；
体内补水很重要，饭前饮水要减少，不喝生水和冰水，垃圾饮料快丢掉；
午间晚间要睡好，挂好蚊帐被盖好，电扇不要长久吹，凉水冲澡会感冒。

4．备齐军训所需物品与药品

合理准备个人物品。

第一，需要多准备几套质地轻薄的全棉内衣裤。通常女生出现热痱子多于男生，这主要与部分女生穿着化纤质地的内衣外加较厚的军服，训练中大量的汗液不能被及时排出有关。军训时，每个学生通常只有一套军服，因此及时更换内衣裤对保护皮肤尤为重要。

第二，选择合脚的运动鞋，新鞋往往会磨破脚。

第三，准备帽子、长衫长裤和防晒霜等防晒用品（男生也要准备，因为太阳是不会辨认性别的）。

第四，要带毛巾被、毛巾、衣架等生活必需品。

虽然军训基地会有医务室，但准备一些自己所需的药物可以有备无患。要重点准备一

些治疗中暑、腹泻、感冒发烧、日光性皮炎等疾病的药物，花露水、驱蚊水、风油精、杀虫剂、消毒液等也可以适当准备。

5. 严格遵守军训纪律 谨慎使用器械与器具

从暑假自由自在的"放羊"状态一下子到纪律严格的军训状态，有的学生还不适应。军训就是要培养学生遵守纪律的意识与行为，因此要严格执行军训作息、训练、内务、生活和请假要求，不擅自活动，不违反军训纪律和学校纪律，争做军训标兵。

使用枪支、军用匕首等器具时要谨慎，严守纪律，不嬉笑打闹。要注意对射击用的枪支进行检查，例如子弹是否上膛、扳机扣动是否灵活、枪支配件是否安全等，避免走火、误伤事故的发生。学生打靶训练时，教师和军训指导员应该加强巡视、指导，及时发现问题并做相应的处理。

危机应对

常见军训伤病的防治

军训伤病具有一定的规律性：感冒的发生率最高，其次是外伤、日光性皮炎、腹泻、中暑（头晕和头痛）。常见病还有关节肌肉痛、尿频（急、痛）。另外，痛经、便秘、虫咬等情况也较多。

1. 上呼吸道感染

暑期军训高温酷热，大强度训练易造成机体抵抗力明显下降。大量出汗后马上用凉水洗澡、睡觉不盖被或长时间吹电扇等极易产生发热、头痛、咳嗽、咽痛和全身乏力等症状，还易诱发心肌炎、肾炎等多种疾病。患者（尤其有发热症状者）应该卧床休息、多饮开水，在服用一般感冒药和抗生素的同时，注意对症处理发热、咽痛等症状。病情较重者需要门诊观察或住院治疗。

2. 软组织损伤

软组织损伤主要为韧带及肌肉拉伤。多发生于关节屈伸动作持续重复、过于集中及强度较大的训练项目。韧带拉伤表现为局部轻微肿痛，严重时可能发生韧带完全或部分断裂。踝关节的外侧副韧带拉伤最常见。肌肉拉伤好发于肩臂、大小腿和腰部，局部有肿胀和压痛。因此，训练前应该先做一些踝膝等关节动作练习进行热身。训练量应该渐进加大，避免单一动作长时间、高强度训练，动作要领需要规范化。患者一般停训3～7天即可自愈，亦可配合冷敷、抬高患肢、局部制动、外敷止痛膏和理疗等措施。

3. 中暑

军训时气温高，运动强度大，容易发生中暑。轻者出现面色潮红、恶心、小腿痉挛，发热多在38.5℃左右。病重者一般体温在38.5～40℃，甚至达40～42℃，会出现疲乏、大汗、皮肤灼热、肌肉抽搐及痛性痉挛、头痛、烦躁、嗜睡等症状，甚至昏迷。发生中暑后，对轻微者应该迅速将其移至阴凉处，解开衣带，平置地上，湿敷头部，使其服凉开水或糖盐水。对重症者应该迅速降温，常用医用物品有冰帽、冰枕等，也可用乙醇擦浴，还可配合应用药物降温，及时补水，以便防止休克和并发症。也可以酌情适量应用镇静剂治疗。

4. 疲劳性骨折

疲劳性骨折（又称为应力性骨折）多发生于长时间反复进行相同动作的训练以后，以胫骨、股骨多见。它没有明显的外伤病史，仅表现为肢体局部固定部位例如胫骨前表浅部位等的肿痛、压痛明显，且疼痛程度随训练强度加大而加重，病史长或病情重者可能有骨膜反应、骨裂或骨折。发生骨折后应该立即休息，同时进行药物治疗（例如服药、贴止痛膏），也可辅以物理治疗，促进症状缓解。绝大多数患者无须固定或牵引肢体，个别严重者则应该按一般骨折处理原则进行石膏或夹板固定。

5．急性胃肠炎

在高温环境中进行大强度训练后，体能消耗很大，胃肠道的分泌吸收功能降低，加上天气炎热和大量出汗，不少学生无节制地大量食用冰凉饮料或暴饮暴食，使消化液严重被稀释，导致消化系统功能下降，出现食欲下降、恶心、呕吐、腹胀或腹泻等，严重者可能发生轻度脱水。患者有腹部轻度弥漫性压痛、肠鸣音亢进，无腹肌紧张及固定压痛，血、大便常规检查无异常。患者应该停训休息并保证充足睡眠。宜进食流质或半流质饮食，忌食多脂肪、多纤维素及生冷、刺激性食物。对有失水现象者可以静滴，适量使用解痉剂缓解腹痛（例如黄连素、氟哌酸等）。

6．日光性皮炎

军训期间，皮肤易被日光（紫外线）灼伤，加之肌体大量失水得不到及时补充，易发日光性皮炎。灼伤常见于面部、后颈部、手臂部等外露皮肤处，出现红斑、水疱等，火烧般痒痛难忍。

首先，日光强烈时应该合理安排军训时间、长度与强度，要避开白天时光线最强的时间段。其次，学生室外军训前，必须涂抹合适的防晒霜。但需要注意的是，防护系数越高，防晒品的致敏性就越高，容易引起接触性皮炎，出现涂抹部位的丘疹、瘙痒等。过敏体质的人应该避免食用灰菜、苋菜等感光性强的食物，也不要在白天涂抹含维生素 A 的霜剂。

发生日光性皮炎后，首先要避免继续受日光曝晒。早期可以采取冷湿敷、涂抹药膏等方法缓解症状，多饮水，再用一些维生素 C 及抗过敏药物等，一般 1～2 天即可恢复。

7．隐翅虫皮炎

军训期间正值隐翅虫活动的夏秋季，学生白天大强度军训后较为疲劳，晚上常忘关灯、关窗睡觉，加之睡眠较沉，为隐翅虫侵扰身体暴露部位创造了便利。因为无意识拍打，常会使虫体液接触皮肤而致局部皮肤损伤。损伤的局部皮肤呈条索样红肿，伴烧灼样疼痛、头痛头昏、食欲下降，严重者伴有水（脓）疱、发热、双眼水肿、浅表淋巴结肿大等。

学生夏秋季尽量不要到潮湿地带、树林、草丛或田边散步休息，夜间休息时应该减少身体部位的暴露。看到此类小虫，切不可随意拍打。注意室内及个人卫生，夜间日光灯尽量少开，并要关好纱窗、纱门。必要时，室内也可以喷洒一些家用杀虫药水。

遭虫侵扰者应该立即用清水冲洗，然后局部涂抹抗生素类药膏。皮损严重者应该口服或静滴一些维生素 C、抗生素、激素及抗过敏类药物，一般 1 周左右即可痊愈。

8．晕厥

在军训过程中，有的学生会出现头昏、耳鸣、恶心、乏力、出汗、口渴、面色苍白等不适症状，甚至突然晕厥。

（1）晕厥发生的原因

①低血糖性晕厥。多因早晨空腹导致低血糖或进食较少者（有的学生不吃早餐或者吃早餐马虎），身体所需热量供应跟不上。

②精神性晕厥。新生缺少思想上、体能上的锻炼，对军训适应较慢，精神紧张，心情烦躁，有恐惧心理，同时又由于疲劳，身体耐受力下降。

③体位低血压性晕厥。长时间站立或蹲位，在体位突然改变时发作，多无先兆症状。

④环境因素引起的晕厥。夏季气候炎热，容易使人心情烦躁。空气污浊闷热，出汗较多，引起水电解质平衡失调，特别是水分的丧失使血容量减少引起脑部一时性供血不足。

⑤体质因素引起的晕厥。有的新生缺乏锻炼，没有良好的饮食习惯，偏食、挑食、体质差。此情况女生居多，与贫血有关。

（2）晕厥的处理

发生晕厥，应该立即采取积极有效的措施，首先使患者就地平卧，防止摔伤、跌倒。其次松开患者的衣领，保持呼吸道通畅，立即吸氧。如果有呕吐，那么可将患者的头偏向一侧，以免呕吐物吸入气管内。之后抬高下肢，针刺或掐人中、合谷、中冲、十宣、涌泉等穴位。自小腿向大腿做重按摩和揉捏，加速血液回心。同时密切观察生命体征变化，注意有无心脏、呼吸骤停及心律失常等。在知觉未恢复前，不能给任何饮料或服药，对神志未能迅速恢复者应该送医院做进一步处理。

法规链接

教育部、总参谋部、总政治部《学生军事训练工作规定》

第二十一条　普通高等学校学生军事技能训练和军事理论课考试成绩、高中阶段学校学生军事技能训练和军事知识讲座考核成绩载入本人学籍档案。

第四十一条　普通高等学校、高中阶段学校在学生军事训练期间必须进行安全教育，完善各项安全制度，制订安全计划和突发事件应急处置预案，严防在军事技能训练、实弹射击、交通运输、饮食卫生等方面发生事故。

第四十五条　对没有正当理由拒不接受军事训练的学生，按国家发布的学籍管理办法和学校有关规定处理。

安全小贴士

军训保健的3个重要环节

1. 准备活动不可少

北京军区某集团军训练大队卫生队队长倪振江编写的《预防军训伤保健操》，经试用大大降低了部队训练伤发生率，使训练伤发生率降低了69.7%。该保健操包括头部运动（手法按摩）、颈部运动、手臂运动、胸臂运动、腰背运动、脚部运动、蹲立运动、腕踝运动和耳部运动（手法按摩）等动作。它主要用于训练前的准备（热身—伸展）活动及训练后的整理（减缓—放松）活动。

2. 整理活动很必要

训练完毕不要突然停下来休息，而要做一些运动量小的活动，使身体从紧张状态逐步过渡到安静状态。这样做可以改善血液循环，减轻肌肉酸痛，加快疲劳消除，防止出现头晕、恶心、呕吐、心慌等反应。

3. 按摩放松很重要

做完整理活动，可以对某些用力的肌肉群（腿部、臀部、腰部肌肉）进行按摩，每次几分钟至半小时。对于背部肌肉，同学之间可以相互按摩。参加军事训练后最好洗一个温水澡，这样可以加速血液循环和新陈代谢，促进体内废物的排除，从而尽快消除疲劳。但是，大汗淋漓时不要洗冷水澡。临睡前最好用热水泡脚，以便加速下肢的血液循环。此外，睡觉时把脚垫得高一些（大约和头同高），不仅能促进血液回流，还能促进睡眠，有利于消除疲劳。

自我检测

1．想一想，在军训过程中你会遇到哪些困难？你会如何应对？

2．查一查，你准备了哪些军训物品、药品？还缺少什么？

3．说一说，在军训过程中要养成哪些健康的生活习惯？

应急模拟

1．在军训过程中，你如何避免感冒等常见病？要注意什么问题？

2．假使有一位同学中暑，你会如何急救？

3．如何做军训的准备活动、整理活动？

第4章

校内实训安全

☞知识要点

1. 实验实训　严守规程
2. 通用型实训教学安全规范
3. 专业型实训教学安全规范

近年来，国家对职业教育高度重视，持续加大投入，坚持产教融合、校企合作，坚持工学结合、知行合一，各类职业院校大力推进校内实训教学体系建设及实训设施设备建设。

在现代职业教育的教学体系中强调理实一体化的教学模式，着重培养学生的动手能力，在教学过程中将根据各自的专业开展相关的实训课程。职业院校实训设施设备建设越来越先进，各类生产型、实用型的仪器设备逐渐走进校园，对学生在进行实训教学过程中的安全操作要求提出了更为规范化、标准化的要求。学生应该牢固树立实训安全风险意识、认真学习安全操作规范、努力加强实训操作技能，这些将对学生今后的学习和工作中的人身安全起到至关重要的作用。

→ 4.1　实验实训　严守规程

实验实训是职业技术教育过程中一个不可缺少的环节，它有助于职校生掌握专业知识和提高专业技能，是校外实习的"前奏"。实验实训在安全规程、操作规范、组织管理、制度纪律等方面都与企业要求相一致，来不得半点马虎大意，否则会造成严重的不良后果。

4.1.1　实验操作　谨记安全

实验安全非常重要！实验中常常潜藏着诸如发生爆炸、着火、中毒、灼伤、割伤、触电等事故的危险性。"事故总是在一瞬间""没有违章就没有事故"，实验时要熟悉操作规定、了解实验对象的反应规律，不懂要问，不可蛮干。学生不可在实验场所嬉笑、追逐、打闹，将安全时刻铭记在心，学会关爱自己及他人安全。否则，一旦发生事故，将可能危及在场师生的人身安全。

1. 实验室安全事故的预防

（1）树立实验室安全意识。

在进入实验室之前，必须认真学习实验室规则。动手做实验前，先检查自己的实验步骤是否合理；在实验过程中所用的药剂是否会产生有害化学反应；是否会释放有害气体；是否会产生有害残渣、废水，若产生危废该如何处理；该使用的防护工具是否到位等。

（2）做好实验首尾工作。

实验前，首先应详细了解实验室的逃生通道，掌握不同灭火器、灭火毯和喷淋器的位置及使用方法；其次应详细了解实验内容，理解实验原理及具体操作步骤，杜绝危险的发生，降低风险系数。实验后，要洗净双手，关闭电源、水源、气源，处理实验"三废"，清扫易燃纸屑等杂物，消灭安全隐患。

（3）掌握实验操作的基本常识。

①实验员穿戴常识。进入实验室必须穿白色工作服，以便及时发现是否溅有化学药品；做实验时要戴护目镜和防护手套，在进行危险实验时应戴防毒面具，做有辐射危险的实验时应穿防辐射服；长发者应将头发挽起，卷入帽内。

②一般药剂的使用常识。试剂不能用手接触；试剂的量应按照实验资料中的规定使用；瓶塞应夹在手指中或倒置于桌上，用完试剂后，一定要把瓶塞盖严；不要把瓶塞和滴管乱放，以免在盖瓶塞和放回滴管时张冠李戴，沾污试剂；倒取溶液时，标签应朝上，以免标签被药剂侵蚀。

③易燃、易爆和具有腐蚀性、有毒药品的使用常识。不允许把各种化学药品任意混合，以免发生意外事故。可燃性溶剂均不能用直火加热，在使用和处理这些化学药品时必须在没有火源且通风的实验室中进行。活泼金属钾、钠遇水易起火，也不能露置于空气中，故一般保存在煤油或液体石蜡中。用时，要用刀子切割，镊子夹取。浓酸、浓碱具有强腐蚀性，不能洒在皮肤或衣物上。使用对皮肤黏膜有刺激作用，对神经系统有损伤作用的有机溶剂时应在通风橱中使用，使用时注意防护。

2．化学实验室的安全知识

常见的危险化学品有液化气、管道煤气、香蕉水等油漆稀释剂，汽油、苯、甲苯、甲醇、液氨（氨、氨水）、氯乙烯、液氯（氯气）、二氧化硫、一氧化碳、氟化氢、过氧化物、黄磷、三氯化磷、强酸、强碱、农药杀虫剂等。危险化学品对人体的伤害主要是刺激眼睛、流泪致盲、烧伤皮肤、溃疡糜烂，损伤呼吸道、胸闷窒息，麻痹神经、头晕昏迷，以及引起燃烧爆炸，导致物毁人亡。

3．机械实验室的安全知识

（1）机械伤害的种类。

①机械设备零部件旋转时造成的伤害。这种伤害的主要形式是铰伤和物体打击伤。

②机械设备的零部件作直线运动时造成的伤害。这种伤害事故主要有压伤、砸伤、挤伤。

③刀具造成的伤害。这种伤害主要是烫伤、刺伤、割伤。

④被加工的零件造成的伤害。

⑤电气系统造成的伤害。这类伤害主要是电击。

⑥其他伤害。有的机械设备在使用时伴随着发出强光、高温，还有的放出化学能、辐射能等。

（2）引起机械事故的主要原因。

擅自拆除安全装置；不按规程操作；麻痹大意，疲劳作业；作业空间狭小；不按规定使用劳保用品。

4．电气设备实验室的安全知识

（1）电气事故的种类：触电事故、雷电和静电事故、射频伤害、电路故障。

（2）帮助触电者脱离电源的方法。

①救护人不可直接用手或其他金属及潮湿的物体作为救护工具，必须使用适当的绝缘工具。救护人最好用一只手操作，以防自己触电。

②防止触电者脱离电源后可能的摔伤，特别是当触电者在高处的情况下，应考虑防摔措施。即使触电者在平地，也要注意触电者倒下的方向，注意防摔。

③如果事故发生在夜间，应迅速解决临时照明问题，以利于抢救，并避免扩大事故。

4.1.2 违规操作 隐患无穷

案例警报

【案例1】操作不当被烧伤

化学实验课上，小赵同学在烧杯内倒入少量酒精点燃后，进行火焰观察。由于天气晴朗光照过强，同组同学没有看清楚，要求他再做一次。小赵一时疏忽，就又拿起酒精瓶往烧杯内直接添加酒精。随即"嘭"的一声，他手中的酒精瓶爆裂，出现一片大火，灼伤了周围的几位同学，小赵的头、手等多处被严重烧伤。

小赵在操作过程中什么地方做错了？应按什么步骤去操作？

【案例2】恶作剧伤人伤心

小秦同学完成课内实验后，觉得无聊，趁老师不注意，将实验用的硫酸滴在前排小钱同学的衣服上取乐。硫酸中的水分蒸发后变成浓硫酸，就会腐蚀纤维与皮肤。小钱的衣服上随即出现了十多个点状小洞，皮肤也被灼伤。这给小钱的身体、心理均造成伤害。小秦不仅受到学校纪律处分，还赔付了相关费用。

化学试剂多具有危险性，怎能用来开玩笑？你知道还有哪些化学试剂具有危险性吗？

安全警示

明确实验要求　树立责任意识

有效防范各类实验伤害事故是学校安全工作的一个重要方面。学生操作不当是引起实验事故最主要、最常见的原因。实验前，必须认真听清楚教师讲解的正确实验步骤、注意事项；实验过程中要集中思想，注意对实验现象进行观察，避免事故发生。对于没有把握的实验，一定要请教教师，在得到指导有把握后才能进行。另外，个别学生不遵守实验纪律，出于贪玩、好奇的目的，擅自做规定以外的实验也是引起实验事故的主要原因。此外，还应该爱惜实验仪器设备，不私带实验物品出实验室，防止伤害事故发生。

危机预防

避免实验伤害的10点要求

（1）进入实验室不准带零食，不准乱扔杂物，不准打闹，要注意保持室内安静、整洁。

（2）实验前必须预习实验内容，明确实验目的和要求，熟悉方法和步骤，掌握基本原理。

（3）实验前，认真听实验指导教师讲解实验操作方法和注意事项；实验时，按实验步骤认真操作，细心观察实验现象，认真记录、实事求是地填写实验报告；实验课后，及时送交实验报告。

（4）进入实验室后，按编组坐在指定位置，并先检查所用工具、仪器及器材是否完整无损，如有损坏或不全，应立即报告指导教师处理，否则易引发实验事故。

（5）实验仪器的使用必须严格遵守操作规程。调节时要耐心细致、轻拨缓旋，绝不可养成盲目地、随心所欲乱调仪器的不良习惯。不得动用与实验无关的仪器，也不得随意取用其他实验台上的仪器设备。

（6）注意用电安全，不得在带电情况下改接电路或拆装元器件。电源线要最后连接，拆除时则应首先断开电源，再拆除电源连线。测量、调节时，手不可触及带电部分。

（7）连接电源前应先按电路要求调好稳压源的电压值。连接时电源极性切不可接反。

（8）随时注意安全，当仪器设备发生故障或事故时要立即停止实验，并报告指导教师。

（9）实验完毕后，必须清点仪器，摆放整齐，并做好清洁工作，经教师许可后才能离开。

（10）室内物品一律不得私自带出室外，损坏丢失仪器设备应按规定赔偿。

危机应对

实验中各种伤害的应急救护方法

1. 烫伤或灼伤

①酸灼伤。先用大量水冲洗，以免深度受伤，再用稀 $NaHCO_3$ 溶液或稀氨水浸洗，最后用水洗。局部外用可的松软膏或紫草油软膏及硫酸镁糊剂。

②碱灼伤。先用大量水冲洗，再用1%硼酸或2%HAc溶液浸洗，最后用水洗。在受上述灼伤后，若创面起水泡，均不宜把水泡挑破。

③轻度烫伤或烧伤。可用药棉浸90~95%的酒精轻涂伤处，也可用冷水疗法止痛，或用3~5%的 $KMnO_4$ 溶液擦伤处至皮肤变为棕色，再涂凡士林或烫伤膏，直接涂烫伤药膏也可。

较重的烧伤或烫伤，不要弄破水泡，以防止感染。用消毒纱布轻轻包扎伤处送医院治疗。

2. 受（强）碱腐蚀

先用大量水冲洗，再用浓度为2%的醋酸溶液或饱和硼酸溶液清洗，再用水冲洗。若碱溅入眼内，可用硼酸溶液冲洗。

3. 受（强）酸腐蚀

先用干净的毛巾擦净伤处，再用大量水冲洗，然后用饱和碳酸氢钠溶液（或稀氨水、肥皂水）冲洗，再用水冲洗，最后涂上甘油。若酸溅入眼中时，先用大量水冲洗，然后用碳酸氢钠溶液冲洗，严重者必须尽快送医院治疗。

4. 遭液溴腐蚀

应立即用大量水冲洗，再用甘油或酒精洗涤伤处；遭氢氟酸腐蚀，先用大量冷水冲洗，再以碳酸氢钠溶液冲洗，然后用甘油氧化镁涂在纱布上进行包扎；遭苯酚腐蚀，先用大量水冲洗，再用4体积浓度为10%的酒精与1体积三氯化铁的混合液冲洗。

5. 误吞毒物

常用的解毒方法是：给中毒者服催吐剂，如肥皂水、芥末或水等。也可以给中毒者服鸡蛋白、牛奶或食物油等，以缓和刺激，随后用干净手指伸入喉部，引起呕吐。注意：磷中毒的人不能喝牛奶，可用5~10毫升浓度为1%的硫酸铜溶液加入一杯温开水内服，引起呕吐，然后送医院治疗。

法规链接

教育部《关于加强学校实验室化学危险品管理工作的通知》

一、各级各类学校对易燃、易爆、剧毒、放射性及其他危险物品，须明确有一个部门归口统一管理并选配责任心强，工作认真并具有业务能力的专人负责此项工作……

五、要严格执行国务院发布的《化学危险品安全管理条例》，学校要经常对师生开展安全方面的教育，切实保障人身和财产安全。

安全小贴士

做好实验的安全事项

（1）要爱护实验室内的任何仪器设备。不得玩耍、随意摆放、碰撞损坏。

（2）必须在教师的指导下，按操作步骤、规程进行实验，不准随便摆弄设备和药物。

（3）搬动沉重设备注意手脚安全。使用有毒药品要注意做好防护工作，事先穿戴好防护用具，事后要清洗消毒，防止发生中毒事故。

（4）实验室内严禁违章带入火种，避免危险隐患。

（5）使用电器时要注意人身安全，掌握正确的电器设备使用方法，严防触电事故发生。

（6）实验结束后，应做好实验仪器设备的归位摆放，不要私自将仪器设备，甚至有毒物品带出实验室，否则要承担相应的后果。

4.1.3 遵守纪律 规范训练

在校实训是指职业学校在校内开辟实践基地，开展以培养专业技能为目的的实践教学，以培养学生过硬的职业技能。校内实训是职校教学工作的重要环节，对于培养学生良好的职业技能具有不可替代的重要作用。在实训前，认真学习实训安全管理制度、操作规范，会有很大帮助。

案例警报

【案例1】实习打闹自酿苦果

学生小赵和小钱在校内实训场所追逐打闹，被教师批评。两位同学不思反省，反而趁教师不注意，继续追逐打闹，结果小赵不慎被机加工车间的长铁屑割破小腿，送到医院共缝了18针。

校内实训场地设备多、器具多、危险性大。实训时应注意哪些事项？

【案例2】违规操作自己受伤

学生小王在进行空调安装实训时，因操作不当，将制冷管折断，致使制冷剂突然大量泄漏，造成手指被严重冻伤脱皮。事后调查发现，小王在进行管路弯道处理时，没有使用弯管专用工具，而是自己随意用手进行折弯操作。由于弯曲半径太小，造成铜管开裂，制冷剂泄漏。

什么是操作规定？为什么要按规定操作？请就所学专业举例进行说明。

安全警示

安全是实训第一要务

实训一般是在一定的范围、条件下进行的实地操作。影响实训安全的因素有两类，一类是客观因素，主要是实习场所的环境、设备、工具等本身的安全，如采光是否充足，电气设备能否正常使用，机器零部件装置是否完整，各类工具是否符合使用要求等。另一类是主观因素，包括机械安全的检查、生产技能的掌握、防护措施的落实、安全教育的实施等。树立安全意识、严格遵守安全操作规程应是上岗实训的第一课。无论是校内实训还是企业实习，安全都是第一要务，一时的疏忽都有可能影响一生的幸福。

危机预防

思想重视 准备充分 遵守规章

（1）实训前，应该认真参加安全教育，注意防范实训中可能出现的安全隐患。同时，积极参与到实训小组的活动中，做好实训前的准备，明确分工，尽职尽责。

（2）切实增强安全意识，树立"安全第一"的思想，把人身、财物安全放在实训首位。

（3）要随时注意实训现场各种潜在的危险因素，发现问题及时报告，妥善处理。

（4）要遵守实训纪律和工作纪律。未经允许，不擅自离开岗位。

（5）讲文明、讲礼貌，尊重指导教师和技术人员，遵守实训场所的各项规章制度。听从指挥，服从分配，同学之间相互关心照顾。

危机应对

校内实训安全事故的处理方法

（1）在实训期间发生一般安全事故时，应及时将情况报告给现场教师，并积极采取有效的自救措施，防止事态恶化。

（2）如果自己不幸受到严重事故伤害，应保持镇定，积极配合现场教师的救助，尽量不要让情绪失控。

（3）指导教师要及时通知家长事故情况，协助解决，不推托、拖延。

（4）在相关法律政策指导下，通过协商方式处理事故相关事宜。

法规链接

教育部《学生伤害事故处理办法》

第六条　学生应当遵守学校的规章制度和纪律；在不同的受教育阶段，应当根据自身的年龄、认知能力和法律行为能力，避免和消除相应的危险。

第七条　未成年学生的父母或者其他监护人应当依法履行监护职责，配合学校对学生进行安全教育、管理和保护工作。学校对未成年学生不承担监护职责，但法律有规定的或者学校依法接受委托承担相应监护职责的情形除外。

安全小贴士

安全实训别大意
实训安全很重要，良好习惯不可少； 设备运行先检查，防止故障跟着跑； 熟练操作不违规，安全程序要记牢； 提高水平靠训练，忙中千万别大意； 安全实训靠大家，时时刻刻要牢记。

4.1.4　爱护设备　切忌大意

为了提高职校生的实际操作技能，几乎每一所职业学校都建有相应专业的教学实训基地，并配备了各式各样昂贵的实训设备。如何正确使用专业设备，爱护设备，保障人员安全是校内实训不可忽视的重要问题。

案例警报

【案例1】在实训车间疏忽大意 损失数千元

职校生小胡进行更换汽车前风窗玻璃雨刮器的实训，就在即将完成整个更换程序时，由于疏忽大意，没有进行最后的检查，就随手放下雨刮器。由于橡胶刮板没有和雨刮器完全吻合，造成金属架突尖处重撞汽车前风窗玻璃，致使汽车前风窗玻璃破损，造成经济损失数千元。

实训安全仅仅是保障人员的安全吗？还有哪些方面的安全需要保障呢？

【案例2】三心二意 自食其果

职校生小陈在进行更换汽车轮胎训练中，由于思想不集中，一边操作一边与旁边的同学讲话，在拆卸完最后一个螺帽后，由于疏忽大意，轮胎直接从离地面一米多高的汽车上滑落到地上。不仅造成轮胎紧固螺栓螺纹牙齿严重变形损坏，而且导致轮胎直接砸在自己的左脚脚面上，使左脚拇指严重骨裂，花费了医疗费数千元。

实训中注意力不集中，精力分散，容易产生怎样的恶果？

安全警示

校内实训除了要求掌握实际操作技能外，更重要的一点就是培养学生养成爱护设备的操作习惯，学会如何使用与保养实训设备。如果在校学习期间没有养成爱护设备的习惯，就会像上述两起案例那样，在工作中造成损失。因此，在强化技能训练的同时，必须牢记安全要求与细节，做到滚瓜烂熟，杜绝因违章操作所造成的实训事故。

危机预防

（1）树立爱护国家财物、爱护实训场内的设备和设施的责任意识。爱护实训器材是培养良好的操作习惯的开始，在实训中应始终使工具摆放有序，便于使用。

（2）培养拆装实训用品时有条不紊的习惯，克服盲目或乱使用工具的操作习惯。

（3）在实训的过程中如出现设备异常，实训学生须及时向教师和设备管理人员反映，不能隐瞒不报，以免留下事故隐患。

（4）如出现设备损坏，应实事求是地反映设备损坏的情况，由故障鉴定小组根据实际情况，判定属于正常损坏还是非正常损坏。

（5）不能恶意破坏实训设备，否则不但要按章赔偿，还要受到学校纪律处分。

危机应对

1. 触电

首先切断电源，若来不及切断电源，可用绝缘物挑开电线。在未切断电源之前，切不可用手拉触电者，也不能用金属或潮湿的东西挑电线。如果触电者在高处，则应先采取保护措施，再切断电源，以防触电者摔伤。然后将触电者移到空气新鲜的地方休息。若出现休克现象，要立即进行人工呼吸，并送医院治疗。

2. 吸入毒气

中毒很轻时，通常只需把中毒者移到空气新鲜的地方，松开衣服（但要注意保温），使其安静休息，必要时让中毒者吸入氧气，但切勿随便使用人工呼吸。若吸入溴蒸气、氯气、氯化氢等，可让其吸入少量酒精和乙醚的混合物蒸气，使之解毒。吸入溴蒸气者，也可用嗅氨水的办法减缓症状。吸入少量硫化氢者，应立即将其送到空气新鲜的地方；中毒较重的，应立即将其送到医院治疗。

3．划伤（碎玻璃引起的）

伤口不能用手抚摸，也不能用水冲洗。若伤口里有碎玻璃片，应先用消过毒的镊子取出来，在伤口上涂上紫药水，消毒后用止血粉外敷，再用纱布包扎。伤口较大、流血较多时，可用纱布压住伤口止血，并立即送往医务室或医院治疗。

法规链接

教育部《中小学幼儿园安全管理办法》

第二十二条　学校应当建立实验室安全管理制度，并将安全管理制度和操作规程置于实验室显著位置。

学校应当严格建立危险化学品、放射物质的购买、保管、使用、登记、注销等制度，保证将危险化学品、放射物质存放在安全地点。

第三十六条　学生在校学习和生活期间，应当遵守学校纪律和规章制度，服从学校的安全教育和管理，不得从事危及自身或者他人安全的活动。

第四十条　学校应当针对不同课程实验课的特点与要求，对学生进行实验用品的防毒、防爆、防辐射、防污染等的安全防护教育。

安全·小·贴士

校内实训的规范步骤

（1）课前5分钟应到实训场所集中整队，做好点名、规范着装、书本笔记等检查，对不符合着装要求或不带笔记本的学生应马上予以纠正。

（2）学生应在实习指导教师的带领下，整齐有序地排队进入实习场地，并按规定的安全路线行走。

（3）实习中要积极遵守实习实训场地管理制度。不能串岗、早退、嬉戏、乱动设备。违反规定行为造成后果的，由当事学生承担必要的责任。

（4）要爱护实习实训设备，每次实习结束后应恢复设备，并认真填写设备使用记录单。交接班必须做到"五清"（看清、讲清、问清、查清、点清）、"四交接"（场地交接、实物交接、站队交接、工作交接）。

（5）实训课结束后应做好场地和设备的检查与保养，做好5S工作（整理、整顿、清扫、清洁、态度）。开展5S活动，可以帮助学生养成良好的工作习惯和生活习惯，达到提高工作效率，提高职工素质，确保实现安全生产的目标。

（6）实训结束后，应排好队有序离开实习场地。

自我检测

1．实训期间，对学生的着装有哪些要求？

2．什么是交接班的"五清""四交接"？

3．5S管理活动的具体内容是什么？

应急模拟

1．在实训场所如果突遇停电，你将如何处理？

2．在实习过程中，当你发现同学操作中存在重大事故隐患时，你将如何处理？

→ 4.2　通用型实训教学安全规范

　　财经类职业学校涉及的会计、市场营销、旅游服务、酒店客房、茶艺茶道等教学实训课程，学前教育专业涉及的形体、声乐、钢琴、幼儿模拟等实训教学课程，农林类专业涉及的现代农艺、插花及相关的种养殖类的实训教学课程，虽然实训安全风险不高，但仍然需要我们提高自我防范意识，避免造成人身伤害。

　　随着国家对职业教育的投入的逐年加大，职业院校配备了大量高价值实训设施设备，这些实训设施设备为职业教育实训教学提供了坚实的硬件基础。但是，在使用过程中，由于实训设施设备使用强度大、学生使用不规范以及部分学生不爱护等原因，导致一些高价值的实训设施设备出现非正常的损耗，损坏现象时有发生，这不但影响实训教学的正常开展，并且会埋下安全隐患。

案例警报

【案例1】学生恶意使用辣椒水，引发恐慌

　　在实训课前，某同学在教室内违规喷洒警用辣椒水，导致整个实训楼气味刺鼻。任课教师紧急疏散同学，并报告学校教务和实训管理部门，怀疑实训楼化学实训室疑似化学气体泄漏。多名教师紧急排查相关实训室，未发现化学气体泄漏情况，最后调取监控录像才发现是该名同学在教室喷洒警用辣椒水所致。这次恶作剧导致整栋实训楼将近200名同学被紧急疏散，该名同学的行为严重影响了教学秩序，并引发了学生的大范围恐慌，幸而未造成师生的人身伤害。

【案例2】学生使用茶艺实训室未关闭水龙头，导致实训室淹水

　　某学校茶艺专业的学生在茶艺实训室上课期间，刚好遇到因检修供水设备停水。一名同学在打开水龙头后，发现没水，就没有关闭水龙头。结果，晚上恢复供水后，大量自来水喷涌而出，导致茶艺室被水浸泡，大量茶叶被毁，同时造成茶艺室地面电气线路受潮短路跳闸。这样的疏忽造成了较大的经济损失，而且因为地面电气线路受潮还必须更换线路，严重影响了正常的教学工作。

【案例3】部分学生使用电子钢琴不爱护，导致出现非正常损耗

　　某校学前专业有两间电子钢琴实训室，共有百余台电子钢琴。由于部分学生在使用电子钢琴时不爱惜，导致电子钢琴故障率居高不下，甚至出现一年内有近50%的电子钢琴耳机出现非正常损耗。还有部分学生违反规章制度，擅自带液体饮料及食物到实训室，在污损设备的同时，还招引来老鼠咬坏设备，导致实训教学无法正常开展，浪费了大量资金用于维护设备。

安全警示

　　提到"安全意识"，同学们可能都会想起小时候每次出门之前，父母亲略显唠叨的叮嘱，也都知道安全的重要性。但是，当同学们在校内实训时，或在课间追逐打闹时，就会忽视安全。往往那一时的疏忽大意，就会导致事故的发生。安全隐患重在预防，关键是思想上要重视，用实际行动防止事故发生。

危机预防

（1）校内实训前，要认真听取教师讲解有关实训安全的注意事项，高度重视实训安全。

（2）严格遵守操作规程，认识违规操作的危害性和严重后果。

（3）各实训场所按规定留有安全通道，同学们应养成时刻留意安全通道的习惯，在出现火灾等突发事件时，要保持冷静，按安全通道指示有序疏散。

（4）在涉及使用实习实训室供电线路、机械设备的过程中，必须遵守安全用电的有关规定，按照机械设备安全规程操作。

（5）要知晓危险品存放的知识。危险品应设专用安全柜存放，柜外应有明显的危险品标志，领用危险品必须按规定执行。

（6）应学习如何正确使用灭火器、砂箱等消防器材及化学实验急救器材。

（7）在使用实训设施设备时，要时刻注意用电、用水、用气等安全，避免出现因疏忽大意而造成的安全事故。

➡ 4.3　专业型实训教学安全规范

职业院校实训教学越来越贴近一线生产需要，实训设备也越来越接近生产设备，实训课程对安全操作的要求也更高。例如，电工、焊工、登高作业、矿山、化工、建筑施工等专业本身就属于国家严格管理的特种行业，这些特种行业必须按照国家安全生产监督管理总局《特种作业人员安全技术培训考核管理规定》，培训考核合格后持证上岗。因此，在进行这些专业实训时，同学们应严格按照规范操作。实训教学与安全生产时时相伴，没有良好的操作习惯，在实训时就可能埋下安全隐患，导致危险事故的发生。实训事故的发生多与学生违章作业有关，每一个学生在进入实训场地及使用实训设备前都必须接受安全教育，认真学习相关实训设备的操作规程，牢记安全注意事项后方能操作。

案例警报

【案例1】学生未按规范进行焊机接线，导致焊机烧毁

一名学生在焊接实训车间进行焊机接线的实训中，误将380V电源线接入焊机220V接线端子，导致焊机烧毁，幸未导致人员触电事故。该学生的操作为典型的违章操作。

【案例2】学生擅自使用实训用车，导致车祸

一名汽修专业的学生在进行汽车销售实训教学的过程中，因好奇擅自启动实训用车，导致与另一辆实训用车发生碰撞事故，所幸未造成人员伤亡。该名学生在自己不具备任何机动车驾驶资质及驾驶经验的情况下，不顾及任何安全规定，险酿大祸。

【案例3】学生不按规范操作举升机，导致举升车辆倾斜

一名汽修专业的学生在进行汽车举升实训教学作业项目中，在使用举升机的过程中，未按规定使用举升机支撑块举升相应车型的举升点，并且未按照操作规范进行二次举升检查，导致车辆在举升过程中产生倾斜现象。实训指导教师及时发现并纠正了该学生的违规操作，才未导致车辆滑落甚至车辆坠落造成人身伤亡的事故。

安全警示

在进行专业实训之前，首先要培养学生的安全操作意识，树立"遵章守纪，规范操作"的理念。实训教学前，均需参加安全教育，并考试合格，确保学生在接受专业技能训练时，明确应严格按操作规程去操作实训设备。加强实训管理和检查，对学生穿着工装、穿拖鞋、女生发帽、机加工戴手套等易出现问题的环节重点检查，强化监督与管理，帮助学生养成正确的实训习惯，为今后的技能操作打下良好的基础。

危机预防

（1）实训期间，实训指导教师是实习安全的第一责任人。学生必须严格按照实训指导教师的要求开展实训学习，高度重视安全操作要求，严格履行岗位职责。

（2）实训期间，学生应先进行安全文明操作规程和实训纪律管理规定的学习，掌握安全操作要领后方可进行实际操作。

（3）实训期间，学生必须按劳动防护要求穿戴，穿规定的工作服，内层服装不露出工作服外；女学生戴工作帽；车工、铣工佩戴劳保眼镜；不穿裙子、短裤、背心、拖鞋、高跟鞋等上岗；不佩戴首饰。上课期间应坚守工作岗位，严禁空岗和串岗，绝不允许擅离职守。

（4）保持良好的教学秩序，严禁在实训场地高声喧哗，不做与实训内容无关的任何事情（如看小说、打电话、吃东西、打瞌睡等），更不允许相互打闹。实训现场严禁对电源进行分合闸操作和私自动用实训设备。

（5）实训教学过程中，学生必须思想高度集中，严格遵守实训车间的规章制度和安全技术操作规程。

（6）学生在实训期间，不允许将实训材料带离现场，更不允许做教师没有安排的工作；实训生产设备未经实训指导教师允许，一律不得擅自动用，应严格遵守安全操作规程和文明生产的要求。

（7）学生在使用实训设备前应对设备、仪器仪表的完好状态进行检查。在实训过程中，发现存在问题和事故隐患的，应停止设备操作，并立即向实训教师反映。实训完毕后，要清洁工作场所，保养好设备，收拾好工具材料，关闭电源。

（8）学生必须在指定工位上进行实训，非上课时间或未经实训教师批准，不得开动设备，未经允许不得动用他人的设备。不得任意调整、开动车间其他机器设备。若发生问题，必须保持现场，并立即请示报告。

（9）在完成实训教学后需进行安全小结，学生们应按时完成实训作业和实训报告。

危机应对

不同种类事故的预防措施

1. 机械伤害事故的预防措施

（1）按技术性能要求正确使用机械设备，及时检查安全装置是否失效。按操作规程进行机械操作。

（2）处在运行和运转中的机械严禁进行维修、保养或调整等作业。

（3）按时进行保养，发现有漏保、失修或超载带病运转等情况时停止其使用。

2．火灾事故的预防措施

（1）对实习实训场所、实习实训室仓库等进行经常性的安全防火检查。配置安装短路器和漏电保护装置。

（2）严格控制明火作业和杜绝吸烟现象。实习实训场所配备消防灭火器。

3．触电事故的预防措施

（1）用电设备及用电装置按照国家有关规范进行设计、安装及使用。非专业人员严禁安装、接拆用电设备及用电装置。

（2）严格对不同环境下的安全电压进行检查。漏电保护装置必须定期进行检查。在有触电危险的处所设置醒目的文字或图形标志。供电系统正确采用接地系统，工作零线和保护零线区分开。

（3）带电体之间、带电体与地面之间、带电体与其他设施之间、工作人员与带电体之间必须保持足够的安全距离，进行隔离防护。

4．中毒事故的预防措施

（1）避免接触有毒物质或吸入有毒气体。实习实训场所严禁焚烧有害有毒物质。

（2）正确认识易挥发的物质的性质、特性等。

（3）保持实训室通风良好，对通风不好的实训场所要配备通风设备。

5．易燃、易爆危险品引起火灾、爆炸事故的预防措施

（1）使用挥发性、易燃性等易燃、易爆危险品的现场不得使用明火或吸烟，同时应加强通风，使作业场所有害气体的浓度降低。

（2）焊、割作业点与氧气瓶、乙炔气瓶等危险品物品的距离不得少于规定距离，并按操作程序规定操作。

（3）正确使用可燃物质（如汽油、酒精、乙醚等），不得违规操作。

（4）严格按照化学反应的操作进行实习实训。

（5）按规定对易燃、易爆设备和物品进行检查和处理。

事故现场处置

1．机械创伤止血

按压止血法是通过用手指压迫伤口近心端的动脉来达到阻断血流而止血的目的，是一种临时短暂的止血方法，用于出血量较多的伤口，有快速止血的作用。注意：应将受伤的肢体抬高、位置准确、力度适中。

（1）对于一些微小伤，急救员可以进行简单的止血、消炎、包扎。

（2）对于严重的创伤可进行以下临时处理后，就近送医院或等待120急救车。

①头额部出血：可以压迫同侧耳屏前的颞浅动脉。

②手指出血：救护人员用拇指及食指同时按压出血手指根部左右两侧的动脉（固有动脉）。

③上臂出血：伤者应该抬高出血同侧手臂，救护人员找到其腋窝中部，用食指先触摸动脉搏动，然后双手拇指重叠按压腋动脉，其余手指同时用力环抱伤者肩关节。

④关节部位出血：先检查受伤部位有无骨折，然后将有一定厚度柔软的垫子，如绷带卷等放在肘窝或腘窝处，将伤员的伤肢尽力屈曲，用绷带或三角巾固定（结打在肢体外侧

为佳）。注意：观察肢体远端的血液循环，隔 50 分钟缓慢松开 3～5 分钟，防止肢体坏死。

2．火灾事故现场处置

（1）迅速切断电源，以免事态扩大。切断电源时应戴绝缘手套，使用有绝缘柄的工具。当火场离开关较远时，需剪断电线，火线和零线应分开错位剪断，以免在钳口处造成短路，并防止电源线掉在地上造成短路使人员触电。

（2）当电源线因其他原因不能及时切断时，一方面派人去供电端拉闸，一方面灭火时，人体的各部位与带电体保持一定充分的距离。

（3）扑灭电气火灾时要用绝缘性能好的灭火剂，如干粉灭火器、二氧化碳灭火器、1211灭火器或干燥砂子，严禁使用导电灭火剂扑救。

（4）气焊中，氧气软管着火时，不得折弯软管断气，应迅速关闭氧气阀门停止供氧。乙炔软管着火时，应先关熄炬火，可用弯折前面一段软管的办法将火熄灭。

（5）一般情况发生火灾，工地先用灭火器将火扑灭，情况严重应立即打"119"报警、讲清火险发生的地点、情况、报告人及单位等。

（6）火灾发生后，负责人应立即赶到火情发生现场，协助组织人员按顺序疏散。疏散方向：一般情况下应该按照疏散指示灯和安全出口灯指示的方向进行疏散。若安全指示灯方向和火灾方向相同，则向相反方向疏散。

3．触电事故现场处置

一旦发生触电伤害事故，首先使触电者迅速脱离电源（方法是切断电源开关，用绝缘物体将电源线从触电者身上拨离或将触电者拨离电源），其次将触电者移至空气流通好的地方，情况严重者，就地采用人工呼吸法和心脏按压法抢救，同时送就近医院。

（1）抢救者必须保护自己不触电，绝不能直接接触触电者。

（2）尽快切断电源开关，或用绝缘物（干燥竹竿、木棍）挑开电线或者推开电器。

（3）将触电者移到通风处，平卧，松解衣带，保持呼吸通畅。

（4）抢救的同时，应立即以最快的速度通知医院派急救车送触电者到医院救治。

4．溺水救助

（1）水中救护。

首先要注意确保救助者的自身安全，在自身能力允许的情况下，可下水救助。从后面接近落水者，避免让慌乱的落水者抓（抱）住而无法脱身。从后面用双手托住落水者的头部，用利于呼吸的仰泳方式，将落水者带至安全处。高声呼救，请旁人拨打急救电话。

不能下水救助的人可以采用以下方法：向水中抛救生圈等能帮助落水者脱离危险的物品；高声呼救；请旁人拨打急救电话。

（2）岸上救护。

在等待 120 救护的同时，可采取以下救护。

①将伤员的头偏向一侧后，清理口、鼻中的异物，将头回正并后仰，保持呼吸道通畅。

②控水：做倒水动作，把水从肺部和胃部倒出来。方法：救护者半跪，将溺水者的腹部放在大腿上，头下垂，拍其背部，或给予控水。快速控水后立即进行心跳呼吸检查。

③呼吸、心脏骤停者，立即进行心肺复苏。心肺复苏所采取的胸外按压一定要注意按压位置，是两乳头连线的中点，同时施救者的手掌紧贴病人胸骨，两手掌根部重叠，十指相扣。施救者双臂伸直，上身向前倾，利用上身的力量，垂直向下用力按压。此后在确保

伤者畅通气道后再做人工呼吸。

④心肺复苏有效者，可用干毛巾由四肢向心脏方向擦拭全身，促进血液循环。

5．烧伤救护

（1）烧烫伤。

脱离热源。用冷清水冲洗 20 分钟或至无疼痛感觉。轻轻擦干伤口，用纱布遮盖，保护伤口。严重烧伤，迅速拨打急救电话，送医院。不能随便涂药，不能挑开水泡。

（2）化学物质烧伤。

弱酸弱碱烧伤。立即用大量流动清水彻底冲洗伤口，小心除去沾有化学物品的衣物、饰物、手表等，处理相关损伤，速送医院。

强酸强碱烧伤。用干净的干布迅速将酸、碱沾干，用流动的清水彻底冲洗受伤部位，除去沾有化学物品的衣物、饰物、手表等，处理相关损伤，拨打急救电话，送医院及时就诊。

第5章

校外实习安全

☛ 知识要点

1. 勤工俭学　警惕陷阱
2. 顶岗实习　遵守规程
3. 求职择业　依法签约

→ 5.1 勤工俭学 警惕陷阱

职校学生参加勤工俭学活动，能增长知识与才干，锻炼自立能力，提高综合素养，增加经济收入，解决生活困难。但由于在校学生缺乏对社会复杂性的认识，缺少相关法律知识，生活经验不足，常常会出现自己的合法权益、人身安全受到侵害的情况。

5.1.1 警惕陷阱 保护生命与财产安全

社会上有形形色色的求职陷阱，涉世之初的学生稍不注意就会上当受骗。学生利用业余时间打工已较为普遍，不少中介公司利用学生社会经验不足的弱点，明目张胆地进行欺诈活动。

案例警报

【案例1】女大学生任家教 陨命148刀

2003年7月，刚放暑假的大学生小花来到图书城找家教工作。一会儿，自称高中生的男青年小斌走上前，说想补习英语。两人谈妥每小时20元后，小花应邀到小斌家试教。进屋后，小斌一把抱住小花，欲图谋不轨，小花反手打了小斌一巴掌，恼羞成怒的小斌拿起手电筒猛砸她的头部，并拿出两尺多长的刀对小花砍了5分钟，然后又从厨房拿来菜刀猛砍小花头部5刀。案发后，经法医鉴定，小花身中148刀。

大学生应聘家教工作应该注意哪些事项，才能防止被骗、被侵害？

【案例2】培训机构借勤工俭学之名骗人

大学生小丽来自偏远农村，为筹学费急需打工。校园里一则"勤工俭学"的广告打动了她。小丽立刻打电话过去，一位"刘老师"邀她前去面谈。小丽当即赶过去，20多岁的"刘老师"很热情地接待了她并介绍道："我们这儿致力于社会办学，培训科目包括会计证、导游证、单证员、物流师、人力资源师等。您的工作就是散发广告，帮我们招生。招生20名以下，每个名额付你薪酬40元。每增加10人，薪酬增加10元。你招生人数越多，薪酬就越高。"

想到班上的几位同学正要考会计证，小丽觉得这事可以做，就签了"业务代理合作协议"，对方要她先交纳50元的业务培训费。小丽说只带了40元，对方很爽快："40元也行。"于是对方收了钱，并给她开了收据。

返校后，小丽在校园广泛张贴《国家职业资格培训招生》广告单，可好几天过去了，仍无一人来找她。一次课后，小丽找到自己信任的张老师，拿出签的协议、招生广告、奖金制度表等，张老师看后大吃一惊："你遇到骗子了！这广告上开出的培训学费有猫腻，标出的价格只是授课费，不包含书本材料费和考试费，所以看起来比正规培训机构要低许多。他不管你能否招到人，就先收你50元。只要每天有人像你这样去应聘，他稳赚不赔。"小丽立即去找那位"刘老师"，但已是人去楼空。

如何识别勤工俭学的真与假？你有何高招？

安全警示

有的学生缺乏起码的防范意识。单纯无知的小花轻信小斌的谎言，没有查看他的任何证件，对要求她独自和他回家的苛刻条件没有任何质疑，路上毫无防备，与他交谈也没觉察任何破绽。有的学生认为到家进行试教是很正常的，虽听说过许多上当受骗事件，但求职心切，怕多查问而丢失难得的家教工作，怀着侥幸心理，相信大白天不会发生什么事，过高地估计了自己的判断能力而导致悲剧的发生。

另外，不少学生急于求职，不敢拒绝不合理的要求。张老师提醒小丽：“你们找工作时，凡是见面就要你交钱的，不管是押金还是报名费，都是骗子。哪有为他工作反收你钱的？”由此戳穿了一场骗局。

危机预防

防范打工陷阱

1．慎重选择中介公司

从事学生勤工俭学的中介公司一般有两类。一类是学校自行成立的公益性的勤工俭学管理中心，不仅对雇主与学生的信息都会严格审查，还会对学生加强技能与安全培训，在保证学生安全方面有明显保障。但由于是公益性质的，常缺乏人手与资金，在信息收集方面处于被动状态，多是等客户上门招聘学生，因此学生求职等待时间长，难于满足众多学生的求职要求。另一类是社会上以营利为目的的中介公司。此类公司信息量大，利于学生求职，对学生方的要求较多，但对雇主方的要求很少，常不看证件，只要交纳中介费即可，因此风险较大。此类中介机构不但向雇主收费，也向学生收费。种种原因使得学生选择了到“马路市场”寻找家教等工作机会，而这样的方式隐藏着严重的安全隐患。

2．警惕不良中介公司常设的几种陷阱

陷阱一：虚假信息。一些不规范的中介机构利用学生急于在假期打工的心理，夸大事实，无中生有，以“急招”的幌子引诱学生前来报名登记。一旦中介费到手，便将登记的学生搁置一边，或找几个关系单位让学生前去“应聘”，其实只是做个样子。这些中介机构用虚假信息骗取学生的钱财。

陷阱二：预交押金。一些用人单位在招聘时，往往收取不同数额的抵押金，或要求学生将身份证、学生证作为抵押物。这类骗局通常在招聘广告上称有文秘、打字、公关等比较轻松的岗位，求职者只需交一定的保证金即可上班。但往往是学生交钱后，招聘单位推说职位暂时已满，要学生回家等消息，接下来便如石沉大海，押金自然也不会退还。

陷阱三：不付报酬。一些学生被个人或流动服务的公司雇用，讲好按月领取工钱，但雇主往往在8月份找借口拖延，而到9月份学校开学后就消失得无影无踪，令学生白白辛苦一个假期。

陷阱四：临时苦工。一些学生只是想利用假期临时赚些“零花钱”，因此对所从事工作的内容往往不太计较。而个别企业正是利用了这一点，平日积攒下一些员工不愿从事的脏活、累活，待假期一到，找一些学生突击完成，然后给一点钱打发了事。

陷阱五：“高薪”招工。有些娱乐场所以高薪来吸引学生从事所谓的“公关”工作，包括陪客人唱歌、喝茶，甚至从事不正当交易。年轻学生在这些场所打工，很容易受骗上当

或误入歧途。

3. 严防以招工为名实施性侵犯

案例 1 中的小花因家庭贫困，一份家教工作对她弥足珍贵，她急切、轻率地跟着雇主走了，导致最终被害的悲剧。从事餐饮、娱乐、家教的女学生遭受性侵犯，甚至丧命的案例屡见不鲜。

危机应对

维护自身权益

1. 学习相关法律知识

《中华人民共和国劳动合同法》第九条明确规定：用人单位招用劳动者，不得扣押劳动者的居民身份证和其他证件，不得要求劳动者提供担保或者以其他名义向劳动者收取财物。所以，学生勤工俭学时，若遇到单位提出上述要求的，一定要提高警惕。

根据原劳动部 1995 年印发的相关文件："在校生利用业余时间勤工俭学，不视为就业，可以不签订劳动合同。"因此，学生勤工俭学不被认为是劳动关系，而是劳务关系。建议打工学生也应该与用人单位签订"劳务协议"，可以参照劳动合同的有关规定，如用工双方名称、劳动期限与报酬、工作时间与班次、企业规章制度、劳动安全保护条件、伤亡事故处理办法等。一旦发生纠纷，学生可以以此为证据，作为民事纠纷向法院起诉。

签合同要慎重：一要看清所签合同的内容，注意查看有无条款缺项；二要扪心自问，问自己是否真正做到了心甘情愿，切忌一时的心血来潮或在用人方的暗示、变相强迫下，签下所谓的生死要约；三是拒签口头约定和君子协议，向用人方强调必须采用合同的书面形式。不要匆忙允诺或签字，最好要与教师或家长商量，要仔细研究对方提出的要求和具体条款，不要被"高薪"等虚假信息蒙蔽，避免落入圈套。

不要参与违法和有危险性的工作，千万不能为了赚钱到迪厅或酒吧伴舞、陪酒。

2. 调查用人单位的情况

通过中介公司介绍打工的学生，要查看中介公司有无《职业介绍许可证》和《营业执照》，谨防黑中介。用人单位应参加两年一次的工商年检，否则会被吊销营业执照，防止非法用工。参加产品销售工作的学生，应查看经销商是否有生产厂家的授权书，产品是否有注册商标，绝不能销售"三无"产品。

3. 维护自身权益　保护人身安全

穿着打扮得体，女生的穿着不要过分暴露。警惕异性老板的过分亲热、过多表扬。作为学生不要接受宴请，不要去鱼龙混杂的场所，更不能喝酒（特别是女生）。不要晚归，不要去人少偏僻的地方。

对为孩子找家教的青年、成年男子要防备，要查看证件。第一次上门家教的学生，应找同学陪同前往，以防不测。晚间从事家教的女学生，应该要登记雇主的身份证、具体住址、电话号码，并告知同伴以备不测之需。对个别家长提出的无理要求，应坚决予以抵制。不得随便动用雇主家的物品；不得在雇主家里留宿，避免发生意外。

4. 勇于维权　做个有心人

如果发生被骗、被侵害事件，要勇于向学校有关部门、公安部门、工商行政管理部门举报。日常做个有心人，注意把自己过手的"押金收据""工资单""借据条"等妥善留存，作为维权证据。当然，对自己的贴身证件（身份证、居住证之类）更应保管好。一旦纠纷降临或官司缠身，你耳边听到最多的一句问话将是："你有证据吗？"

学生打工也应该交纳个人所得税。这项举措，虽然会减少学生们打工的收入，但如果学生勤工俭学、纳税走上正轨，相应的程序渠道将更加规范化、安全化，收益最大的应该还是学生。

法规链接

《中华人民共和国高等教育法》

第五十六条明确规定："高等学校的学生在课余时间可以参加社会服务和勤工助学活动，但不得影响学业任务的完成。高等学校应对学生的社会服务和勤工助学活动给予鼓励和支持，并进行引导和管理。"

安全小贴士

学生打工收入应该纳税

目前《中华人民共和国个人所得税法》中，并没有对学生的打工收入做出专门规定，学生勤工俭学的收入目前视同为劳务报酬，故应按劳务报酬所得交纳个人所得税。

学生勤工俭学的收入每次在 1000 元以内（含 1000 元）的，按照 3% 的税率全额计税。超过 1000 元但低于 4000 元的，先减去 800 元，剩余部分按照 20% 的税率计税。每次收入超过 4000 元以上时，减除 20% 的费用后剩余部分再按照适用税率（4000～20000 元时为 20%）计税。学生打工的个人所得税大部分都由支付报酬的企业代扣代缴，但是个人之间的现金交易则很难进行监管，只能靠学生的自觉依法纳税。

5.1.2 识别传销骗术 反对"经济邪教"

中职院校的学生千万不要被传销分子一夜暴富的花言巧语所蒙骗，天上不会掉馅饼。希望同学们擦亮眼睛，看清传销与变相传销的欺骗本质，抵制"经济邪教"——传销。

案例警报

【案例 1】临安非法传销"天狮"产品案

2003 年 3 月以来，李某以天狮临安专卖店的名义发展下线进行非法传销活动。她通过花 1680 元购买一份天狮保健品成为公司业务员，获得发展下线业务员的资格，并根据发展下线的多少提取奖励。由于涉案金额巨大，目前该案已由临安工商局移送公安部门处理，李某已被公安机关依法逮捕。

你知道如何界定"传销"吗？它有哪些特征呢？

【案例 2】温岭"雅玫琳儿"变相传销案

利用亲朋同事等关系是传销案的惯用手法。温岭的雅玫琳儿案中，当事人郭某、颜某通过夸大功效和收益，利诱同事及亲友：首先购买或认购 35000～45000 元不等的广州雅筑公司"雅玫琳儿"产品，取得小代理商资格。小代理商业绩达 10 万元以上，再购买 35000 元产品，就可以成为中代理商，可继续发展下线直至大代理商。

为什么说这起案例是变相传销？直销与传销的区别是什么？

【案例3】网络传销

假借国外网站之名诱骗的网络传销案在国内较为罕见。济南警方破获一起以"美国远程教育网站"之名，非法进行网络传销的组织。一伙人利用互联网，在"美国远程教育网站"设立"中小学同步教育""成人教育"等专栏，吸引网民注册会员，每人次收取注册费1350元。入会者，每发展一名成员可获提成200元，被发展者再介绍9名注册人员，其"上线"便可获提成600元。

对比一下，案例1与案例3有哪些相似之处呢？

安全警示

未就业的大中专毕业生，在亲戚、朋友、同学介绍外地有好工作或好投资项目时，一定要擦亮眼睛，避免误入传销歧途，避免上当受骗。

2004年，传销黑手频频伸向在校大中专学生，单是重庆公安机关在渝北、合川等地破获的"欧丽曼"传销地下组织，就有来自河南、湖北、山西、河北等10多个省的2000多名大学生放弃学业，沉迷于传销。而在山东工商部门查处的非法传销案件中，也发现有在校学生卷入其中。

危机预防

谨防卷入传销组织黑色欺骗链条

中央电视台通过对传销培训教材的曝光，彻底展示了传销组织完整的黑色欺骗链条。这些教材不仅极富煽动性和欺骗性，而且具有很多心理学的要素，极易诱人上当。传销培训教材编织的"欺骗链条"程序大体是这样的：列名单、电话或书信邀约、摊牌、跟进直至胁迫加盟。

1. 揣摩心理列名单

所谓列名单，就是盘算可以骗来的对象。主要是以下几类。①亲戚类：兄弟姐妹。②朋友类：五同——同学、同事、同乡、同宗、同好。③邻居类：前后左右邻居。④其他认识的人，如师徒、战友等。那些急于改变现状的人，是传销组织网罗的主要人选。

2. 巧言邀约设骗局

通过写信或打电话等方式，邀请别人加入。他们深知传销的名声太坏，规定了打电话时的"三不谈"，即不谈公司、不谈理念、不谈制度。总之，不谈传销的真相。只是根据对方的心态、特长、背景等特点，给出一个甜蜜的诱惑。为了提高骗人的成功率，教材上连打电话时的语气都规定好了：谈话的时候兴奋度要高，语调要高，比平常要高八度。语速要快，但语言要清晰，语气肯定不含糊，给对方以信任的感觉。说出的话具有一种神秘感，让对方无据可查。不正面回答对方的提问，不具体解释自己的话题等。

由于传销组织现已成了过街老鼠，所以它变换了很多说法，如"加盟连锁""人际网络""网络销售""框架营销""电子商务"等。在上述种种游说和谎言的欺骗下，如果对方被说动了心，愿意加入，下一步就是接站。

传销组织对接站的整个程序乃至神态和衣着都有明确规定：传销组织接站人一进车站与对方见面的时候，应该是热情地跑上去几步，要先握手。同时，一定要衣着光鲜，如打着领带，人家就会感觉到你肯定有一定的社会地位。引导来者上车的时候，首先告诉他们说先洗洗尘，然后到酒店里吃点便饭，使新来乍到的人觉得这个朋友真好，没进门先给人一个很温暖的感觉。

3. "魔鬼词典"出怪论

为了鼓动别人加入，传销教材中往往充斥着许多逻辑怪异但具有较强诱惑力和煽动性的言辞，从某种角度讲，无异于一本"魔鬼词典"。例如，以暴利相诱惑时说："传销可以缩短你成功的历程，可以使你一两年内，挣到你几十年挣不到的钱。"你若说你没钱，它会怎么回答你呢？"因为你没钱，所以才让你想办法赚。"你若说你没时间，答案就可能是这样："正是因为你没有时间，所以才让你在很短的时间里赚到钱，然后浓缩你的生命，拥有更多的时间。"

对于骗取亲友的血汗钱这种罪恶行径，传销教材竟抛出这样的怪论来开脱：这些钱毕竟是自己的亲友掏出来的，那么这个钱该不该赚呢？我看是该赚。因为钱本来就是叫人赚的，具体谁赚并无多大区别。如果钱印出来都埋入地下，不让人赚，岂不都成了废纸。

4. 摊牌翻脸相胁迫

不管前面说得如何天花乱坠，美丽的谎言总要被揭穿，传销组织把这个叫作"摊牌"。教材上把摊牌的时间规定为听课前的5分钟。这时候，对方已无法脱身。摊牌后，就有两种情况了，如果对方去听了课，迷迷糊糊，将信将疑时，传销组织就进入了第3个阶段——跟进。跟进的具体方式是把你关在屋子里，一大帮人围着你讲他们怎么发了财。

住在一起的时候，他们不讲别的，因为没有电视、没有报纸，而且与外界几乎是隔绝的，所以他们讲来讲去讲的就是我们每个月要发展多少人，发展到下线后可以有多少奖金等，时间一长人的思想就会像着了魔似的。

如果给对方进行了听课、跟进这种传销组织主要的洗脑工作后，对方的头脑仍然清楚，看穿骗局，那么传销组织就会变了一副面孔：进行威胁或跟踪。

对方如果不愿加入，传销组织就一直跟着他，上厕所跟着，上街也跟着，而且会威胁他，不交钱就出不了这个房子。所以这种手段是很卑鄙的。在这种情况下，受骗上当的人走投无路，就投入传销，再去欺骗，这样，下一个恶性循环就又开始了。

（资料来源：http://www.pianshu.net/2006-11/2006117183834.shtml）

危机应对

清醒应对"经济邪教"——传销

传销组织的首选对象是急于挣钱的打工者，特别是刚毕业的学生，同学们如何应对呢？

（1）加强学习，增强法律意识。要认真学习《禁止传销条例》与《直销管理条例》，提高警惕。一旦发现有人以招工、做生意等名义，要求交钱加入或发展人员加入，发展后可以提成，并许以高收入、高收益、高额回报等情况时，一定要引起警惕。

（2）增强自我防范意识。在判断其是否为传销组织时，既要看其是否在工商部门登记注册，有无营业执照，有无正规的办公场所，更重要的是看其行为是否属于传销和变相传销，其营销制度、奖励制度是否合法。在情况不明的时候，绝不要盲从，不要轻易参加。如果自己判断不清时，要向当地工商、公安等部门咨询。

（3）沉着应对。当你接到邀约电话时，传销者会讲自己干得如何好，某某公司正在招人，你要求他告诉你所说公司的名称、经营项目和电话号码，不愿留者即有疑点。若留下电话号码，你可以拨通对方所在地的114台查询有无此公司，或通过电话联系当地工商部门，查询有无此公司及该公司的经营范围。

（4）及时准确地向执法机关举报。发现传销和变相传销时，应当及时向当地工商、公安机关举报。举报时一定要说清传销活动的具体地点，如街道、楼号、门牌或附近的明显标志，以及传销授课的地点、时间等线索，以便工商、公安等执法部门进行查处。工商部门设有举报受理热线 12315。

法规链接

直销与传销不同

直销是指直销企业招募直销员，由直销员在固定营业场所之外直接向最终消费者（以下简称消费者）推销产品的经销方式。直销活动的主体是符合条件的企业和人员，即直销企业和直销员。他们需要具备一定的条件才能成为直销的主体。直销的产品范围只能以授权部门公布的为准，不能超出范围。

传销是指组织者或者经营者发展人员，通过对被发展人员以其直接或者间接发展的人员数量或者销售业绩为依据计算和给付报酬，或者要求被发展人员以交纳一定费用为条件取得加入资格等方式牟取非法利益，扰乱经济秩序，影响社会稳定的行为。

《禁止传销条例》

第七条 下列行为，属于传销行为：

（一）组织者或者经营者通过发展人员，要求被发展人员发展其他人员加入，对发展的人员以其直接或者间接滚动发展的人员数量为依据计算和给付报酬（包括物质奖励和其他经济利益，下同），牟取非法利益的；

（二）组织者或者经营者通过发展人员，要求被发展人员交纳费用或者以认购商品等方式变相交纳费用，取得加入或者发展其他人员加入的资格，牟取非法利益的；

（三）组织者或者经营者通过发展人员，要求被发展人员发展其他人员加入，形成上下线关系，并以下线的销售业绩为依据计算和给付上线报酬，牟取非法利益的。

第二十四条 有本条例第七条规定的行为，组织策划传销的，由工商行政管理部门没收非法财物，没收违法所得，处 50 万元以上 200 万元以下的罚款；构成犯罪的，依法追究刑事责任。

有本条例第七条规定的行为，介绍、诱骗、胁迫他人参加传销的，由工商行政管理部门责令停止违法行为，没收非法财物，没收违法所得，处 10 万元以上 50 万元以下的罚款；构成犯罪的，依法追究刑事责任。

有本条例第七条规定的行为，参加传销的，由工商行政管理部门责令停止违法行为，可以处 2000 元以下的罚款。

第二十六条 为本条例第七条规定的传销行为提供经营场所、培训场所、货源、保管、仓储等条件的，由工商行政管理部门责令停止违法行为，没收违法所得，处 5 万元以上 50 万元以下的罚款。

安全·小贴士

传销与变相传销中的骗人伎俩

国家工商行政管理总局有关专家介绍传销与变相传销活动中主要的骗人伎俩如下。

伎俩之一：传销的利润来源不是靠零售产品而是靠下线入会的费用。从前不久查获的在东北及河北部分地区活动猖獗的"武汉新田"变相传销案件来看，传销组织中等级严格，共分为会员、推广员、培训员、代理员和代理商5个等级。根据每个人的业绩，由低到高逐级晋升，发展1名下线就可成为会员，按入门费的15%提取报酬；发展3～9人可成为培训员，按入门费的20%提成；发展10～64人的可成为推广员，发展65～391名的为代理员，按入门费的42%提成；发展392名以上的为代理商，可按其收取入门费的52%提取收入。

　　伎俩之二：暴力与精神双重控制。 传销实际上是有组织的犯罪活动，这是因为传销组织采取暴力和精神双重控制，使参加者很难脱离传销组织。不少人被"洗脑"后，深陷其中，不能自拔，对传销和变相传销理念深信不疑。由于传销人员的发展对象多为亲属、朋友、同学、同乡、战友，其不择手段的欺诈方法，导致人们之间的信任度严重下降，引发亲友反目，甚至家破人亡。

　　伎俩之三：没有商品的"销售"。 最近查获的非法传销活动通常都是无商品的销售，就是俗称的"拉人头"销售。这些传销以骗来多少人为依据进行计酬和提成，所谓的商品只是作为一个媒介，并没有到消费者的手里。

　　伎俩之四：利用互联网进行传销和变相传销。 成都市工商局和公安局成功破获了美国互联网基金的一个传销组织，该组织自称通过在全世界发行，融资建立一个覆盖世界各城市（包括街道、乡镇）的庞大商品配送体系。

　　其具体做法是，通过他人介绍，使用介绍人的注册名称和密码，登录网站认购一定的基金，认购后即成为基金的销售会员，3年内可获得高额的回报。如果继续介绍他人加入，不断推销基金，还能不断得到报酬。

　　伎俩之五：以介绍工作为由骗取学生加入传销组织。 传销组织以招工为由，利用年轻人积极向上渴望成功的心态，去掩盖非法传销的事实。"好工作"的诱惑是学生被拉下水的第一帮凶，"高收入""一夜暴富"使他们丧失了抵制诱惑的能力，被"平等""关爱"等虚拟的东西所迷惑，加之传销组织采取限制人身自由等手段，导致一些在校学生迷失于传销漩涡中难以自拔。

（资料来源：http://www.pianshu.net/2006-5/2006529120305.shtml）

自我检测

1．你能说出不良中介公司常设的几种陷阱吗？

2．假设你打工的月收入是1200元，请问应该如何纳税？

3．说说传销组织的欺骗链条有哪些步骤。

应急模拟

1．假设你与雇主直接商洽家教事宜，你会查看他的哪些证件？你会登记他的哪些资料呢？对于第一次上门试教，你会做好哪些准备呢？

2．角色扮演。请一位同学扮演传销者，他邀请你加盟去赚大钱，你应如何应对？

→ 5.2　顶岗实习　遵守规程

　　顶岗实习是职业教育人才培养模式，是学生职业能力形成的关键教学环节，是深化人才培养模式改革、强化学生职业道德和职业素质教育的良好途经。通过顶岗实习，学生能够尽快将所学的专业知识与生产实际相结合，实现在校学习期间与企业、与岗位的零距离接触，能快速树立起职业理想，养成良好的职业道德，练就过得硬的职业技能，从根本上提高人才培养质量。

顶岗实习模式以培养学生能力为主，有利于全面提高学生的综合能力。首先，顶岗实习让学生提前到岗位上去"真刀真枪"地工作，不仅锻炼了学生的职业技能，又能培养学生吃苦耐劳的精神，同时培养了良好的职业素养和正确的就业观。其次，学生在较长的企业生产第一线的实习中，熟悉企业的管理模式和运行机制，体验企业文化，树立管理意识，利于缩短就业磨合期，就业成功率和巩固率得以提高。

在顶岗实习前，建议要熟悉实习单位的规章制度，熟悉所从事工作的岗位规范。俗话说："各家有各家的规矩"，新进企业的实习生一定要认真学习企业规章制度和岗位操作规范，争取顺利踏入企业的"大门"，避免因不懂规矩而导致初来就犯错误。

5.2.1 熟悉岗位 遵章守纪

遵章守纪、规范操作、安全生产既是现代企业管理的重中之重，也是评价实习生工作态度和绩效的主要内容，更是保障自身安全，保护他人生命安全和维护国家财产安全的需要。实习的学生要忠实地履行岗位责任，自觉执行岗位规范。如果能做到无论在任何时候、任何情况下都不违规、不违纪、不违法，就有机会先于别人走向成功。

案例警报

【案例 1】工作服也关系到安全

某品牌汽车世界闻名，在一辆汽车上就有数十台控制电脑，控制着车的各个系统。可是有一段时期，该品牌汽车上的控制电脑维修更换率很高，这一现象引起了公司的关注。经过调查发现，客户直接报修控制电脑的现象并不多见，控制电脑报修多发生于该车辆保养与维修之后，难道控制电脑损坏与维修人员操作不当有关？

经过科研人员的深入调查与研究最终发现：维修人员在汽车维修与保养中，常常未按规定穿着工作服，而含棉量低于 50%的服装易产生静电，也就是静电损坏了汽车控制电脑。根据研究结果，汽车公司要求维修工必须穿着公司所发的含棉量高于 50%的工装。这项制度实行后，问题自然而然就解决了。一件普通的工作服竟然关系到产品的质量，关系到汽车用户的安全。遵守岗位规范就从穿着工装开始吧！

你所在的岗位对工作服有哪些要求？为什么？

【案例 2】工作帽就是安全帽

2004 年 6 月，某职校实习女生小孙没按规定戴工作帽，头发不慎被卷入车床中，造成头皮撕裂，重伤住院，治疗经多次手术方能完成，但仍可能落下终身残疾。因为没戴工作帽付出如此惨重的代价，你有何感触？

少戴一次安全帽，失去满头秀发！你想想，还有哪些工种需要戴工作帽？

安全警示

员工自觉遵守职业纪律、遵守单位的各种规章制度是安全生产、文明生产、优质服务的要求。"不穿工作服会损坏控制电脑"，看似简单的工作服却关系到产品的质量。小孙因为一个小小的疏忽——没戴工作帽，结果导致了严重的身体伤害，这些例子应该能引起学生的内心触动和高度警惕。

但仍可能有一些学生会不以为然，认为自己所从事的工作就不必穿工装，穿工装也只不过是一种形式罢了。是的，穿工装可能是一种形式，但这种形式的背后正体现出企业要求员工必须具备一定的安全意识和职业纪律意识。

危机预防

实习安全教育须知

（1）实习生应重视实习前的安全教育，并在专人指导下学习并掌握有关的安全操作知识和技能。服从领导，虚心向技术人员、工人师傅学习，不得违反各项规章制度，确保生产安全。

（2）加强安全知识学习与运用。例如，机械零件加工过程中对工件尺寸的测量，要求必须在机床完全停止转动后方可进行；加工的铁屑只能够用铁钩清理，不允许用手直接清除。但这些基本知识，往往会被学生忽略。

（3）工作前，应准确了解企业内特殊危险的工区、地点及物品。应了解并掌握需要使用的机器、设备或工具的性能、特点、安全装置和正确操作程序及维护方法等。

（4）正确使用和保管个人劳动防护用品，保持工作场所的整洁。须按规定穿着工作服，戴好工作帽，穿着防护鞋等，切忌着装随意。不同工作场所对着装衣料和着装要求的区别很大。随意着装，容易发生事故。

获得劳动保护是劳动者拥有的权利。实习生作为劳动者有权要求单位提供安全的劳动条件和必要的劳保用品，并采取有效措施预防职业病的发生。

危机应对

冷静处理 迅速救治

（1）发生险情时，要沉着冷静。例如，小孙没按规定戴工作帽，头发不慎卷入车床中，这时要及时呼救，争取同事的帮助。同时迅速切断电源，让机器停止运转，减少伤害。不要性急、鲁莽、生拉硬扯头发，而应在同事的帮助下妥善处理。

（2）发生伤害后，要迅速救助。伤情严重者要迅速送医院救治。伤情严重，但不能搬动的伤者，要及时拨打急救电话，等候医护救援人员前来处理。

法规链接

《中华人民共和国安全生产法》

第四十九条 生产经营单位与从业人员订立的劳动合同，应当载明有关保障从业人员劳动安全、防止职业危害的事项，以及依法为从业人员办理工伤保险的事项。

生产经营单位不得以任何形式与从业人员订立协议，免除或者减轻其对从业人员因生产安全事故伤亡依法应承担的责任。

第五十条 生产经营单位的从业人员有权了解其作业场所和工作岗位存在的危险因素、防范措施及事故应急措施，有权对本单位的安全生产工作提出建议。

第五十一条 从业人员有权对本单位安全生产工作中存在的问题提出批评、检举、控告；有权拒绝违章指挥和强令冒险作业。

生产经营单位不得因从业人员对本单位安全生产工作提出批评、检举、控告或者拒绝违章指挥、强令冒险作业而降低其工资、福利等待遇或者解除与其订立的劳动合同。

教育部《中等职业学校学生实习管理办法》

第十一条　安排学生实习应当严格遵守国家有关法律法规，为学生提供必要的实习条件和安全健康的实习劳动环境。不得安排一年级学生到企业等单位顶岗实习；不得安排学生从事高空、井下、放射性、有毒有害、易燃易爆、国家规定的第四级体力劳动强度场所以及其他具有安全隐患的劳动；不得安排学生到酒吧（烹饪类专业学生除外）、洗浴中心和夜总会、歌厅等娱乐场所实习。不得通过中介机构代理组织、安排和管理实习工作。

第二十一条　实习单位要根据接收学生实习的需要，建立、健全本单位安全生产责任制，制定相关安全生产规章制度和操作规程，制定并实施本单位的生产安全事故应急救援预案，为实习场所配备必要的安全保障器材，为实习学生提供必需的劳动防护用品，保障学生实习期间的人身安全。

第二十二条　学校和实习生产单位应当对实习学生进行岗前安全生产教育和培训，保证实习学生具备必要的安全生产知识，掌握本岗位的安全操作技能。未经安全生产教育和培训合格的实习学生，不得上岗作业。

安全·小·贴士

丰田汽修技术员的工作着装如图5-1所示。

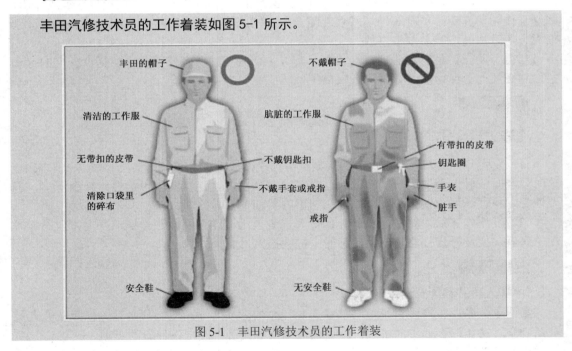

图 5-1　丰田汽修技术员的工作着装

5.2.2　规范操作　安全生产

案例警报

【案例1】违章操作酿惨案

总共吞噬了309条人命的洛阳东都商厦特大火灾，竟然源于4名无证电焊工的违章作业，这几名电焊工在引发火患后竟然没有报警就逃离现场，结果使大火一发不可收拾。

公安部专家组经过在火灾现场勘察后认定，2000年12月25日的洛阳特大火灾事故是跟东都公司合资的丹尼斯公司（由台商开办）非法进行电焊施工中，由于电焊工王成太违章作业引起的。

当晚9时左右，王成太等4名无证上岗的电焊工，在东都商厦地下一层焊接跟地下二层分隔的铁板时，电焊火渣溅落到地下二层的易燃物上引发火患，王成太等人用水扑救无效后竟然没有报警就匆忙逃离现场，并订立"攻守同盟"。

12月27日上午，事故后逃逸的4名电焊工全部被警方抓获，4人都对违法行为供认不讳。公安消防、刑事侦查人员和技术专家已经在起火点上部的铁板处查获电焊机、电焊枪、电焊条，并在起火点提取了电焊后形成的焊渣，认定火灾是电焊渣溅落到地下二层的易燃家具、绒布上造成的。

一起违章操作竟然夺走了300多人的生命，我们从中能得到什么教训呢？

【案例2】违规徇私情 好友反成仇

小莉和小霞是同班同学，并且是好朋友，她们同在某购物中心女装柜顶岗实习。因为互相信任，彼此交接班时，经常会不清点货物，只打个招呼。一天，她们交接班时也未按规定清点货物。接班后小莉发现少了一套西装和一件皮衣，价值近3万元。两人各执一词，有口难辩，最终共同赔付货款，且均被单位开除，原先的两位好朋友也因此反目成了仇人。

规章制度既是约束，更是保护。从此案例中我们得到了什么启示？

安全警示

4名无证电焊工的违章作业引发洛阳东都商厦特大火，吞噬了309条人命。给国家造成了巨大损失，给300多个家庭带来巨大灾难，4名工人也受到法律的制裁。非法施工、违章作业、违规操作就是惨案的罪魁祸首。

据国际劳工组织统计，全球每年因工伤死亡人数高达82万人，平均每天死亡达2200人。中国工伤死亡率比发达国家高一倍，而违法施工，违章、违规操作是造成人员死亡的主要原因之一。

制造业的每道工序都有相应的工艺规范，需要员工一丝不苟地严格执行，这是保证产品质量的重要前提。以汽修某部件上拧螺钉的工序为例，4个螺钉每个要拧12下，操作规程要求：每个螺钉拧4下，按顺时针进行，3次循环拧完。按照规范进行的部件可以保持产品多年正常运转。而有的员工"玩小聪明"，每个螺钉一次拧完，经常会造成螺钉断裂，即使不断裂能拧成功，产品寿命也大大缩短，并且隐藏着很大的安全隐患。

商贸行业也有岗位操作规范，若不严格谨慎从事，将给自己和企业造成巨大损失，使顾客利益受到侵害。例如，在银行实习的实习生小娟，在工作中违规把授权卡给了另一位同事授权，结果这位同事把数万元钱刷到了自己的个人账户后，当天在别的银行网点提了钱逃跑了。

危机预防

1. 生产前注重各环节安全检查

（1）机器检查。操作前应检查机床、电气设备的零部件是否完好、正常；防护设备、动力装备是否存在问题。有的还需要通过试运行来检查。

（2）工具检查。工具必须齐备、完好、可靠。禁止使用有裂纹、带毛刺、手柄松动、电线脱落等不合安全要求的工具。发现问题应及时维修、更换。

（3）劳动防护。工作帽、防护手套、防护眼镜等应根据操作要求使用。该穿戴的必须穿戴好，禁止穿戴的一律不得穿戴。

（4）电气维修。设备的电气线路、器件及电动工具发生故障，应交电工修理，不得自己拆卸，也不得自己动手拉设线路和安装临时电源。

（5）工作规范。工作中注意周围人员及自身的安全。防止因挥动工具使工具脱落，因铁屑飞溅造成伤害。注意工作中各类人员的协调配合。

2．生产中掌握各类安全操作规程（以《机械加工安全操作规程》为例）

（1）加工时必须穿好工作服，将袖口扎紧，不准另挂围裙等其他飘动物。女工应将发辫卷入帽内。

（2）对设备要认真检查，确认一切正常后才能操作。

（3）操作时不能穿凉鞋，不准戴手套，应站在脚踏板上工作。

（4）高速切削或切削脆性材料时，要戴好防护眼镜，防止切屑弹入眼内。

（5）严禁在传动部位传递物品。

（6）装卸工具、调换工夹具、测量尺寸、揩擦机床等，应停车进行。

（7）切屑应及时清除，清除切屑时严禁用手拉或嘴吹，应使用专用工具。

（8）磨刀具时，应遵守砂轮机的操作规程。

（9）要经常清除机床周围的废物、油渍。定期更换冷却液，保持工作场所的清洁卫生。

（10）工件堆放稳妥整齐，保持工作场所通道畅通无阻。

（11）下班后断开电源，收好工夹具，清扫场地，搞好卫生。

（12）将本班操作情况详细转告下一班，做好交接班事宜。

3．生产后重视结束检查与交接班

生产完毕或因故离开岗位，应将设备、工具和电、气、水、油源关闭；开关、零件、工具等应放在指定位置。

危机应对

（1）实习生在商贸、旅游服务等行业顶岗实习时，除防止自己的物品、商品被盗窃以外，也要有保护顾客财物的意识。要随时提醒顾客保管好自己的物品，以防被窃。发现可疑人员，要及时、巧妙地提醒顾客保护好自己的财物，避免损失。

（2）若发生商品或顾客物品丢失事件，要保护好现场并及时向保卫部门报案、向领导汇报，及时排查线索，争取挽回经济损失。

（3）若发生顾客突发疾病或受伤事件时，要采取急救措施并及时向上级领导汇报情况，争取援助。

法规链接

教育部《中等职业学校学生实习管理办法》

第二十三条　学校和实习企业必须为实习学生购买意外伤害保险等相关保险，具体事宜由学校和实习单位协商办理。

第二十四条　实习学生应当严格遵守学校和实习单位的各项规章制度，服从管理，树立安全和自我保护意识，在实习指导教师的指导下，严格按规程进行实习，不断提高职业道德和专业技能水平。

第二十五条　对实习期间发生的问题及突发事件，学生要及时向实习指导教师报告；学生不能及时与指导教师取得联系的，应当及时向实习单位报告。实习期间，实习学生未经实习指导教师准许不准擅自离开实习单位。

实习期间学生人身伤害事故的赔偿，应当依据教育部《学生伤害事故处理办法》等有关规定处理。

安全·小·贴士

1．车床安全操作规程

（1）装夹的工件必须牢固可靠，工件夹好后要取下卡盘扳手。加工部分工件前应先开点动或慢四检查。

（2）加工细长工件，后端不宜伸出床头过长，必要时应加支架，车速不应过快，防止开车后工件甩出伤人。

（3）卸卡盘和大的工作件、夹具时，床面要垫木板。装卸卡盘时必须把手柄推到空挡位置，关闭电源。开始切削时，刀架、床头和导轨面上不得放置工件或其他器具。

（4）机床开动后，吃刀不能过猛。不准擦拭机床，清理铁屑必须用工具，过长的铁屑应停车清理，严禁用手去拉铁屑和拿刚加工完的工件。

（5）车床打磨或抛光工件时，应将刀架退到安全位置，扎紧袖口，均匀用力，注意不要让衣服或胳膊碰到卡盘或工件。操作时不准使用无柄锉刀，注意锉刀操作规范。

（6）机床运转时，严禁隔着工作件传送物件，不许脚踩光丝杆、床面或靠在机床上。

（7）在切削中不得将手伸到工作物和刀具接触处，更不得用棉纱擦拭工件和工具。

（8）装换刀具、工件、卡具，测量和变速时，需机床停稳后方可进行。

2．钻床安全操作规程

（1）钻孔时，应用专用工具夹紧，不得手扶工件钻孔。

（2）装卸工件，掉换钻头、钻卡及倒车和变速时，都应在停车后进行。

（3）根据工件材料性质和相关工艺要求，在设备性能规定范围内，选择合理的转速及进刀量。

3．制作点心安全操作规程

（1）使用和面机时，禁止运转时将手伸进机器内，必须等机器停止运行，才能取拿面团。

（2）使用烘烤设备制作点心，避免高温烫伤，掌握烘烤箱的操作规程，不要用手直接接触高温食品和机器高温部分。

（3）烹饪食物时要学会控制水温、火候，防止烧伤、烫伤，实习操作场地应备有消防器材，并学会使用。

5.2.3　遵纪守法　秉公廉洁

中职院校实习生要严格遵守岗位技术标准和工艺规范，争当安全生产的合格员工；要自觉遵守职业规章和劳动纪律，成为受企业欢迎的优秀员工；要坚持遵纪守法、诚信廉洁，成为企业推崇的标兵员工。

在校外生产单位实习时，要遵守岗位实习安全规定的要求，自觉参加单位组织的学习和活动，要经常与班主任或其他教师联系，报告实习学习、生活等情况。同学之间也要保持沟通，互相团结、帮助。遵守实习单位的劳动纪律，做到不迟到、早退，离开单位外出时履行手续，节假日回家时要告知单位部门领导及班主任，不得以任何理由而擅自离开实习单位。遇到难以处理的事情，要与班主任或实习巡回检查的教师联系。安全第一，预防为主。安全必须时刻牢记在心中！

案例警报

【案例1】顾客的奖券你别爱

某购物中心顶岗实习生小娟在购物中心举办的单张发票满300元送60元奖券的活动中，把多个顾客单张发票超过300元而低于600元的部分累计起来，从而多领奖券并占为己有。小娟的行为严重违反单位纪律，损害了单位利益，被单位退回学校。

你还知道哪些类似的错误呢？

【案例2】向"钱"看？向前看！

某大型商城名表柜台的实习生小强刚实习时工作积极性比较高。一段时间后看到师傅们的薪水高出自己十来倍心理很不平衡，就挖空心思"找钱"。他利用工作之便，谎称帮家人买名表，从厂家购得低价名表一块。随后，小强以9.5折的价格销售给顾客（不开发票），从中赚取差价。事发后，小强被退回学校，受到处分。

职校生要树立正确的价值观，不能被金钱蒙蔽双眼！

【案例3】监守自盗

2006年3月16日—4月14日，河北省邯郸市农业银行金库原工作人员任某、马某多次盗取金库现金人民币近5100万元，其中用于购买彩票4535余万元。案发后侦查机关追缴赃款523.8652万元及捷达轿车和本田轿车各一辆。其余赃款8万余元均被两人挥霍一空。

庭上，任某仍表现出对彩票的深度痴迷，多次告诉法官，自己此前买彩票屡买屡中，中奖率非常高，但是自己没有太多的本钱，所以每次中奖都赚得不多。于是，动了拿金库钱去赌一把的歪念头。

任晓峰在忏悔书中说："我忠诚地告诫那些正在以身试法的人不要有侥幸心理，只有用自己勤劳的双手去创造财富才是无上光荣的。希望大家一定要学法、知法、守法，记住我的教训，一定要珍惜这美好的时光，多为国家做一些有益的事。"在忏悔书中，他还表达了对妻子和儿女的深深愧疚。

动起歪念头，就可能走上邪路。君子爱财，应取之有道。

安全警示

遵纪守法，严于律己。对于商贸服务专业的员工来说，在实际工作中，"英雄和罪犯往往只有一步之遥"。

2007年6月7日，南京出租车司机安师傅在车上拾得一个普通绿色塑料袋，内有3万元现金、600万元本票（即由银行签发的无条件支付确定金额给收款人或者持票人的票据）、2张转账支票、5张存折、2张银行卡和公章等物品。次日凌晨2点多，安师傅不顾辛劳，急失主之所急，连夜将失物交到派出所。安师傅操着一口地道的南京话说："不是自己的，用着也烫手！"拾金不昧的好的哥，面对千万元巨款不动心。

"拾到物品，归还还是不归还"，对于普通市民来说是社会公德问题，但对于出租汽车司机、营业员来说首先是职业道德问题，其次是法律问题。任晓峰和安师傅面对金钱表现出两种不同的态度和行为，也带来了两种截然不同的结果。职业院校的学生要树立正确的人生观、价值观和权利观，自觉抵制权利至上、金钱至上、享受至上的错误人生价值观。

危机预防

遵纪守法、秉公廉洁既是法律规范的要求，又是职业道德规范的要求。守法首先要学法、知法；其次要通过树立牢固的法纪观念，自觉把自己的活动制约在法纪许可的范围内，对自己负责、对家庭负责、对企业负责；还要以高尚的情操、正直的品质全心全意为人民服务，自觉抵制诱惑。

危机应对

遵纪守法、秉公廉洁的关键是严格自律。不利用工作之便占单位的小便宜，包括不拿单位的一张纸、一支笔；不私自截留顾客的兑奖券、抵用券；不私自扣留奖品、赠品；不接受供货商的馈赠；拾物要交还等。

法规链接

拾物不还应受罚

"拾金不昧"是中华民族的传统美德，但是"拾物不还不违法"却是传统陋习，我国的法律对此予以明令禁止。

对于拾物不还，法律规定了严格的法律责任。《中华人民共和国民法通则》第九十二条规定："没有合法依据，取得不当利益，造成他人损失的，应当将取得的不当利益返还给受损失的人。"此外，《中华人民共和国刑法》第二百七十条第二款也规定："将他人的遗忘物或者埋藏物非法占为己有，数额较大，拒不交出的，处二年以下有期徒刑、拘役或者罚款；数额巨大或者有其他严重情节的，处二年以上五年以下有期徒刑，并处罚金。"违反该条款，构成侵占罪。"侵占罪"就是将他人遗忘物非法占为己有，数额较大，拒不交出的行为。这种行为根据刑法规定是要承担刑事责任的。

安全·小贴士

需要特别安全警示的 20 种人

初来乍到的新工人，好奇爱动的青年人，
变换工种的改行人，力不从心的老工人，
急于求成的糊涂人，习惯违章的固执人，
手忙脚乱的急性人，心存侥幸的麻痹人，
凑凑合合的懒惰人，不懂规程的"聪明人"
冒冒失失的莽撞人，遇到难事的忧愁人，
吊儿郎当的马虎人，受了委屈的气愤人，
冒险蛮干的危险人，情绪波动的心烦人，
满不在乎的粗心人，投机省事的"大能人"，
大喜大悲的异常人，不求上进的"抛锚人"。

自我检测

1. 在自己所学专业中选择一个岗位，尝试总结该岗位的安全操作规程。再通过相关资料的搜索，查找该岗位安全操作规程的具体内容。然后比较一下，找出自己疏漏的内容及

原因。

2．你能说出所学专业在实际操作中的安全注意事项吗？写下来，看看是否全面。

应急模拟

1．假设在工作中，你的同事摔倒后昏迷，原因不明。你会如何应急处理？再和同学们讨论，看看如何急救更科学。

2．假设你是一名商场营业员，看见小偷正在偷顾客的钱包，你会如何巧妙地处理呢？

→ 5.3　求职择业　依法签约

就业是民生之本，是劳动者获得收入、提高生活水平的基本途径。由于我国是发展中国家，人口多、底子薄、生产力水平较低，就业难将是一个长期存在的复杂问题。中等职业学校的学生要想在激烈的竞争中找到适合自己生存和发展的空间，必须正确认识我国当前和今后的就业形势，了解国家的就业政策和相关法律法规。在顺利求职、择业、就业、努力创业、成就事业的过程中，丰富人生阅历，实现人生价值，升华人生意义。

5.3.1　学习《中华人民共和国劳动合同法》　就业求职有保障

2007年6月29日，第十届全国人民代表大会常务委员会第二十八次会议表决通过《中华人民共和国劳动合同法》，并自2008年1月1日起施行。这部法律的出台将对劳动者、用人单位、工会以及劳动行政部门产生重大的影响，是与老百姓权益密切相关的又一部法律。

案例警报

【案例1】工作难找，合同侵权，你怎么办？

职校生小张毕业后很快落实了一家单位，专业很对口，待遇也不错。但小张的心酸却不被人知晓。小张原来与单位签订的合同上，白纸黑字地写明了周六不能休息，在完成工作的情况下，每周只能周日休息一天。由于工作量大，小张现在常常连周日也无法休息，加班也没有加班费。就业竞争激烈，一份工作难求，小张不得不忍气吞声。

这样的合同会有效吗？假使你遇到类似情况，你会签订这样的合同吗？

【案例2】应该何时订立劳动合同？

毕业生晶晶最近遇到了麻烦。试用期6个月都结束了，可单位还一直没跟她签订劳动合同。每次晶晶想开口问时，老板好像看透她的心思一般，总是说："晶晶，你的能力我们都能看见，放心，不会亏待你的！"晶晶每次都在老板的甜蜜"夸奖"中将话吞了回去。晶晶彷徨着，该走还是该留呢？走，前方路茫茫；留，何时能订合同呢？

你了解有关试用期的规定吗？单位应该何时与毕业生订立劳动合同呢？

安全警示

现代社会就业竞争异常激烈，用人单位少，待聘毕业生多，供需双方极不平衡。毕业生为了尽早地将自己"嫁"出去，往往会忍气吞声，接受用人单位不平等，甚至是侵权的要求。刚刚走出校门的职校毕业生往往疏于有关法规的学习，不敢于也不善于维护自己的合法权益，感觉"人为刀俎，我为鱼肉"，只能任其宰割。无奈的行为也纵容了个别不良企业的嚣张，可悲乎？可气乎？

危机预防

督促自己学习法律知识 运用法律维护自己权益

理智就业、成功就业，就一定要知法、懂法，敢于并善于运用法律维护自己求职择业的合法权益。

首先，在毕业前就要有意识地经常阅读《中华人民共和国劳动合同法》，参加有关讲座，对与将来求职就业相关的法律条文烂熟于心。千万不要认为《中华人民共和国劳动合同法》与自己无关。一旦遇到劳动纠纷，《中华人民共和国劳动合同法》就是自己与用人单位平等对话的有力武器。

其次，平时多看书报，有意识地积累有关求职就业成功或者失败的案例，学习其中的经验和教训。对所介绍的求职法则以及如何处理劳动纠纷的文章要及时剪贴下来。在将来自己遇到类似问题时，有据可查，有章可循。

另外，还要多向"过来人"打听他们的求职经历。"他山之石，可以攻玉。"别人用汗水甚至泪水换来的经验教训，对自己可能是一笔巨大的财富。

平时多留心、多积累、多尝试，可以让自己开阔视野，锻炼胆量，以便在毕业求职时与用人单位能够平等对话，积极维护自己的合法权益。

危机应对

订立合同有讲究

首先，要明确签订合同是一种法律行为，签订的合同具有法律效力。合同的订立是双方当面协商的结果，千万不能一签了事。事先要从多渠道了解单位的合法性和实力，根据劳动合同的相关条目，了解应聘岗位的所有相关情况。做到心中有数，知己知彼。

其次，一定要静下心来对合同内容字斟句酌，仔细反复阅读和推敲，看清楚合同中应该有的必要条款是否都写明了，合同中应该约定的相关利益内容是否都约定清楚了。如果合同中有不清楚的地方一定要及时地提出，不要觉得不好意思，或有所顾忌。你的沉稳会赢得领导的信任。

若对合同条款中的某些约定，自己没有把握的，要用心记住，暂时不要着急与单位签订合同，咨询专业人士后再决定。切不可盲目大意，草草签字，以致将来后悔。

另外，如果你判定合同中出现了不利条款，那么一定要及时向用人单位指出，并提出自己的意见，希望单位对不利条款内容进行修改。如果单位态度不积极或者搪塞推阻，那么更要慎重对待。

总之，签订合同时切记要平心静气，不要急，也不要害怕，慎重的态度会博得用人单位的尊重。

法规链接

《中华人民共和国劳动合同法》

第十条 建立劳动关系，应当订立书面劳动合同。已建立劳动关系，未同时订立书面劳动合同的，应当自用工之日起一个月内订立书面劳动合同。用人单位与劳动者在用工前订立劳动合同的，劳动关系自用工之日起建立。

第十九条　劳动合同期限三个月以上不满一年的，试用期不得超过一个月；劳动合同期限一年以上不满三年的，试用期不得超过二个月；三年以上固定期限和无固定期限的劳动合同，试用期不得超过六个月。同一用人单位与同一劳动者只能约定一次试用期。以完成一定工作任务为期限的劳动合同或者劳动合同期限不满三个月的，不得约定试用期。

第二十条　劳动者在试用期的工资不得低于本单位相同岗位最低档工资或者劳动合同约定工资的百分之八十，并不得低于用人单位所在地的最低工资标准。

第二十一条　在试用期中，除劳动者有本法第三十九条和第四十条第一项、第二项规定的情形外，用人单位不得解除劳动合同。用人单位在试用期解除劳动合同的，应当向劳动者说明理由。

第二十二条　用人单位为劳动者提供专项培训费用，对其进行专业技术培训的，可以与该劳动者订立协议，约定服务期。劳动者违反服务期约定的，应当按照约定向用人单位支付违约金。违约金的数额不得超过用人单位提供的培训费用。用人单位要求劳动者支付的违约金不得超过服务期尚未履行部分所应分摊的培训费用。用人单位与劳动者约定服务期的，不影响按照正常的工资调整机制提高劳动者在服务期期间的劳动报酬。

安全·小·贴士

谨防几种合同陷阱

陷阱一：口头合同。不签订书面正式文本，用人单位只与求职者进行口头约定。

陷阱二：格式合同。仿照劳动部门制定的合同文本，条款表述含糊，一旦发生劳务纠纷，用人方按照"合同"的漏洞为自己辩护。

陷阱三：生死合同。一些危险性行业的用人单位为逃避责任，常常要求应聘方接受劳动合同中的"生死协议"，即一旦发生意外事故，企业不承担任何责任。部分求职者违心地签了合同，结果发生意外时也许连讨说法的机会都没有。

陷阱四：霸王合同。霸王合同一般是以给劳动者或其亲友造成财产或人身损失相威胁，迫使对方签订的，受害对象一般为高科技人员。有的企业看中一名技术员后，便先与其亲友签劳动合同，给予高薪优待，再与其本人谈判，并威胁解雇其亲朋好友。

陷阱五："两张皮"合同。一些用人单位慑于有关部门的监督检查，往往与应聘者签订两份合同，一份合同用来应付劳动部门的检查，另一份合同才是双方真正履行的合同。

陷阱六：暗箱合同。义务繁多而权利少，合同中的权利和义务一边倒。

（资料来源：http://www.eol.cn/mou lue 4351/20060323/t20060323 86438.shtml）

5.3.2　多积累求职案例　从正规渠道走向社会

案例警报

【案例1】当心网络求职陷阱

职校毕业生小东，在某人才网上得知一家企业广告部正在招聘，曾经在报社实习的小东感觉自己很适合，就将自己的简历通过电子邮件发了过去。不几天，对方就回信说基本同意小东的应聘申请。又过了几天，小东又收到该企业的邮件，并被告知：按照招聘程序，他需要先期缴纳存档费、培训费、工装费等各项费用共计 200 元。为不失去这个不错的就业机会，心存犹豫的他最终还是将钱寄了出去。但从此以后，小东就再也无法与该公司取得联系了。

你了解当今网络求职的陷阱吗？尝试了解一下，有益无害。

【案例2】黑中介最会"拖"

毕业生小王正在为找工作烦恼时，看到一块职业中介的广告牌，刚瞟了几眼，一位妇女就凑上前来，问小王要不要找工作。小王正有此想法，于是跟她走进旁边的某"职介服务中心"。小王选择"文员"一职填好表，该中心一男子要她交 20 元"填表费"。小王没带零钱，就递给他一张 100 元钱，但他并未找零。接着他打了个电话，随即告诉小王工作已经搞定，是一家商贸公司，每天工作 8 小时，每周休息两天，不包括奖金每月工资 1200 元，还包吃住。这时，该男子要她再交 100 元介绍费。收钱后，他叫小王第二天去报到。第二天，小王到达这家商贸公司，"胡经理"又要她填表，并索要 20 元报名费。两天后，"胡经理"通知她应聘上了，要她到公司交体检费 300 元。此后，"胡经理"一直让小王在家等，工作迟迟没有下落。

安全警示

信息社会，毕业生获取求职信息的渠道也更多。网络、报纸、杂志上登载的求职信息每天都在不断地更新，似乎用人单位的需求每天都在增长，而我们也无法从网络或者报刊上很快地判断出信息的真假。很多骗子正是掌握了求职者急切的心理，利用网络或者报刊的不可知性大肆行骗。

危机预防

求职应聘走正道

首先，平时多看书报。报纸上经常会有关于求职就业的专版，会介绍一些求职就业时受骗的典型案例。多积累此类的案例，让自己了解骗子的行骗伎俩，可增强自己的判断力。

其次，到合法的求职部门登记就业信息，到合法求职部门推荐的招聘单位去应聘。即使去人才交流中心去应聘，也要防范不良中介机构混杂其中。

如果去应聘时，对方让你交报名费或介绍费，就要多留心，不要盲目登记交钱，以免上当。

另外，不要轻信路边的小广告。路边广告的招聘信息一般都写得含混不清，或者将报酬写得很高，或者将应聘要求写得很低，目的是用这些看上去很诱人的语言吸引求职者上门。这些路边广告上所写的单位多半不存在或者根本没有任何资质。

还要注意的是，不要随便把个人和家庭情况告诉陌生人，以免被骗。不要随便把学籍、档案材料及身份证件原件交给个人和应聘单位。

危机应对

积极求助　减少损失

如果自己无法判断求职信息的真伪，可以到工商管理部门去查询核实情况。对"单位"提出的见面要求，不要单独前往，要找人结伴而行。这样，既多一个人商量，在遇到问题时，也可以有人帮助你解决。

如果你已经不慎被非法的求职机构盯上，并且很难脱身，或者已经被其骗了不少钱，那么一定要及时地向工商管理、劳动保障、公安等相关部门汇报，以便相关部门及时采取措施，取缔这些非法的骗钱机构，将你所失去的钱财尽可能地追回。

法规链接

对单位招聘时收取费用的规定

《中华人民共和国劳动合同法》第九条　用人单位招用劳动者，不得扣押劳动者的居民身份证和其他证件，不得要求劳动者提供担保或者以其他名义向劳动者收取财物。

劳动部《关于贯彻执行〈中华人民共和国劳动法〉若干问题的意见》第二十四条　用人单位在与劳动者订立劳动合同时，不得以任何形式向劳动者收取定金、保证金（物）或抵押金（物）。

人事部《人才市场管理规定》第四章第二十七条　用人单位招聘人才，不得以任何名义向应聘者收取费用，不得有欺诈行为或采取其他方式谋取非法利益。

劳动和社会保障部《劳动力市场管理规定》第三章第十条　用人单位在招收人员时不得有向求职者收取费用的行为，否则，由劳动保障行政部门责令改正，并可处以1000元以下罚款，给当事人造成损害的，还应承担赔偿责任。

安全·小贴士

黑中介的几种骗术

（1）交完费用，岗位久等不到。
（2）先收押金，再谈工作。
（3）发布虚假广告，超范围经营。
（4）许以高额工资，职务子虚乌有。
（5）设立连环骗局。

自我检测

自己制作一本《求职就业手册》。方法：准备一本练习本或者用白纸装订成一本本子，并为其制作封面。《求职就业手册》分为4个部分。

第一部分：法律提醒。摘抄《中华人民共和国劳动合同法》的相关条款。

第二部分：就业渠道。将你所在城市的正规就业场所的名称、地址（网址、联系电话）等进行罗列。

第三部分：求职信息。可绘制下表并进行填写。

时间	求职信息来源	招聘单位	招聘岗位	单位地址电话	备注

每周规定自己从报刊、网站上摘抄与自己专业相关的求职信息。积累多了，对将来的求职就业会有帮助。

第四部分：典型案例。将从报刊上查找到的典型案例粘贴和积累下来。

应急模拟

1. 去找一份正规的员工录用合同范本，结合自己的实际情况，尝试着去填写一下。你有哪些收获？

2. 请教专业人士，应如何与单位订立合同，注意事项有哪些？

第 6 章

心 理 安 全

☞ 知识要点

1. 心理健康　适时调整
2. 情感挫折　理智对待
3. 家庭变故　沉着应对

→ 6.1　心理健康　适时调整

6.1.1　尝试调整心态　力求适应环境

也许读职校不是你的首选，也许你不喜欢所学的专业，也许你为自己读职校而产生强烈的自卑感和失落感……一般来说，你不能改变读职校的事实，不能改变社会的偏见，但你完全可以改变你自己，建立起足够的自信。

读职校，不管是学习方法还是学习模式，可能会和以前有些不一样，应该尝试调整自己的心态，尽快适应职校新环境。

案例警报

【案例1】我的前途在哪里？

阿祥是一名重点初中的男生，中考时发挥得不好，考分不高。在家人的建议下，他选择了职业学校。可是上学以后，他渐渐后悔了。他觉得职校的学习模式和普通高中有很大的差异，而且上大学的梦想离自己越来越遥远，自己再也没有机会踏入大学的校园了。他的情绪低落下来，他很想转到普通高中去。

阿祥能转到普通高中吗？考大学是唯一的出路吗？

【案例2】我应该选择职业学校吗？

丽丽是刚进入职校的一名女生，在初中时学习成绩很一般，所以中考时她选择了职业学校，所学的计算机专业也是家人根据现在的就业形势帮她选择的，丽丽入校时想只要自己努力学习，肯定成绩不会太差。可是，实际上她仅语文、数学学科还能跟上。而对那些自己从来没有接触过的专业课，由于课上老师讲的内容没怎么听懂，加上还要自己去上机练习，因此产生了畏难的情绪。看看周围的同学好像也不怎么吃力，她对自己能否适应职校学习产生了怀疑。

她该选择职业学校吗？她上普通高中就能适应吗？

【案例3】他该转学吗？

小勇是一名来自农村的新生，他第一次远离家乡和父母，住校生活让他很不适应。周围的同学和自己不是来自同一个地区的，他感觉自己说话别人也听不懂，说多了还会被别人笑话，他觉得很自卑。才几天，他就觉得生活单调、乏味、无聊。他特别怀念以前的生活，想念以前的同学，觉得自己与现在的环境格格不入，深感茫然而不知所措。

小勇萌发了转学的念头，他该怎么办？

安全警示

"适应"是我们进入任何新环境都需要迈出的第一步。世界卫生组织确定的健康标准中，不但包括身体健康、心理健康和道德健康，还包括社会适应良好，只有同时具备这4条，才能算得上是一个真正健康的人。进入新学校，最首要的是适应新的环境带来的新变化。如果不能及时调节心理、适应新环境，就会导致自己的情绪低落，对生活、学习没有兴趣，想回到以前的环境，那样就不易融入新集体中。

危机预防

熟悉环境　主动适应

1．熟悉环境　合理安排

熟悉环境。在入校前，可以和家人到学校去走走看看以求熟悉环境；可将入校后的生活设想得仔细一些，以便对周围的环境尽快地熟悉起来。

熟悉身边的人。和周围的同学、教师尽快熟悉起来，尤其是与自己的同龄朋友、同宿舍的室友。毕竟要相处好几年，而且各自都有离家的感受，相互间有很多话题可以相互交流，彼此也容易沟通，这样就不容易有孤独和寂寞感了。

合理安排生活。根据学校具体的作息时间，安排好自己的生活，让自己的生物钟及生活习惯和学校的规定合拍。

2．主动适应　勇敢尝试

主动告知。如果在新的学校中出现了对环境的不适应，应尽快告诉家人或教师，以获得外来帮助。切不可自己憋闷在心中，否则容易引发心理问题。要尽量以积极、乐观的情绪来对待周围的一切。要知道，如果你不能改变周围的环境，就只有通过改变自己来适应环境。

主动出击。学会主动与他人交往（见图6-1），不要被动等待别人来接受你，应主动去了解别人和周围的环境，并接受、适应别人与环境。如果总是躲在个人的小空间里不与人接触，就很难融进周围的圈子。在这个年龄，朋友是非常重要的，培养与人交往的能力也是很重要的。大胆地尝试，勇敢地与人交往，会得到很多的收获。告诉你一个小诀窍：主动记住别人的名字，你会发现你的朋友比别人多。

图6-1　主动交往

危机应对

认识自我　调适自我

1．转变角色

在进入学校以前有几个方面是需要转变的。首先是角色的变化，职业学校的学生进入非义务教育阶段，在学习方面更强调自愿、自觉、自主性。其次要重新定位自己的目标。选择职业学校，也意味着你选择以技能服务为主的行业，因此，心中的目标定位不能太高。对于心中原有的一些想法，也要随着选择职业学校而进行调整。

2．调整好心态

中国有句古话："既来之，则安之。"既然已经选择了，就应该将心安定下来。外在因素的影响只是自己事业能否成功的外因，重要的是发挥自己的主观能动性。要善于利用现有的学习条件和环境，培养能力、训练技能，就可以像许多从职业学校走出的成功人士一样，在今后的人生中取得辉煌的成就。现在既然已经选择了，就要学会踏踏实实地走下去。

3．把握学习技巧　学会有效学习

职业学校的学习不同于普通中学的学习，学习过程中要面对很多技能方面的练习，在心理上要尽快调节好，不要满足于学习一点理论上的知识，而是应该学会将理论与实践结合起来。

法规链接

教育部《中等职业学校学生心理健康教育指导纲要》

心理健康教育的目标是提高全体学生的心理素质，帮助学生树立心理健康意识，培养学生乐观向上的心理品质，增强心理调适能力，促进学生人格的健全发展；帮助学生正确认识自我，增强自信心，学会合作与竞争，培养学生的职业兴趣和敬业乐群的心理品质，提高应对挫折、匹配职业、适应社会的能力；帮助学生解决在成长、学习和生活中遇到的心理困惑和心理行为问题，并给予科学有效的心理辅导与咨询，提供必要的援助，提高学生的心理健康水平。

心理健康教育的主要内容包括：普及心理健康基本知识，树立心理健康意识，了解简单的心理调适方法，认识心理异常现象，正确认识和把握自我，以及掌握一定的心理保健常识。其重点是根据学生特点和他们在成长、学习、生活和求职就业等方面的实际需要进行教学、咨询、辅导和援助。

安全·小·贴士

心理健康10条标准（马斯洛、米特尔曼）

（1）有充分的自我安全感。
（2）能充分了解自己，并能恰当估价自己的能力。
（3）生活理想切合实际。
（4）不脱离周围的现实环境。
（5）能保持人格的完整与和谐。
（6）善于从经验中学习。
（7）能保持良好的人际关系。
（8）能适度地宣泄情绪和控制情绪。
（9）在符合团体要求的前提下，能有限度地发挥个性。
（10）在不违背社会规范的前提下，能适当地满足个人的基本需求。

6.1.2　做好人际交往　保持和谐融洽

人际交往是人的基本需要，也是促进人们心理健康的重要手段。在生活、学习中我们要和周围的同学、教师、家人等打交道。树立正确的人际交往观念，处理好人际关系，能让我们安心地学习。而且能在失意、困惑的时候得到有力的帮助，给自己以力量。那怎样才能较好地与周围的人交往呢？

案例警报

【案例1】为什么没人喜欢我？

小蕾是中职二年级的学生，她到心理咨询室去向教师诉说自己的苦闷："我又没有朋友了!"小蕾因为同伴交往的问题,以前也向心理教师咨询过:为什么自己每交一个朋友都会很快与他们失去友谊呢?小蕾其实是一个好女孩,她总是为了取悦别人而说一些违心的话。时间久了,别人就觉得她没有主见,人云亦云,像根墙头草。她觉得自己没有错啊,不说好听的话,别人不就更不喜欢自己了吗?

请你帮助小蕾分析一下,她与同学友谊很短暂的原因是什么?

【案例2】能争辩出谁对谁错吗?

小玲和小倩是好朋友,同住一个宿舍。有一天,小玲在宿舍中打扫卫生,不小心将小倩的MP3碰到地上摔碎了。小倩不太高兴就说了小玲两句。小玲也很不高兴,因为自己也不是故意的。两人就在你一言我一句中吵了起来。"战争"在争吵中开始升级:两人将平时的不满一一发泄,甚至演变成人身攻击。同学们好不容易将两人劝开,两人心中都很不痛快,都觉得自己受了委屈。

她俩应该怎样做才能心平气和地化解矛盾?

【案例3】如何与班主任相处?

新生小勇不喜欢自己的班主任。因为有一次小勇刚和一个到学校来找他的女性朋友聊了几句,被班主任撞见后硬说他早恋,还批评了他一通,小勇当即就和班主任吵了起来。从此,小勇就感觉班主任总针对他,什么事都挑毛病,师生间的关系越来越僵。班主任上数学课时,小勇就用书把脸一挡睡大觉,因此成绩也越来越差。其实,小勇内心挺矛盾的,他不想和班主任作对,他也认为班主任其实是心地善良的。

面对僵局,小勇该怎么办呢?

安全警示

同学之间相互交往是非常必要的,不能因为同学间会发生矛盾、冲突就不交往,把自己封闭起来。但是在交往中有一些问题值得我们注意,那就是与人交往的基本品质:真诚、宽容、不失自我。

师生交往过程中会产生各种各样的问题。也许你不喜欢他,也许你觉得他特别针对你,也许你还有一点瞧不上他。那么该如何处理师生关系呢?尊重、理解是处理师生关系的基础(图6-2)。

图6-2 师生交心 拉近距离

危机预防

学会真诚宽容 有效沟通

1. 与人交往 真诚相待

什么是朋友?说到朋友我们就会有这样的感觉:温暖的、可信赖的、能讲知心话的、有共同观念的人。而其中最重要的就是能彼此信任。

2. 降低标准 友善相处

对于同学和自己不一样的地方,不管是人生观念方面,还是生活习惯方面都要学会接受。要尊重别人的兴趣爱好,承认同学和自己的差异,不要轻易贬低别人。在与人交往中,把标准放低,不要总是看不起别人,要用积极的眼光来看待同学;要承认同学之间的差异、宽容同学的过失与错误，这样才能愉快相处。

3．尊重别人　学会宽容

发生矛盾往往总是因为一些小事情。俗话说："退一步海阔天空，忍一时风平浪静。"这在发生矛盾当时要做到可能很难，可是如果你做到了，你就会显得比别人更大度，在为人处世的能力上你就又前进了一大步，这种成长对于你来说是非常有益的。

4．大胆交往　不失自我

人要认识和了解自己。因为认识和了解自己的人，才能清楚什么对自己有益，并且能分辨什么是自己所能做到的和什么是自己不能做到的，这样的人往往在人生旅途中事半功倍。与人交往既不能高高在上，也不能人云亦云，总觉得自己低人一等。在与他人交往时，还要积极主动，不要总是消极被动地等待，要学会大胆与人交往。如果你是胆小的人，应该抓住机会锻炼自己的胆量，培养自己的自信心。迈出交往的第一步，以后的交往就不会那么困难了。

5．矛盾冲突　冷静对待

同学之间发生冲突，常见的是大家各持己见的争吵。在争吵的过程中，会讲一些过激的话，有些同学还可能会因争吵激烈而大打出手。其实，不管争吵打斗中谁赢了，最后都是输家。最后的结果你愉快吗？又多了一个仇人少了一个朋友，你愿意吗？所以，争吵的结果是双方都受到了伤害，都充满了负面的情绪。如果你处在争吵中，请你让自己冷静下来，找个空旷的地方去喊、去跳、去指责。面对一个假想的对象，发泄完自己的负面情绪，再冷静下来去面对这件事，这样的效果比争吵打斗要好。

6．有效沟通　学会交流

和同学发生了矛盾，需要去面对，两个发生矛盾的人不说话是很难受的。那怎样交流才有效呢？首先要学会先开口，先说话的人是拥有主动权的，而且给别人的感觉也很大度。交流的时候要学会换位思考，要让交流有效果。不想变成再一次的争辩是非，就要有效沟通，要让别人认可你的想法，多站在别人的立场上去想事情，沟通就可能有效。

危机应对

正确对待教师的批评

1．尊重教师

人与人之间的心理关系，往往有一种"双向感应"，师生关系也是如此。在与教师交往的过程中要给予教师应有的尊重。尊师是与教师建立良好关系的基本前提：见到教师主动打招呼，与教师说话要有礼貌，正确对待教师的批评，正确对待教师的缺点和不足。当一位教师因学生成绩不佳、有毛病而看他"不顺眼"时，学生和教师的心理距离也会疏远。如果不希望教师戴着有色眼镜看你，那自己首先也不能戴着"有色眼镜"看教师，对教师产生偏见，更不能对教师的批评盲目抵触，要用行动来证明你自己。

2．要把教师当朋友

教师其实就是一个非常普通的人，他们也有自己的喜怒哀乐，也需要有人来理解。所以，把教师当朋友，像关心朋友那样去关心教师。例如，一个善意的玩笑、一个亲切的问候、一次贴心的交谈，都会让教师感受到暖意浓浓。把教师当朋友，你和教师的关系就会

图6-3 师生和谐相处

像朋友一样融洽，如图 6-3 所示。

3. 避免冲突

教师总是从良好的愿望出发对学生提出种种要求，对学生出现的问题和错误提出批评。一般来说，教师是没有恶意的。当听到教师的批评时，要客观冷静地去分析。如果你觉得批评不合适，请你尊重教师，最起码不应该在公众场合和教师发生冲突。如果你觉得非要在当时表达自己的意见，请注意和教师对话的技巧：不要在教师生气时提出要求且尽量用商量的语气。

4. 面对批评　正确对待

教师不是圣人，也会有不恰当的批评，而且有时会让人感到委屈，但用言语、行动抵抗，不仅不能改善师生关系，还会影响自己的心情。因此，当你受到不公正批评时，你应该把所有的委屈与怨恨都变成推动自己前进的力量。采取一些过激的做法，会使自己和别人都受到伤害。在感觉受到不公正的待遇时，请多和教师交流自己的想法。

安全小贴士

油灯精神

韩愈早就说过："闻道有先后，术业有专攻，如是而已。"可传统的教师观认为，教师是蜡烛，燃烧自己，照亮了别人；教师如春蚕，到死丝方尽。这种教师观显得太悲壮：把教师神圣化，而把学生放在被动的位置。其实，在倡导素质教育的今天，我们应该形成新的师生关系，互尊互爱，教学相长。油灯精神值得我们借鉴：学生是灯油，教师是灯芯，学生为教师提供知识动力，教师以智慧照亮学生。这种照亮的过程，绝不是以牺牲教师为代价的，而是师生相互促进、互通有无。这种油灯精神能不断提高教学质量，促进师生交流、融合。

（资料来源：《教育信息报》2003 年第 6 期）

6.1.3　面对就业压力　寻求心理平衡

中职生在第三学年就要走上实习岗位。初次踏入社会，不少学生遇到了各种各样的挫折。有的学生能坦然面对、逐步适应，而有的学生却为之而烦恼、困惑，甚至对自己的能力产生了怀疑、对社会产生了怀疑。

案例警报

【案例1】凭什么这样对我？

小明是一名市场营销专业的学生，他被学校安排在一家面包公司实习。因为初来乍到，师傅安排他打杂，让他熟悉环境。过了十多天，又来了一名实习生，师傅却直接安排这名实习生学习和面、做面包。小明心中很是郁闷，同样是实习生，自己比他来得早，打杂的态度也很好，可师傅为什么如此偏心呢？小明想不通，跟班主任老师说自己不干了。

你能理解小明心中为什么郁闷吗？不干是解决问题的最好方法吗？若不是，他又该怎么办呢？

【案例2】挑剔实习单位

小艳是一名会计专业的实习生，学习成绩在班级中名列前茅。但在实习中，她却一直找不到单位。原来学校推荐了好多岗位，她都不如意。不是嫌工作单位离家远，就是嫌专业不对口，或称工作不适合自己。别人一个学期的实习都快结束了，可她还一直闲在家中。

像小艳这样挑剔实习单位，对她以后的工作发展会有什么影响呢？

安全警示

选择理想的实习、就业单位不容易，面对困难要正确对待。职校生一定不能眼高手低，怕苦怕累，对自己要正确认识、合理定位。走上社会，首先要适应社会，可以先实习后工作、先工作后就业，理性对待实习与就业。

危机预防

珍惜机会　摆正位置

1. 认清形势　珍惜机会

我国经济建设发展速度很快，虽然就业岗位逐步增多，但由于就业人数的增多，会出现一个好的岗位很多人来竞争的情况。在我国就业形势很严峻的情况下，学校为学生实习就业做了大量的工作，每个实习岗位都来之不易。学生对每个实习的机会都应该珍惜，不要挑三拣四。

2. 从小事做起　用心学习

每个走上实习岗位的学生，都要从小事做起。不管你原来的成绩多好，技能多强，都要把实习当作新的学习与竞争的开始。不要过高估计自己，动辄对单位不满意、对公司不称心，更不能对单位的福利待遇说三道四、对单位规章制度指手画脚。要摆正自己的位置，从小事做起，从最底层干起。走上社会的每一步都是在学习。

危机应对

1. 学会吃亏

吃亏是福，如果你认为自己吃亏了，就要学会自我调适心理：告诉自己，你又学会了一些东西。把新人吃亏看成一种经验的增长、工作的历练，因为你在吃亏中得到了同事的认可，你在吃亏中赢得了宝贵的经验。

2. 做好职业规划

在走上工作岗位后，要努力学习，发现自己的专长，在找到适合自己发展的道路后，及时做好自己的职业生涯规划。有了职业生涯规划，前进就会有目标，努力就会有方向。如果一味地等待，只会失去很多机会。

安全·小·贴士

职业生涯规划设计的简单步骤

面试时主考官常常会问这样一个问题：如果获得这个职位，你将如何开展工作？这就是必须回答的一个简单的职业生涯规划内容。面对竞争日益激烈的职场，每个人都不得不面对这样的问题：我未来的路在哪？如何找到我满意的工作？其实每个人都在心里想过自己的职业规划。也许这只是一个很模糊的意识，但只要通过问自己以下几个问题，职业生涯规划过程就明确了。

（1）首先问自己，你是什么样的人？这是自我分析过程。分析的内容包括个人的兴趣爱好、性格倾向、身体状况、教育背景、专长、过往经历和思维能力，从而对自己有一个全面的了解。

（2）你想要什么？这是目标展望过程。包括职业目标、收入目标、学习目标、名望期望和成就感。特别要注意的是学习目标，只有不断确立学习目标，才能不被激烈的竞争淘汰，才能不断超越自我，登上更高的职业高峰。

（3）你能做什么？自己的专业技能何在？最好能学以致用，发挥自己的专长，在学习过程中积累自己的专业相关知识技能。同时个人工作经历也是一个重要的经验积累。判断你能够做什么。

（4）什么是你的职业支撑点？你已具有哪些职业竞争能力以及各种资源和社会关系？个人、家庭、学校、社会的种种关系，也许都能够影响你的职业选择。

（5）什么是最适合你的？行业和职位众多，哪个才是适合你的呢？待遇、名望、成就感和工作压力及劳累程度都不一样，这要看个人的选择了。选择合适的才是最好的。要根据前 4 个问题回答这个问题。

（6）最后你能够选择什么？通过前面的过程，你就能够做出一个简单的职业生涯规划了。机会偏爱有准备的人，做好了你的职业生涯规划，为未来的职业做出了准备，当然比没有做准备的人机会更多。

（资料来源：http://blog.chinahv.com）

自我检测

1．如果你现在被学校安排在一个单位实习，可单位并不太需要专业人员。单位安排你负责打扫卫生，中午的员工餐也将由你负责发放，你接受吗？你会怎么去做？

2．有个同宿舍的同学经常向你借些小钱，你特别反感他。若拒绝，又担心伤害同学感情。今天他又要向你借钱吃饭，你怎么办？

3．班级中某同学和班主任的关系不太好，主要是因为两人的脾气都不好。有一天，为了一件小事，这位同学在课堂上很冲动并与班主任顶撞起来，面对这个场面你应该怎么办？

应急模拟

1．有一位同学很不适应职业学校的学习。虽然选择了汽修专业，但他对汽车一无所知，因此很烦恼，觉得自己的选择是错误的。作为同学你会给他一些什么样的建议？

2．你和某同学在一个单位实习。他人品不错，对人也很热情，但做事比较随意，在实习单位被领导批评过两次，他很气馁，不想干了。作为他的同学和朋友，你会怎么办？

➡ 6.2 情感挫折 理智对待

6.2.1 理性看待青春期的情感

青春期的情感萌动是青少年身心发展过程中出现的一种正常现象。这既有生理方面的原因，也有心理方面的因素。青春期的情感萌动是成长发育与环境因素共同作用的结果。但是，同学们对什么是早恋并没有清醒的认识，常把男女同学之间的正常往来及心里对异性的爱慕之情看成爱情，而且对于这种情感产生的挫折也不会正确处理。

案例警报

【案例1】恋爱吃醋寻短见

某职业学校的两名男女生经常在一起，两人觉得自己就是一种恋爱的关系，就像成人那样谈起了恋爱。有一天这名女生看见男朋友有其他女生的照片，就觉得不可原谅。为此两人吵起架来，甚至大打出手。女同学一时想不开，要想跳楼寻死，而男同学却认为我又没娶你，我为什么不能和其他女生交往？

他们分别有哪些认识上的过错呢？

【案例2】求爱不成动杀机

现年16岁的小鸣是某职校的一年级学生。他非常喜欢同班的女生小丽，但小丽对他很冷淡。后来，小鸣听说小丽和同年级的另一个男生恋爱了，心里很不舒服。在学校处处针对该男生，经常发生一些小的冲突。有一天，小鸣约小丽和她的朋友出来玩。小丽也约了该男生，没事先通知小鸣。小鸣看见这个男生，便气不打一处来，他让小丽回避一下，他要和这个男生谈谈，小丽不愿意。三人争吵起来。小鸣一气之下掏出随身携带的水果刀，对着这位男生的身上连刺两刀。结果小鸣被检察院提起公诉。

同学之间应该有同学感情，不能成为仇人，更不能沦落成罪人！

安全警示

职校男女生之间的交往是正常的，但青春期的学生常常错把好感当成爱情。即使有爱的情愫，作为一种美好的情感憧憬，我们也要珍藏在心中，学会等待。因为由于年龄、阅历等的制约，一些学生并不会很好地处理自己的情感以及由情感带来的一些问题。

危机预防

1．分清好感和爱情

男女同学在一起，可分为以下几种：自然型、逆反型、出于满足虚荣心的从众恋爱型、寄托型、浪漫模仿型、开玩笑促成型等。不管是什么类型，在以上心理促使下，你"恋爱"了，但这不是爱情。

2．及时"冷冻"　等待成熟

我们提倡男女生正常交往。若男女生之间一旦产生了那种朦胧之情，要能够及时"冷冻"，认识到自己还不具备处理恋爱、婚姻等问题的条件，可以保持这种朦胧和纯洁，保持这份浪漫之心，让它成为美好的回忆。千万不要轻易捅破那层薄薄的纸，向对方倾诉自己的相思之苦。假如你觉得那是一份真爱，那么需要等待自己的成熟，等待时间的考验。

危机应对

1．学会"跳"出来

首先转移视线，可以参加各种有意义的活动和比赛，分散自己的感情精力，让自己的职校生活更加多姿多彩，使自己的人生价值体现得更加充实和丰满。不断地增强理智感，从感情的迷宫中"跳"出来，就会早日走出早恋的误区。

2. 学会"搁"起来

正确对待"失恋"，如果你真的觉得你失恋了，就把它搁置在一边，再把眼光放宽、放远一点，你会发现，每个有个性、有优点的人都有让人喜欢的地方。不要把自己的喜欢限制在一个狭隘的定义里。从自己的小圈子里走出来，你会发现，喜欢的范围其实很广。

3. 学会"走"出来

告诉自己，恋爱不是生活的全部，除了异性的爱，世界上还有很多人和爱也是值得你去拥有和珍惜的，喜欢并不一定要以恋爱的方式表达。社交圈子扩大，你的社会支撑体系也就扩大，会有很多人值得去喜欢的，不要局限在自己的小圈子中不能自拔。除了感情问题外，还得面对学习、就业。美好的世界，美好的生活，还有很多东西等待我们去尝试、去享受。

安全·小·贴士

爱是需要准备的

准备一：相对稳定的人格。真正的爱包括正视两个人不同的性格，彼此不同的需求、价值观、生活方式和利益。

准备二：心理上的独立性。健康的爱情关系中，不是一方在心理上依赖另一方，而是双方有能力去栽培自己和对方。

准备三：体察他人的感受。具有对他人的敏感性，知晓别人的需求、利益、观点和风格，从而尊重他人，做到体谅和谦让他人。

准备四：关怀、尊重、宽容他人的能力。爱情是人世间最美好的感情，每个人都有爱和被爱的权利。只是在你还不成熟时，爱情会因为你的盲目和鲁莽而受到伤害。所以并非你不能去爱，而是爱实在珍贵，请不要轻易伤害它。

（资料来源：http://www.docin.com/p-1128257305.html）

6.2.2 树立正确的道德观

青少年从性成熟到以合法的婚姻形式开始正常的性生活，一般要 10 年以上，这一时期被心理学家称为"性待业期"。总的来说，处于这一阶段的青年性心理发展是正常的、健康的，但由于青年性生理成熟提前与性心理成熟滞后之间的矛盾冲突，一些青年朋友在性心理发展过程中出现较多的心理问题，产生很多困惑和烦恼。

案例警报

【案例 1】你做好负责的准备了吗？

某职校的一名在校女生被发现死在一间出租屋内，身边还有一个刚出生的婴儿。经法医鉴定，她死于产后大出血，婴儿生下来因无人照顾也已死亡。这幕惨剧的背后更令人震惊。她的男友知道她怀孕的事情但始终不敢面对，他曾经带她去过一个黑乎乎的小诊所，但听到诊所里的人的惨叫声，女孩害怕了。但他们都没有告诉家人和老师的勇气。日子一天天过去，最后，女孩临产了。但男孩非常害怕，他没有施救，甚至连一个急救的 120 电话都没有拨打，恐惧彷徨之余，他选择了逃离。于是，悲剧就这样发生了。

假如你的同学未婚先孕，请你陪同去做人流手术，你会怎么办？

【案例2】少女的裙带，男孩你别拆

有一家晚报登载了一则题为《少女的裙带，男孩你别拆》的新闻：本周以来，援助中心的郑医生在总结了热线电话的内容后发现，在这些意外怀孕的未成年少女中，缺乏基本避孕知识的现状依然没有大的改变。最令人担忧的是，虽然她们都知道打胎很痛苦，可是在她们看来，这似乎是一种幸福的痛苦。"我为他怀过孩子、打过胎，今后我就是他的女人了。以后，他一定会对我好的。"已经怀孕两个多月的小静来到援助中心后，一脸幸福地跟郑医生说道。看着今年才15岁稚气未脱的小静，郑医生一时无语。

小静的想法你赞同吗？为什么？

安全警示

恋爱中的双方很容易有冲动的行为，但两性的关系是要讲求性道德的。恋爱、婚姻与性行为应该统一，双方必须对性行为的社会后果承担法律义务和道德责任。

危机预防

1．正确认识爱和性的关系

爱很神圣，请用一种虔诚的态度来保持爱的纯洁。不要过早地吃了禁果，使爱变得随意而轻率。爱是要付出责任的，爱一个人，要学会尊重和保护对方。

2．保持好交往的距离

人格的独立也是一种自我的保护。对任何朋友和熟人都应保持适当的距离。不主动靠近、接触异性的身体，与异性谈话时的口气、方式、称呼要有分寸，不开出格的玩笑，不讨论性问题。

危机应对

1．果断说"不"　学会拒绝

无论你有多喜欢他（她），都要尽量避免与之独处；不开过分的玩笑，不接受过分的举动。对于异性的过分要求拒绝一定要果断，否则，后悔终身。

2．偷尝禁果　学会处理

一旦和异性有了性关系，要懂得采取正确的安全避孕措施，发生了意外妊娠，也要学会科学处理和学会求助。尤其是女生，要有最起码的自我保护意识。发现自己的身体有异常情况，应告知家人或自己最信赖的人，请他们给你建议或处理方法。不要慌张，也不要害怕。做人流等手术一定要到正规的医院，千万不能到"黑诊所"或私下处理，以免发生意外。问题来了总是要解决和处理的，只是自己要从中吸取教训。

安全·小·贴士

性梦

性梦是指人在睡眠状态中所做的一切以性内容为主的或与性活动有关的梦。这是青春期正常的事，但因为涉及他人、道德，一般人难以启齿。你完全没有必要觉得自己"下流无耻"而自寻烦恼。性梦是在潜意识中被压抑的性欲望、性冲动的自发暴露，是机体调整过于紧张的性张力的安全阀。

（资料来源：http:www.doc88.com/p-803283012758.html）

自我检测

1. 如果你发现你喜欢上了班级的某位同学，你会怎么办？
2. 如果你的女朋友意外怀孕了，你会怎么办？

应急模拟

1. 你班级中有位同学，他告诉你他特别喜欢班级的某位女生，并请你帮他约会她，你会怎么办？
2. 有位同学和自己的女朋友吵架了，他在班上拿东西砸自己，以此宣泄。你会怎么劝他？

➡ 6.3 家庭变故 沉着应对

家庭是我们幸福成长的摇篮。可并不是每个学生都能一直幸运地享受父母的呵护、家庭的温暖。当一些学生遭遇了突然的家庭变故后，会悲痛至极，感觉"天塌下来了"，茫然不知所措。即将成人的职业院校学生，需要学会沉着应对突如其来的家庭变故。

6.3.1 父母离异 沉着面对

父母恩爱、家庭和睦是每个学生的期望。但在现实生活中，不可能每人都能如愿。因为父母的感情问题是很复杂的，他们的很多苦衷是我们现在难以体会到的。

案例警报

【案例1】父母离异 他该跟谁？

小李自周末回家返校后，一连多日沉默寡言，上课无精打采，课后茶饭不思，回到宿舍倒头就睡，谁和他说话也不搭理。同学们都很纳闷，平常爱说笑的小李这是怎么了？原来这次回家后，妈妈告诉他：因为爸妈之间的矛盾实在难以调和，已准备离婚，但两人都不肯放弃对他的监护权。小李心里既难受又矛盾，不知该如何是好。

小李能挽回父母的婚姻吗？面对这样的变故，他应该怎么办？

【案例2】父母离婚 孩子怎么办？

一天上课时，沉闷了多日的小清突然喊了声："这个学我上不下去了！"然后站起身就想往外跑，同学和教师急忙拦住了他。经过老师再三疏导，小清才流着泪说出了原因：他的父母因各有外遇而准备离婚，可是两人都找借口将他往外推。他内心深受刺激，难以摆脱苦闷，实在无法安心坐在教室里读书。

小清的心情可以理解。但面对推诿，他该怎么办呢？

【案例3】自甘堕落是报复父母离异的理由吗？

小萍的父母早就离异，后又各自重建了家庭，小萍随外婆、外公生活。小萍始终怨恨父母，她以乱交男友的方式来报复父母和弥补自己情感的失落。她无心学习，三天两头换男朋友，花天酒地，寻衅滋事，最终因涉嫌团伙犯罪被送上了法庭。

父母离异是导致小萍失足犯罪的直接原因吗？小萍应怎样释放内心的痛苦，弥补内心情感的失落？

安全警示

面对父母婚姻的变故，如果我们有能力去协调、化解那是最好的；如果做不到，就应该沉着理智地面对。我们绝不可以用自己的颓废、堕落作为报复，那样不仅使父母更加痛苦，自己也会深受伤害。

危机预防

孩子是家庭和谐的润滑剂

1. 试当父母的好"参谋"

父母会因为工作重、经济紧、家务忙、体质下降、跟不上时代等感到心理压力大，会产生一系列烦恼。我们要学会当好他们的"参谋"（可查阅相关书籍、上互联网、向心理咨询师等寻求解决的办法），为他们出谋划策，帮助他们缓解压力，让他们保持良好的心情。

2. 学做父母的开心果

当遇到父母吵架或不开心时，不妨为他们递上一杯茶或一份水果，化解紧张的氛围；经常说上一两个笑话，融洽家庭关系。

有位学生想出这样的妙招："我的妈妈和爸爸总会因为一些事情而不开心。每次周末我放假回家，妈妈总是会在我面前说许多爸爸的不是。其实我知道，她只是说说而已，并没有往心里去，也没有很生气，就算生气也已经过去了。我知道，妈妈都是为爸爸好，所以每次我事先就和爸爸商量好对策。然后当着妈妈的面，先顺着妈妈说爸爸不好，再对妈妈说爸爸并不是有意的，等等之类的话，爸爸也会紧跟着向妈妈认错。妈妈听后就笑了，还说爸爸的一些好。就这样全家度过了一个又一个和平的周末。"

3. 成为父母的贴心人

经常干些家务活，陪父母散散心，主动向父母谈谈自己的进步，让他们为你感到骄傲和自豪，命令自己成为家庭的希望和情感的依托。

危机应对

孩子是父母婚姻的黏合剂

1. 尽力而为 促成缓和

当自己得知父母关系开始产生裂痕后，可以分别与父母倾心交谈，帮他们分析产生裂痕的原因，以亲情打动他们，协助他们去弥补各自的不足。尽力促使他们之间的关系和缓，重归于好。

2. 理性商谈 沉着应对

当父母离异不可避免时，要沉着应对，明确向他们表明自己的态度——希望他们和解。即使要分开，也应该心平气和地把一些问题商量好，如谁担任自己的监护人，今后如何相处，在自己的生活、教育等问题上各自承担哪些责任。

3. 依靠法律 获取保障

面对父母离异，孩子应尽快学习相关法律知识，并找有关专业人士咨询，明确自己的合法权益。冷静地与父母商谈，获得自己生活、教育的保障。

法规链接

《中华人民共和国未成年人保护法》

第八条 父母或者其他监护人应当依法履行对未成年人的监护职责和抚养义务；不得虐待、遗弃未成年人。

第十二条 父母或者其他监护人不履行监护职责或者侵害被监护的未成年人的合法权益的，应当依法承担责任。

第四十五条 人民法院审理继承案件，应当依法保护未成年人的继承权。

安全·小·贴士

痛苦是一所学校

中国青少年研究中心副主任、研究员孙云晓说：在社会转型期，由于各种变迁引发的震荡会使家庭变故增多。因此，培养孩子的承受能力成为教育的重要课题。现代教育的灵魂是让人自信自主。在我的记忆中，曹雪芹与鲁迅都是在 13 岁时遭遇了家庭由盛而衰的重大变故，饱经沧桑。然而，正是这些非同寻常的经历，使他们感悟人生，写出惊世之作。他们是自信自主的，也是自立自强的，让我们今天都能感到他们的力量。我想，痛苦是一所学校，古今中外的杰出人物大都是从这里毕业的。

6.3.2 突失亲人 化悲为力

"人有悲欢离合，月有阴晴圆缺，此事古难全。"在现实生活中，突如其来的亲人逝去时有发生。面对亲人的逝去，同学们心理上难以承受，情感上悲痛欲绝，这完全可以理解。但逝者已去，即使我们长时期沉浸在悲哀之中也无济于事，不如化悲痛为力量，以自己的奋发之举，慰藉逝者的在天之灵。

案例警报

【案例】家破人亡的孤儿怎样生存？

小丽的父亲靠踩三轮车为人拖货养活全家，小丽的母亲患有间歇性精神分裂症。尽管家庭生活不美满，但在父亲的关心照料下，小丽也衣食无忧。不幸的是，父亲在拖货时遭遇车祸丧生，小丽的母亲受刺激突然精神病发作，疯疯癫癫地离家后不知去向。小丽一下子成了形单影只的孤儿，她承受不了这突如其来的打击，整天以泪洗面并想结束自己的生命去天堂找寻父亲的踪影。

面对家破人亡的残酷现实，小丽除了轻生还有别的办法吗？她如何获得生存的勇气？她可以寻求哪些社会帮助呢？

安全警示

"逝者已去，生者心碎"，失去亲人的悲痛总是刻骨铭心的。面对家庭悲剧，失去父母呵护的孩子更是如此。但是整日以泪洗面，逃避、轻生等都于事无补。正确面对人生的变故，会让我们更加深刻地了解人生的真谛，懂得生活的意义，珍惜幸福的生活。

危机预防

居安思危：为父母分忧　做坚强自立者

1．主动关心父母

同学们要主动关心父母的身体健康状况，发现父母劳累不适时，要及时提醒父母尽快休息；发现父母生病时，要督促他们尽早就医、按时服药。平常要提醒父母注意工作、生活安全。多做家务事，主动为父母分担忧愁，尽自己所能减轻他们的劳累等。

2．努力增强独立生活的能力

即将成人的职业院校学生，要学会坚强和自立，要居安思危并尽快掌握独自生存的本领。不再过分依赖父母，自己的事自己做，不会的事要学着做。

3．重视提高心理承受力

在日常生活中，敢于面对困难，善于战胜挫折，不躲避。面对逆境，要学会调整心态，提高心理承受能力，避免因家庭变故而遭受重创，无法生存。

4．敢于维权　善于维权

居安思危，主动学法，了解保护自我权益的法律知识，以寻求社会帮助。

危机应对

处变不惊：沉着应对　妥善处理

1．迅速与相关部门取得联系

如若父母某一方不幸因意外遇难身亡，要及时报警并迅速与父母单位取得联系，再聘请律师将肇事者诉诸法庭。

2．做好相关的善后处理

如若亲人非正常死亡，要依靠司法机关查明死因并做出司法鉴定，再向有关责任人或单位索取相关赔偿，然后在其他亲人帮助和指点下妥善处理好亲人的后事。

3．咨询律师　寻求保障

亲人逝去后自己怎么办？还有哪些合法权益要争取？自己不清楚的问题要及时咨询律师，得到律师指点后可委托律师代办，也可依据相关法律规定寻找有关部门获得自己今后生活、学习的保障。

4．倾诉不幸　接受安慰

亲人的丧事处理完毕后，要及时回到学校，主动向学校汇报自己家庭的变故，接受同学及教师的安慰。还可向好友尽情倾诉内心的痛苦，排解痛苦的情绪。

5．规划未来　付诸努力

今后自己该怎么办？这个问题不能不想。既可以向长辈请教，也可与好友共同商议，还可以求教教师解决困惑，以期形成成熟的想法，认真规划好自己的未来，并付诸实实在在的努力。

法规链接

《中华人民共和国宪法》和《中华人民共和国民法通则》关于"未成年子女受监护"的规定

未成年人的父母已经死亡或者没有监护能力的，由下列人员中有监护能力的人担任监护人：（一）祖父母、外祖父母；（二）兄、姐；（三）关系密切的其他亲属、朋友，愿意承担监护责任，经未成年人的父母所在单位或者未成年人住所地的居民委员会、村民委员会同意的；没有上述几种监护人的，由未成年人的父母所在单位、未成年人的住所地居民委员会、村民委员会或者民政部门担任。

安全·小·贴士

逆境不是绝境

（1）适度的悲伤是对死者应有的情分，过分的哀戚是摧残生命的仇敌。——莎士比亚

（2）卓越的人的一大优点是在不利和艰难的遭遇里百折不挠。——贝多芬

（3）顺境制造幸运儿，而逆境造就伟人。——爱默生

（4）用特写镜头看生活，生活是一个悲剧；但用长镜头看生活，生活便是个喜剧。

——卓别林

（5）冬天来了，春天还会远吗？——雪莱

6.3.3 经济困难 设法应对

若你遭遇家庭变故，面临经济断源的危机时，不要轻易放弃学业，要学会设法应对，争取各方援助，并努力完成学业、奋力打造自己美好的未来。

案例警报

【案例1】父母双双入狱 他一筹莫展

高职学生小勇昔日家庭经济状况很好，家庭也很和睦，他感到很幸福。可他的父亲染上了毒瘾，后因涉嫌贩毒被判刑。母亲也因挪用公款给丈夫贩毒，并为丈夫藏匿毒品被法院起诉，家中财产及父亲的商店都被拍卖抵资还款。小勇从没想过自己会遭遇如此的家庭变故，失去了原有的经济来源。他突然茫然不知所措，继而辍学在家，一蹶不振，一筹莫展！

如果你是小勇的朋友，此时你能为他做点什么呢？如果你是小勇，你会怎么办？

【案例2】面临家庭窘境 她含泪退学

高职学生小英来自农村的一个贫困家庭，家中共有父母、妹妹及年龄均已80多岁的爷爷和奶奶六口人。家庭的生活来源仅靠父亲种田的微薄收入。小英很珍惜进入高职班学习的机会，努力勤奋，还利用假期勤工俭学挣学费。就在她坚持读完三年级后，妹妹也考上了高中，家中再也无力支付她们一年数千元的学费。更糟糕的是她的父亲在干活时不慎摔坏了腿卧床不起。面临家庭的窘境，小英含泪选择了退学，离开了自己热爱的学校，舍弃了已经完成的3年学业。

除了退学外，小英还有其他的选择吗？你若是小英，你会怎么做？

安全警示

在家庭出现特殊状况的时候，首先要找准家庭困难的关键，要有针对性地思考解决问题的办法，不应该一遇到困难首先就想到退学。选择退学并不能从根本上解决问题，更何况学习机会来之不易，一旦轻易放过将会给自己带来终生的遗憾！

危机预防

勤俭节约　未雨绸缪

即将步入社会的职校学生，要努力培养独立生活的能力，养成勤俭持家的好习惯。懂得"未雨绸缪"的道理，尤其是父母身体不好，家庭经济困难的学生更要做好相应准备，培养沉着应变的能力。加强与同学、教师、亲朋好友的沟通，可以获得精神及物质上的支持，有助于渡过难关。

危机应对

广纳善缘　不忘回报

1. 正确面对　放下面子

有的学生碍于面子，不愿透露家庭困难，不愿接受资助，导致身处困境而孤立无援。困难是暂时的，接受帮助并不丢人，不会争取援助才是最不明智的选择。今日接受他人帮助，明日主动帮助他人，"人人为我，我为人人"，社会才会温暖如春。

2. 主动申请　争取保障

家庭经济困难，可以主动向社区提出加入低保的申请，积极寻求社会的帮助。也可以向学校提出减免学费要求，并可以申领助学金、生活补助、奖学金等。还可以寻求亲友的资助等。

3. 自立自强　勤工俭学

特困学生应该积极参加校内外的勤工俭学活动，用自己的劳动收入帮助家庭渡过难关。在经济筹划上设法节省开支，请有经验的长辈帮自己把好家庭经济关等。

法规链接

《不让一个学生因家庭经济困难而失学——2017年国家学生资助政策简介》

中等职业教育学生资助政策：建立起以国家免学费、国家助学金为主，学校和社会资助及顶岗实习等为补充的学生资助政策体系。

1. 免学费

国家对中等职业学校全日制正式学籍一、二、三年级在校生中所有农村（含县镇）学生、城市涉农专业学生和家庭经济困难学生、艺术类戏曲表演专业学生免除学费（艺术类其他表演专业学生除外）。

对民办中等职业学校符合免学费条件的学生，按照当地相同类型同专业公办中等职业学校免学费标准给予补助。学费标准高出公办学校免学费标准部分由学生家庭负担；低于公办学校免学费标准的，按照民办学校实际学费标准予以补助。

2. 国家助学金

国家助学金资助对象为全日制正式学籍一、二年级在校涉农专业学生和非涉农专业家庭经济困难学生，资助标准生均每年2000元。

地方出台的中等职业教育免学费政策和助学金政策，范围大于或相关标准高于国家标准的，可按照本地的办法继续实施。

3. 顶岗实习

安排中等职业学校三年级学生到企业等单位顶岗实习，获得一定报酬，用于支付学习和生活费用。

4．奖学金

地方政府、相关行业、企业安排专项资金设立中职学生奖学金。

5．学校免学费等

中等职业学校每年安排一定的经费，用于国家免学费政策之外的学费减免、勤工助学、校内奖学金和特殊困难补助等。

6．其他资助

鼓励和支持社会团体、企事业单位以及个人资助中职学校家庭经济困难学生。

安全·小·贴士

从磨难的沼泽中超越而出

普希金说：假如生活欺骗了你，不要悲伤，也不要气愤！在愁苦的日子里要心平气和，相信吧，快乐的日子定会来临。

就让我们用这几句诗来鼓励、安慰逆境中的未成年人吧。

赵翔是一个被养父母捡来的弃婴，幼小的她在几年时间里经历了一系列变故：养父母相继去世，奶奶瘫痪在床，自己又被确诊为先天性心脏病。然而，这一连串的灾难并没有让懂事的小赵翔畏惧，做饭、洗衣服、捡破烂贴补家用，她用稚嫩的肩膀为这个苦难的家庭分担着忧愁。

2003年小赵翔被查出患有先天性心脏病，此后小赵翔的病就一直拖着。从内心里她是希望能有那么一天有钱做手术，自己可以和其他同学一样健健康康地生活，和他们一起跑步，一起跳绳，一起做游戏。她最喜欢语文，因为她喜欢写作文，她的理想是长大以后当一名警察。11岁的小赵翔在心中规划着自己美好的未来——赶快长大，因为"长大就能帮爷爷干更多的活"。

11岁女孩赵翔以自强不息的精神超越磨难，唱出一曲奋进之歌！正如诗人歌德在《浮士德》中写道："凡是自强不息者，终能得救！"

（资料来源：《郑州晚报》，2006-5-11）

自我检测

你具备应对危机的能力吗？

1．假如父母无力提供你的学费及生活费用，你如何设法继续求学呢？

2．家庭经济困难学生资助政策体系的主要内容是哪些？

应急模拟

1．办理低保申请的手续有哪些？具体标准与要求是什么？

2．你若是特困学生，你能享受哪几项国家资助？每项的资助额度是多少？如何办理？

第 7 章

网 络 安 全

☞知识要点

互联网作为开放式信息传播和交流工具，已经走进了我们的生活。那么职校生要注意哪些网络安全呢？

2017年6月1日《中华人民共和国网络安全法》正式实施，其第十二条规定："国家保护公民、法人和其他组织依法使用网络的权利，促进网络接入普及，提升网络服务水平，为社会提供安全、便利的网络服务，保障网络信息依法有序自由流动。任何个人和组织使用网络应当遵守宪法法律，遵守公共秩序，尊重社会公德，不得危害网络安全，不得利用网络从事危害国家安全、荣誉和利益，煽动颠覆国家政权、推翻社会主义制度，煽动分裂国家、破坏国家统一，宣扬恐怖主义、极端主义，宣扬民族仇恨、民族歧视，传播暴力、淫秽色情信息，编造、传播虚假信息扰乱经济秩序和社会秩序，以及侵害他人名誉、隐私、知识产权和其他合法权益等活动。"

→ 7.1 网络冲浪 倡导文明

网络的广泛使用，使人们的生活方式、工作方式、人际关系、思维习惯都发生了一系列的重大变化。

7.1.1 初识网络 文明交流

我们在享受网络魅力的同时，也应意识到网络虽然是一个虚拟的世界，但进入这个世界同样应当遵循相关法规，讲究网络文明。

案例警报

【案例1】发帖言语须谨慎

2017年8月，某市网警收到网民举报，昵称为"惊鲵大人"的用户在其新浪微博上发布信息，扬言要炸深圳高铁站，同时晒出枪支照片。当地警方高度重视，迅速展开调查，将嫌疑人罗某在其住所抓获。罗某对其发帖行为供认不讳，并表示发表该信息的目的是增加粉丝量，信息所附枪支图片是其在网络上下载的。

警方提醒：网络不是法外之地，上网言语须谨慎。

【案例2】QQ、微信交友应文明

QQ、微信是互联网中使用率相当高的通信软件。中专学生小王为了吸引网络上的异性聊友，取了一个比较有个性的QQ昵称，因此众多聊友将小王加为好友。小王"豪放"的语言，"不羁"的性格吸引了不少异性同伴，也得罪了不少网友。一次"女网友"约会小王，小王兴致勃勃地赶去，见面后才明白，居然是自己得罪过的一名男网友设的圈套，小王人单势薄被狠狠地"教训"了一顿。

请帮助小王分析一下：落入圈套遭遇暴力事件的自身原因有哪些？

安全警示

贴吧是网站开辟的一项业务，强调用户的自主参与、协同创造及交流分享。在贴吧里任何人都可以对某件事、某个人、某个话题进行评论，提出自己的看法。在这样的环境之下，发帖者的语言应有所斟酌，言辞过激或者有人身攻击性言论势必会招来其他人的反感与反击。在 QQ、微信这样的聊天工具上交友，更需注意自己的言行，不要因为网络是虚拟的空间就口无遮拦，也不要轻易相信虚拟网络中的任何承诺。

无论是在现实生活中还是在网络世界中，我们都倡导语言文明。文明的话语会收到微笑的回馈；恶语相向会招致飞来横祸。

危机预防

言论自由　文明先行

1．网上冲浪要注意语言文明，尊重他人

制造谩骂言论的人无外乎两种，一种是文化素质较低的人，对自己不认同的观点进行谩骂；另一种是出于种种原因，对社会不满或者是心理长期压抑而进行发泄。无论是哪一种都会污染网络环境，引来众人的反感，激化矛盾的升级。

2．切勿在网络上发表一些不负责任的言论

不实的言论可能会导致众多网友在阅读和传播时产生思想混乱、引发矛盾，有时甚至会导致社会公共秩序的破坏。

3．网络交友要真诚，但是切莫轻信网络承诺

网络是一个虚拟的世界，在这样的环境中存在着形形色色的陷阱。"害人之心不可有，防人之心不可无"。在网络中要以真诚换友情，但也要时刻注意虚拟世界和现实生活之间的巨大差别。

危机应对

计算机伦理十诫

美国华盛顿布鲁克林计算机伦理协会制定了"计算机伦理十诫"。

（1）你不应该用计算机去伤害他人。

（2）你不应该去影响他人计算机的正常工作。

（3）你不应该窥探他人的计算机文件。

（4）你不应该用计算机去偷盗。

（5）你不应该用计算机去做假证。

（6）你不应该复制你没有购买的软件。

（7）你不应该使用他人的计算机资源，除非得到了准许或者做出了补偿。

（8）你不应该剽窃他人的精神产品。

（9）你应该注意你正在写入的程序和你正在设计的系统的社会效应。

（10）你应该始终注意，你使用计算机时是在进一步加强你对人类同胞的理解和尊敬。

法规链接

《最高人民法院、最高人民检察院关于办理利用信息网络实施诽谤等刑事案件适用法律若干问题的解释》于 2013 年 9 月 10 日起施行，该解释规定，同一诽谤信息实际被点击、浏览次数达到 5000 次以上或者被转发次数达 500 次以上可判刑。

《刑法修正案（九）》在现行刑法第二百九十一条中增加了一款："编造虚假的险情、疫情、灾情、警情，在信息网络或者其他媒体上传播，或者明知是上述虚假信息，故意在信息网络或者其他媒体上传播，严重扰乱社会秩序的，处 3 年以下有期徒刑、拘役或者管制；

造成严重后果的，处 3 年以上 7 年以下有期徒刑。"

安全小贴士

共青团中央等几部委发布《全国青少年网络文明公约》

要善于网上学习，不浏览不良信息；

要诚实友好交流，不侮辱欺诈他人；

要增强自护意识，不随意约会网友；

要维护网络安全，不破坏网络秩序；

要有益身心健康，不沉溺虚拟时空。

7.1.2 查找资料 注意甄别

网络上充斥着形形色色的人物发表的各式各样的言论，小道消息满天飞。有些人对网络信息由无知发展到迷恋，由迷恋发展到盲目崇拜，好像网络能解决一切问题。网络信息有真实也有虚假，有新知也有旧闻。如何来分辨这些信息的真、伪、善、恶？这就需要同学们用一双科学的眼睛和清醒的头脑来辨识真伪、美丑。

案例警报

【案例 1】警惕网上邪教法轮功

某高中教师的办公电脑在一段时间内突然收到大量的法轮功宣传电子邮件，其内容极力歪曲社会事实。在该校网络中心管理员封锁网络通道无果后，遂向公安机关报警。公安机关在搜寻邮件来源的同时，帮助网络管理员设置了更加安全的网络策略，恢复了学校正常的教育教学秩序。

国内大大小小的网站中有很多论坛是不用经过审查就能够发帖子的。一些政治谣言及一些不利于祖国稳定的言论，多半是从这样的论坛出来的。法轮功邪教组织在李洪志等人的策划下，在互联网上建立了多个网站，宣传主页达到 4000 多条，经常利用互联网传递信息，大肆宣扬歪理邪说。

你能用什么好办法来验证网络信息的真实性呢？

【案例 2】"带头大哥 777"非法赚取 1000 万元

"带头大哥 777"本名王秀杰，在自己的博客上自称王晓。由于预测股市点位和价格"超准"，迅速在网络上蹿红，受到众多股民的追捧，其博客堪称"中国第一博"。2007 年 7 月，王晓被吉林省警方以涉嫌利用网络非法经营投资业务刑事拘留。经过统计，"带头大哥 777"共计建立的会员 QQ 群达 70 多个，收取会员费总计超过 1000 万元。QQ 群模式赢利的基本链条为：通过在网站上建立博客发表文章—通过技术手段提高点击率—利用媒体进行造势吸引投资者眼球—开立股票 QQ 群进行收费。吉林常春律师事务所的律师刘亮说，根据《中华人民共和国刑法》第二百二十五条的规定，未经国家有关主管部门批准，非法经营证券、期货或保险业务的，构成非法经营罪。"带头大哥 777"涉嫌非法经营罪和诈骗罪。

网络不会提供"免费的午餐"，你知道网络经营活动有哪些规定吗？

安全警示

网络是一个工具，善良的人会用它做好事，恶毒的人会用它做坏事。许多网站介绍网上赚钱、发财致富的途径，宣称通过积分就能兑换现金，这简直就是天上掉馅饼的事，点击几下鼠标就能赚到美元？哪有这样的好事！

有人发现自己某月的上网费用高达上千元后，经查发现他曾上某赚钱网站申请登记，而令不法分子通过他的真实资料，盗用了上网密码，结果自然是"赔了夫人又折兵"。

网络上有许多免费软件可以下载使用，而有一些却带着病毒、木马，这些病毒和木马进入个人电脑后就会毁坏资料、盗取个人信息。

危机预防

（1）没有免费的美餐。

在网络上，若遇到不需努力就能够赚钱的方法，千万不要相信。网络经济有神话，但都是要通过创业者的努力才能取得丰厚回报的。

（2）到正规的门户网站去下载软件。

大型网站的后台数据库维护做得好，基本能够保证软件的无毒、无木马。有些网站还提供在线杀毒功能，可有效地防范病毒感染。不管软件是从哪来的，都须先杀毒后安装。

（3）从正规渠道获取信息，不阅读浏览非法网站、网页的内容，避免网页中的恶意代码注入自己的电脑系统。

如果不小心打开这类网页，立刻杀毒，清除恶意代码，以免带来更多危害。

危机应对

（1）切莫轻信网络信息，要保护好自己的真实个人资料。

（2）网络购物时尽量通过第三方（如支付宝）进行，一旦出现问题可以由第三方协调退货事宜。

（3）中了病毒木马或者是恶意代码以后，立即用病毒库里最新版本的杀毒软件查杀病毒。对木马和恶意代码可用专杀工具查杀，以免造成更大的损失。

（4）如果经常受到反动信息的骚扰，影响工作和学习，可报告网络安全警察。

法规链接

《中华人民共和国刑法》

第二百八十七条 利用计算机实施金融诈骗、盗窃、贪污、挪用公款、窃取国家秘密或者其他犯罪的，依照本法有关规定定罪处罚。

金额数特别巨大或者有其他特别严重情节的，处十年以上有期徒刑或者无期徒刑，并处罚金或者没收财产。

中国互联网协会《互联网站禁止传播淫秽、色情等不良信息自律规范》

第二条 互联网站不得登载和传播淫秽、色情等中华人民共和国法律、法规禁止的不良信息内容。

第三条 淫秽信息是指在整体上宣扬淫秽行为，具有下列内容之一，挑动人们性欲，导致普通人腐化、堕落，而又没有艺术或科学价值的文字、图片、音频、视频等信息内容。

第六条 不渲染、不集中展现关于性暴力、性犯罪、性绯闻等新闻信息。

第九条 对利用互联网电子公告服务系统、短信息服务系统传播淫秽、色情等不良信息的用户，应将其 IP 地址列入"黑名单"，对涉嫌犯罪的，应主动向公安机关举报。

安全小·贴士

以下几种网络情形需提防。

（1）当看到陌生邮件中传达非常紧迫的信息，如"账户已不安全，将影响使用""网站将立即更新账号资料信息"等，应拨打有关客户服务热线确认。

（2）遇到索取个人信息，要求用户提供密码、账号、验证码等信息，并声称如不照做信用卡将被停止使用的信息，一律不予理会。假如已经在对方网页上输入了账户密码，须立即更换，并停掉相关银行信用卡。

（3）不理睬自称能提供超低价产品或海关查没品的信息。

（4）使用网络银行时，选择使用网络凭证及约定账户方式进行转账交易，不要在网吧、公用计算机上做在线交易或转账。

自我检测

1．你有过以下 6 种网络不道德行为吗？

（1）有意地造成网络混乱或擅自闯入网络及其系统。

（2）欺骗性地利用他人计算机资源。

（3）偷窃资料、设备或智力成果。

（4）未经许可而接近他人的文件。

（5）在公共用户场合做出引起混乱或造成破坏的行动。

（6）伪造电子邮件信息。

2．查看你的 QQ、微信、电子邮件、论坛记录，看看是否曾有过激的言语。

应急模拟

1．假如在网上遭遇到人身攻击，你会如何应对？为什么？

2．假如电脑突然收到大量宣传不良信息的电子邮件，你会如何处理？

➡ 7.2　网络游戏　谨防迷恋

青少年具有很强的好奇心和冒险精神，网络游戏很容易就能够满足青少年这样的精神需求。喜欢游戏本没有错，但是如果把网络游戏作为一种精神寄托，沉迷其中，作为自己逃避现实的一种方式，就大错特错了。既然网络游戏只是一种游戏，我们就应当以一颗"游戏"之心来对待，切勿迷恋。

7.2.1　虚拟世界莫当真

网络游戏具有虚拟化的特点。在游戏里，会对所操作的人物产生情感，并和其他参与游戏的人形成了一定的社会关系。但是，虚拟的世界终究是不真实的，千万不能假戏真做，迷失其中。

案例警报

【案例】杀人游戏　游戏杀人

唐亮是一名中学生，自从迷上网络游戏以后，他就想尽办法逃学，后来干脆退学了，全天候地待在网吧里，一门心思地玩游戏。由于日复一日在网吧里拼命地玩游戏，唐亮最终成了当地一名网络游戏高手。

除了唐亮之外，在当地还有一位网络游戏高手——古世龙。古世龙之所以能成为网络游戏高手，同样也是长期在网上厮杀的结果。其实，在现实生活中，唐亮和古世龙是很好的朋友。生活当中虽然如此，但是在网络游戏的世界里，二人却是谁也不服谁，相互随时等待着一场殊死较量的到来。终于，在一次不期而遇的厮杀中，两个人在网络游戏中的战争开始了。

在网络游戏中，唐亮被古世龙杀死过20多次。屡战屡败之后，有些气馁的唐亮原本打算暂时退却，等以后有机会再卷土重来。而这时古世龙在网上警告他，让他退出游戏世界，这让唐亮改变了自己的决定。

终于，在被古世龙在网络游戏中杀死23次之后，一场虚拟世界里的厮杀演变成了一场现实当中的厮杀，结果古世龙被唐亮等4人捅死。虚拟世界和真实世界的区别就是，在真实的世界里，人的生命只有一次。

网络游戏的巨大吸引力是什么？他们为什么会沉迷其中？

安全警示

一个人能否在被多次杀死后还能再次复仇呢？毫无疑问，在现实生活当中，这是根本不可能的。然而，在虚拟的网络世界里，这却是完全可以发生的。由此可以看出，现实与虚拟是泾渭分明的。话虽如此，但是在网络游戏中杀红了眼的玩家往往对二者混淆不清。唐亮因网络游戏而引发的血案值得我们深思。

危机预防

在中国发展迅速的网络游戏市场，游戏年龄是一个敏感问题。1～2年的时间可能就意味着一款网络游戏走过了辉煌期。

经权威机构调查，网络游戏的生命周期一般在3.5年左右，很少有网络游戏在5年之后还受到众多游戏玩家的追捧。更有一些网络游戏在两年时间内就匆匆地走完了其生命之路。因此，我们不得不追问一个问题：游戏消亡了，那玩家辛辛苦苦在游戏里赚下的宝物、等级又如何处置了呢？答案是随游戏而消亡了。既然结果是这样，那我们这些玩家何必要在这样一个必然会终结的虚拟世界中投入过多的精力和情感呢？我们是否需要去思考一下，这样的游戏当初应不应该开始。

危机应对

不要游戏青春

（1）要有一个好的心态，不要对虚拟的世界投入过多的时间、精力和情感。

（2）不要将虚拟世界与现实生活联系起来，虚拟世界中的信息要审慎对待。

（3）合理地安排自己的休息时间，多看报刊，用知识充实自己的头脑。

（4）在网络游戏中要学会拒绝，不能一味地迁就虚拟世界的活动而影响自己的现实生活。

法规链接

文化部　信息产业部《关于网络游戏发展和管理的若干意见》

（五）实施民族游戏精品工程。积极鼓励、引导、扶持国内软件开发商、网络运营商、内容提供商等各类企业，开发和推广弘扬民族精神、反映时代特点、拥有自主知识产权的网络游戏产品，形成一批具有中国历史文化内涵、凝聚民族精神与情感的民族游戏精品。

（十）加大对"私服""外挂"等违法行为的打击力度。经营"私服"和"外挂"属于未经许可擅自利用互联网从事网络游戏经营活动的违法行为，要依照《无照经营查处取缔办法》予以取缔。加强对网吧的监管，取缔网吧中的"私服""外挂"行为，通信管理部门要依据文化部门提供的书面认定处罚意见及网站 IP 地址等相关情况，按照互联网管理的行政法规的规定依法予以查处。

（十二）加强行业自律和社会监督。网络游戏企业应当依法经营，按照国家有关标准，开发网络游戏产品身份认证和识别系统软件，对未成年人上网玩游戏的时间加以限制，对可能诱发网络游戏成瘾症的游戏规则进行技术改造，其中 PK 类练级游戏（依靠 PK 来提高级别）应当通过身份证登录，实行实名游戏制度，拒绝未成年人登录进入。积极发挥守法经营、声誉良好的经营性互联网文化单位在网络游戏市场中的示范带头作用，引导新闻媒体等社会舆论，加强正面宣传，改善行业形象。建立健全行业协会组织，加强行业自律、行业服务，规范企业竞争行为。

安全·小·贴士

长时间上网危害多

1. 视力损害

长时间看电脑屏幕，眨眼频率不足，容易造成眼部血液循环减慢，使眼球感到干涩。连续观看电脑屏幕超过 2 小时，就会对眼睛造成极大的伤害。

2. 辐射危害

英国一项办公室电磁波研究证实，电脑屏幕发出的低频辐射与磁场，会导致 7～19 种病症，包括眼睛痒、颈背痛、短暂失忆、暴躁及抑郁等。

3. 关节损伤

操作电脑时，身体长时间保持同一种姿势，容易导致肌肉骨骼系统产生疾患。

4. 心理压力

在网上聊天、打游戏时，注意力高度集中，眼睛和手指频繁运动，都会使人体生理、心理负担过重，导致多梦、神经衰弱、头部酸胀、机体免疫力下降。

5. 细菌威胁

如果在网吧上网，要小心键盘上的细菌。曾经有卫生组织对网吧的电脑键盘进行过专项调查，一个小小的按键上寄生的病毒就有 480 多种，其中包括乙肝病毒。

7.2.2　游戏精彩勿沉迷

许多青少年刚开始玩网络游戏只是为了消遣，或者是被游戏绚丽的画面和激烈的打斗所吸引。但是在玩的过程中，他们渐渐地陷入了一种矛盾之中。由于游戏中人物的等级是要靠不断地练级才能提升的，玩家为了达到一定的等级不得不长时间地在网上练级，而练级其实是一个十分枯燥的过程，久而久之对玩家而言毫无乐趣可言。但是，玩家为了这个游戏人物已经耗费了不少精力和金钱，这时放弃又心有不甘，只能继续练级。渐渐地，"练级"成了"炼狱"。

有一些网络游戏倡导游戏玩家组队做任务，增加团队合作精神，这本是件很好的事情。但是问题又出现了，玩家是在虚拟世界中认识的，在现实生活中大家的休息时间不一定重合，即使有重合也可能各自有安排，而任务是需要一起去完成的。有一个深迷网络游戏的中学生讲述道："每天晚上就像是要上班一样，到时间就要到网上报到。如果迟到时间长了，或者有几次没去，肯定要被网友训斥。心理压力比较大。"

大家想象一下，把游戏中的规则拿到现实中来也是一样的。我们每天花上1～2个小时看书学习，不就是"练级"吗？长年累月下来，你的知识水平肯定会提高很多。有所不同的是，网络游戏中的人物最终只是虚幻，而你的知识会伴随终身。

案例警报

【案例1】20天吃住在网吧　13岁少年丧命

某市一13岁少年徐小明连续20天住在网吧上网，突发血行播散性肺结核，最后呼吸衰竭而死亡。在这20天里，他疯狂地打游戏，渴了、饿了就在网吧吃喝，累得受不了了，就趴在电脑前休息一会。在这大半个月内，他甚至搞不清网吧外究竟是白天还是黑夜。

据抢救小明的专家周医生分析，小明可能是在网吧感染上细菌的，20天持续不规律的饮食造成身体长期过度疲劳，大量的病菌渗透到血液里，走遍全身，导致病情恶化，最终死亡。专家提示，除了药物治疗外，肺结核患者最需要的就是休息和营养，而小明缺乏休息和营养，身体基础太差，免疫力差，导致细菌无孔不入。如果小明注意休息，即使发病，病情也不会如此恶化，不至于死亡。

又是一起沉迷游戏丧身网吧的惨剧，如此玩命值得吗？

【案例2】别动我的电脑

17岁的李江痴迷于网络游戏，初二辍学，由于长时间上网，身体、精力极度消耗。为了买网络游戏装备，他开始偷钱，从几十、几百到一千多。家人给他找了几个工作他都做不长，他做什么都不感兴趣，只想上网。他的姑姑给他介绍了一个电子厂的工作，可他害怕上班后没时间上网，在姑姑家上网不去上班，姑姑就教育他并强制关了电脑，引起他愤怒失去理智，他一心想着姑姑死了就不用去上班了，就没有人限制他上网了，他用手掐住姑姑的脖子，最后用手边的充电线把姑姑勒死了。杀了姑姑后，李江继续去网吧上网，当警察在网吧找到他时，他还不让警察动他的电脑，说会被扣分。

17岁，他虽未成年，但他要为自己犯的罪付出代价，2014年11月26日李江被法院判故意杀人罪，判处有期徒刑15年。

如果李江在当时能够有一些控制情绪的方法，也许他就会有个不一样的人生，姑姑也不会死。但遗憾的是，李江当时任由自己的愤怒爆发，亲手断送了姑姑的性命和他自己的未来。

心理专家分析：这个悲剧发生的主要原因就是网络成瘾引发暴力。当一个人沉迷于网络的时间比较长的时候，大脑皮层的神经元会出现一个高度的上网兴奋点，当这个上网兴奋点正在兴头上，会引发人的强烈阶段反应症状。例如，李江的姑姑突然关了他的电脑，引发了李江的发怒狂躁症状，从而抑制了其他方面的认知，使他的认知变得狭窄，最终上演了悲剧。

安全警示

网瘾，是对网络的过度依赖。表现为对现实生活失去兴趣，上网操作时间超过一般限度，并以此来获得心理满足。当网络依恋失控，对人产生负面影响的时候，我们就将其作为一种心理障碍来看待。

网络成瘾有以下几种类型。

（1）网络关系成瘾：过分迷恋在网上建立的友谊或爱情或与其他的异性交往，并用这些关系取代现实生活中的人际关系。

（2）网络色情成瘾：沉溺于网络上的成人聊天屋或网上的色情内容。

（3）网络强迫症：过度迷恋网上赌博、网上拍卖，或过分迷恋网上做买卖。

（4）信息超载：不能自制地在网上浏览搜索过多的资料或数据。

（5）计算机成瘾：强迫性地在计算机上玩游戏或对某些方面进行编程，这种情况尤其见于男性、青少年及儿童。

危机预防

网络成瘾有原因

一位从事学生心理辅导工作多年的教师告诉我们，有 5 种孩子最容易患上网瘾。

第一种，学习失败的孩子：这种孩子会产生很强的挫败感，但在网上，他们很容易体验成功，得到"回报"。

第二种，学习特别好的学生：不少学习好的学生在升入更好的学校后，无法再保持原有的名次和位置，便对"努力学习"的目的产生了怀疑，于是，一些人开始迷恋网络。造成这些孩子依赖网络的根本原因是没有形成正确的学习观。

第三种，人际关系不好的孩子：性格内向、猜忌心强、小心眼，碰到问题没能及时解决就沉迷于网络，学习和生活受到严重影响。

第四种，家庭关系不和谐的孩子：这些孩子通常在家里得不到温暖，但在网络上会得到不少人的帮助，现实和虚拟社会的反差，很容易让"问题家庭"的孩子"躲"进网络。

第五种，自制力弱的孩子：不少上网成瘾者都有这个问题，他自己也知道这样不好，但是一接触电脑就情不自禁，表现出典型的自我控制力不强的倾向。

危机应对

在信息化时代，手机就可以上网，很多人手机不离手、眼睛不离开手机屏幕，时时刻刻想着上网，如何戒除网瘾呢？

（1）想想上网过多的危害。

例如，和家人及朋友相处的时间越来越少，耽误工作，睡眠不足，身体锻炼时间减少等。这样一想，可能更容易体会网络的弊端。

（2）做个上网日志。

把上网时间及上网干什么记录下来，这样自己的"罪行"就有据可查，免得自己赖账，也让别人的批评有据可依。然后，制订一个具体的计划。不能只想着明天要减少上网的时间，而是要列出几点起床、几点吃饭、几点睡觉、什么时间上网、上网时间多长。计划要有可操作性，这样才能知道自己是否有进步。

（3）在执行计划时，可给自己一点鼓励或约束。

例如，制作一张卡片，上面写上上网的五大害处与不上网的五大优点等，也可以在手机上设定个闹钟，一到时间就提醒自己休息。当然，要治好网络沉溺症，最重要的还是让"真正"的生活多姿多彩，培养自己的业余爱好，增加交往。

法规链接

国家新闻出版总署《网络游戏防沉迷系统开发标准》

未成年人累计 3 小时以内的游戏时间为"健康"游戏时间，超过 3 小时后的 2 小时游戏时间为"疲劳"时间，在此时间段，获得的游戏收益将减半。如累计游戏时间超过 5 小时即为"不健康"游戏时间，收益将降为 0，以此强迫未成年人下线休息、学习。

国家新闻出版总署《网络游戏防沉迷系统实名认证方案》

实名认证方案则通过注册、验证、查询 3 套系统锁定未成年人身份。玩家在注册账号时，须向运营商提供实名、身份证号、年龄等身份信息，运营商对信息进行识别分类，初步判定是否纳入防沉迷系统。随后，运营商定期将填写信息显示为成年人的玩家资料，提交公安部门进行验证，未通过公安机关验证的用户将被纳入防沉迷系统。这解决了玩家随意在多款同类游戏间跳跃的问题，有效组织起对未成年人的制约。

安全·小·贴士

诊断网络上瘾的 10 条标准

美国心理学家杨格提出诊断网瘾有 10 条标准。

（1）总念念不忘网事。

（2）总嫌上网的时间太少而不满足。

（3）无法控制上网。

（4）一旦减少上网时间就会焦躁不安。

（5）一上网就能消散种种不愉快。

（6）上网比上学做功课更重要。

（7）为上网宁愿失去重要的人际交往和工作、事业。

（8）不惜支付巨额上网费。

（9）对亲友掩盖频频上网的行为。

（10）断网后有疏离、失落感。

杨格认为，上述 10 种情况一年间只要有过 5 种以上，便可判断为有网瘾。

自我检测

1．列一列自己所玩过的网络游戏，回顾一下这些游戏自己真正投入地去玩一共用了多长时间，有哪些游戏玩了 3 年以上还能保持新鲜感。

2．算一算自己一年用多少时间玩游戏，一年用多少时间看书学习。将游戏时间乘以每次上网的花费（包括饮料、食品、装备、流量费用等）；将游戏时间乘以 20 页每小时再除以 200 页每本书。请将自己的感受写下来。

应急模拟

你能制订一个自己每天上网的时间安排表吗？一段时间小结一下，看看自己是否在网络上花费了太多时间。

→ 7.3 网络犯罪 防微杜渐

提到犯罪，我们很容易就跟盗窃、抢劫、杀人等的刑事案件联系起来。网络犯罪是比较特殊的犯罪形式。有些青少年为了炫耀自己所掌握的网络技术水平而去刻意地攻击无辜的对象，造成犯罪。青少年寻求知识，掌握技术是一件好事，但游走于法律的边缘，甚至犯罪，是我们应该防微杜渐的。

7.3.1 网络犯罪 清醒认识

网络犯罪是针对和利用网络进行的犯罪，网络犯罪的本质特征是危害网络及其信息的安全与秩序。网络犯罪有在计算机网络上实施的犯罪和利用计算机网络实施的犯罪两种。在计算机网络上实施的犯罪种类有非法侵入计算机信息系统罪、破坏计算机信息系统罪。表现形式有袭击网站、在线传播计算机病毒。利用计算机网络实施的犯罪种类：利用网络实施金融诈骗罪；利用网络实施盗窃罪；利用计算机网络实施贪污、挪用公款罪；利用网络窃取国家秘密罪；利用互联网实施其他犯罪：电子讹诈；网上走私；网上非法交易；电子色情服务、虚假广告；网上洗钱；网上诈骗；电子盗窃；网上毁损商誉；在线侮辱、毁谤；网上侵犯商业秘密；网上组织邪教组织；在线间谍；网上刺探、提供国家机密的犯罪。

案例警报

【案例1】盗窃 QQ 账号也犯法

2005 年 11 月深圳警方赴重庆调查 QQ 账号被盗案件，这是我国首次对盗取 QQ 犯罪立案侦查。

2006 年 6 月深圳破获全国最大虚拟财产盗窃案，涉案金额达上百万元。以犯罪嫌疑人金某、衣某为首的盗号团伙非法盗取 QQ 号码和网络游戏账号、游戏道具等，该团伙一天非法盗取 QQ 号资料最多时可达 30 万个。

为什么盗取 QQ 号码和网络游戏账号、游戏道具也是违法犯罪行为？

【案例2】微信诈骗套路多 仔细分辨勿上当

套路一：身份克隆

某公司的会计李女士被"董事长"拉进一个新建的微信工作群。群内 6 人都是公司同事，头像、名称都对得上。在外开会的"董事长"与"总经理"在群里热聊后，要李女士将公司的 85 万元转给江苏的一名客户。完成任务后李女士才发现董事长就在隔壁办公室办公，此时才意识到被骗。经调查该群内除了自己，其他 6 人都是骗子冒充公司同事来设计的骗局。

分析：该类案件主要是由于受害者没有确认同事身份而造成的。由于微信非实名制，任何人都可以把昵称改成你的名字，把头像改成你的照片冒充你，从账号上无从分别真伪。不法分子利用这个漏洞，设置场景层层铺垫，将受害人引入精妙圈套。且微信群组可以直接拉好友进群不需要本人同意，看着一群熟悉的头像与名字，很难辨别真伪。类似的案件还有克隆身份向亲友借钱、充话费等。

套路二：微信盗号

小琳的微信收到好友消息，称手机刷机后联系人的号码没了，要重新建立联系方式。得到小琳的手机号码后，对方又发来微信称登录微信需要好友验证，要小琳把收到的验证码发给他。小琳将验证码发过去后却登不上自己的微信了，在修改密码登录微信后发现零钱已没有了。

分析：微信盗号方法十分简单，知道账号或者绑定的手机号码后，使用手机号码验证就可以绕过密码直接登录。不法分子利用这一漏洞在骗取你的手机号码和验证码后，可以轻易盗号。注意很多骗子可能会分两步、第一步，先骗取你的号码；第二步，隔段时间会伺机说需要发验证码或者网址到你的手机，这样的骗局往往容易让人掉以轻心。

提醒：不要轻易将手机号和验证码告诉别人；微信钱包登录要设置密码。

套路三：扫码送礼

315晚会模拟了一个典型的生活情景剧"扫二维码免费送一桶油"，不少网友抱着扫完关注领礼品后马上取消关注的心态，对扫码送礼活动来者不拒。可是却不知个人身份信息、银行卡卡号包括密码等都被骗子一览无余，导致资金被盗。

分析：二维码暗藏木马风险，仅从表面上难以辨别其是否隐藏病毒木马。该类案件利用受害者侥幸和贪图小利的心理，以丰富的奖品为诱饵引导大家扫码，但实际这些二维码带有手机木马病毒的下载网址，一旦不小心安装盗刷就发生了。

套路四：合体"红包"

王小姐在小学群里看到同学分享一个"微信红包"链接，点开居然是96.68元。点击"领红包"后，弹出一个页面显示需将红包链接分享到2个微信群，红包将自动存入零钱包。按照提示操作，王小姐最后一分钱也没收到。

分析：微信并没有推出此类需要"转发"才能获得的红包，真正的红包拆开后资金会自动进入零钱账户。该类诈骗案件为个别公众号滥用企业付款功能仿造微信红包，通过"合体抢红包""转发分享领红包"等方式对"红包"实施诱导分享，目的是获取用户个人信息，也是一种营销手段。

【案例3】"熊猫烧香"病毒

"一只熊猫拿着三支香"，这个图像一度令电脑用户胆战心惊。从2006年年底到2007年年初，"熊猫烧香"短时间内通过网络传播至全国，数百万台电脑中毒。2007年2月，"熊猫烧香"病毒设计者李俊归案。9月24日，湖北省仙桃市法院一审以破坏计算机信息系统罪判处李俊有期徒刑4年，其违法所得予以追缴，上缴国库。这是我国侦破的国内首例制作计算机病毒的大案。

设计、传播病毒的会造成哪些危害？

【案例4】谨防网络泄密

军事内容在网络上受到广泛欢迎，许多门户网站都开设了《军事频道》，一些军事专家也在网上开辟了博客，网络成了军事信息互动的又一平台。但是一些军事迷利用各种便利条件搜集本国军队的内部信息，甚至偷拍本国军队、武器的图片放在网上，以此追求轰动效应的做法令人担忧。

2005年1月17日，军事迷李勇（化名）间谍案经法院开庭审理后认定：李勇通过互联网等形式搜集并向我国台湾情报机构提供了大量军事秘密，其行为已危害国家安全，构成间谍罪，依法判处李勇有期徒刑 12 年，剥夺政治权利 3 年，并处没收财产人民币 1 万元。该军事迷将秘密信息发布在网上，其目的仅仅是向网友炫耀自己掌握的信息。结果不但他自己触犯了刑律，还给国家造成了难以估量的损失。

举例说明还有哪些行业需要防范网络泄密。

安全警示

互联网给人们的生活带来了极大的便利，人们在享受网络便捷的同时，却往往容易忽视网络暗藏着的安全隐患。

很多人崇拜黑客技术，以盗窃各种网络账号，制造散布木马、病毒为乐趣。甚至一些军事爱好者忽略了网络就是情报的战场，往往就在网上聊天、交友、发邮件、讨论和发表文章等行为中，将国家秘密泄露出去。

网络上流传的黑客软件都是涉及计算机犯罪行为的，远离这些才能远离犯罪。

危机预防

关注健康信息　慎待虚拟世界　谨防网络诈骗

（1）青少年要充分认识网络世界存在的虚拟性、游戏性和危险性。

对网络恋情要多一分清醒，少一分沉醉，时刻保持高度警惕性，不要把网络当作逃避现实生活或者宣泄情绪的工具。网络生活只是现实生活的一部分，它不可能代替现实生活。在现实生活中，青少年要树立正确的人生观、道德观和世界观，无论遇到什么问题，都应该采取积极的态度去面对、去解决，仅靠虚拟网络是无法回避的。

（2）青少年上网时，一定要提高警惕性，谨防网络诈骗。

随着网络的发展，上网已成为人们生活中不可或缺的一部分，但它给人们带来方便的同时，也给不法分子实施网络诈骗提供了可乘之机。常见的网络诈骗有：①利用 QQ、微信盗号进行诈骗，骗子使用黑客程序破解用户密码，然后张冠李戴冒名顶替向事主的 QQ 好友、微信好友或亲戚借钱；②利用网络游戏交易进行诈骗；③利用网络购物进行诈骗；④利用网上中奖进行诈骗；⑤利用钓鱼网站进行诈骗；⑥利用网络订购机票、火车票进行诈骗；⑦针对毕业生就业、在校生兼职进行诈骗等。

（3）青少年要正确、安全、科学地上网。

上内容健康的网站，不要沉迷于网络游戏和聊天，更不要浏览内容不健康的网站，如充满凶杀、暴力、色情、淫秽、赌博等有损青少年身心健康内容的网站，以免造成心灵污染。应多搜集一些法律网站或是教育、科技网站上有关的内容和信息，还可以收看收听国内外新闻，了解国内外发生的一些重大事件。这些都可以培养青少年的高尚情操，形成正确的人生观、道德观、思想观，增强对不良诱惑的抵制能力。

（4）青少年正处于花季般的年龄，既是父母的希望，也是祖国的未来和希望。

青少年上网要保持正确对待网络的心态，树立自尊、自律、自强意识，增强辨别是非和自我保护的能力，自觉抵制各种不良行为及违法犯罪行为的引诱和侵害。要充分利用网络信息资源，不断开发潜能，不断丰富自己的知识。

危机应对

青少年学生是网络犯罪分子盯梢的目标,常常成为网络犯罪的受害者。加强对网络犯罪应对技能的训练,有助于提高自我保护能力。

(1)提高网络安全意识是必要的,但仅限于此也是远远不够的。必须懂得和做好防范、应对网络犯罪的具体措施。

(2)增强自我防卫意识,不要有过分的好奇心,不要有贪财之心,不要有非分之想。歪念头会把你带到邪路上。

(3)遭遇网络犯罪侵害后,要及时报案,寻求公安机关的帮助,争取时间尽早破案。

法规链接

《中华人民共和国刑法》

第二百八十五条 违反国家规定,侵入国家事务、国防建设、尖端科学技术领域的计算机信息系统的,处三年以下有期徒刑或者拘役。

第二百八十六条 违反国家规定,对计算机信息系统功能进行删除、修改、增加、干扰,造成计算机信息系统不能正常运行,后果严重的,处五年以下有期徒刑或者拘役;后果特别严重的,处五年以上有期徒刑。违反国家规定,对计算机信息系统中存储、处理或者传输的数据和应用程序进行删除、修改、增加的操作,后果严重的,依照前款的规定处罚。故意制作、传播计算机病毒等破坏性程序,影响计算机系统正常运行,后果严重的,依照第一款的规定处罚。

安全·小·贴士

在信息时代,利用手机可以随时随地上网,我们都明白,手机是我们个人的隐私,有我们的 QQ、微信,甚至还绑定了银行卡等,因此我们上网的时候不要随意点击来源不明的链接,不要抢不明的红包,不要随便透露自己的个人信息等。在互联网上,骗子可以利用木马程序冒充 QQ、微信好友的头像、昵称,当你的QQ、微信好友中有人向你借钱时,你一定要向QQ、微信好友电话求证,不让骗子得逞。

希望大家好好利用网络,让自己成为网络的主人,让网络为自己服务。

7.3.2 慎对网络 保护自我

网络影响到个人真实生活的案例比比皆是,并对个人的现实生活产生了极大影响。这其中有一个关键的问题是,大多数人并没有意识到在网络上保护自己的个人隐私的重要性,没有意识到网络并非法外之地,网络言论也需谨慎,如果等到出现问题后才后悔,才进行补救工作,为时已晚。

案例警报

【案例1】群员传播淫秽视频,群主获罪

辽宁沈阳的青年吴某用微信建了一个100余人的微信群。群员马某在群中每天发布"有大片看"的信息,向群员收取数十元会费,每天向交钱的人发送淫秽视频。群主吴某因视而不见,涉嫌构成传播淫秽物品罪,被警方依法予以刑事拘留。法官表示依据司法解释"利用互联网建立主要用于传播淫秽电子信息的群组,成员达30人以上或者造成严重后果的,对建立者、管理者和主要传播者，以传播淫秽物品罪定罪处罚"，群主作为群的管理者，应履行监管职责，及时审查群内相关内容，阻止成员发布淫秽视频，或解散微信群。

【案例2】在微信群发表涉恐言论信息被判刑

2017年1月15日，打工者王某将一段含有暴力、恐怖等内容的视频在自己的QQ空间内发布，引发多人次浏览、转发、评论。3天后，王某被警方查获归案。王某表示："我发视频是为了提高自己空间的点击率，得到心理上的满足，并非故意宣传恐怖主义。"

2017年8月，北京市二中院一审以宣扬恐怖主义、极端主义罪判处王某有期徒刑8个月，并处罚金1000元。

安全警示

网络上有许多途径可以发布个人的言论，QQ空间、微博、微信朋友圈等是人们最常用的方式。但是，许多人在发布信息的过程中毫不考虑网络的开放性，将自己或他人的一些隐私、敏感信息发布在网络上。一些居心叵测的人就会觊觎这些信息，并加以利用，或毁人名誉，或索人钱财，或骗人情感……我们在网络上的言论、信息也会影响到网络中的很多人，特别是青少年。"众口铄金，积毁销骨。"网络上的言论信息不容易验证与现实情况是否属实，加上很多人现在依赖网络到了迷信的程度，很容易造成网民整体的价值观偏移。

这向我们敲响了警钟，发微博、转信息、发朋友圈时一定要记住，没有经过自己确认或官方公布的一定不能发或不能转发，因为当你发或转发的时候，你预计不到可能会导致的后果，如果导致严重后果就违反了法律，将会受到法律的制裁。

危机预防

1．不要在网站提交个人信息

这一点是至关重要的，通常是自己无意中泄露自己隐私的，因此不要轻易在网站上提交自己的信息，除了银行网站、著名的电子商务网站之外，其他网站都不要提交自己的真实信息。例如，几年前你可能在某同学录网站录入过自己的个人信息，今天你会发现你的个人信息被复制到四五个网站供人搜索查询。因此，在网站或社交系统提交自己真实信息的方法是不妥的。

2．发布网络信息要三思而后行

在网络上发帖子、发微信、写博客，不要因为你的帖子、朋友圈、博客访问人数少，不会有人注意就写一些自己的隐私信息，一篇文章一旦发布出去，就无法收回来了，信息会被存档、转载、截屏，甚至散布到很多你永远都不知道的网站上，而搜索引擎的触角会伸到互联网上的任何一个角落。因此，写文章前一定要三思而后行，如果你不希望某些人看到你的文章，就不要发布它，因为文章迟早会被别人看到的。

3．使用安全的密码

如果一定要在网络上保存自己的信息（如电子邮件、私人日记等），那么一定要使用一个安全的密码进行保护。所谓安全的密码，通常情况下是长度多于6位，有字母和数字的不容易被人猜到的密码。

4．个人电脑的安全

自己使用的电脑，要有足够的安全设置，打上最新的操作系统补丁，启用防火墙，安装杀毒软件，不要访问任何钓鱼网站等，确保个人电脑不被黑客入侵。如果发现有被入侵的异常情况，应该在第一时间内断开网络，再进行检测和修复。

危机应对

如何查询自己的个人隐私是否已经外泄

（1）定期使用百度和 Google 等搜索自己的真实姓名。重点查看前 3 页的内容，看看是否有和自己相关的隐私信息。

（2）定期使用百度和 Google 等搜索姓名＋个人信息（如个人工作单位、学校、住址、电话号码等）。通过这种组合查询，能较为准确地知道自己信息外泄的情况。

如果个人隐私已经泄露

（1）如果是自己建立的网页或者填写的信息，那么直接登录网站进行删除操作。

（2）如果发布在第三方网站上，那么通过邮件或电话联系对方网站管理员，要求其删除个人隐私信息。

通过这些操作之后，可以删除已经在网站上索引的个人隐私信息，但需要注意的是，百度和 Google 的网页快照依旧会保留这个信息一段时间（通常是几个月），因此最好能通知百度和 Google，要求其在搜索引擎的缓存里将隐私信息删除。

法规链接

2004 年 9 月，最高人民法院和最高人民检察院联合下发了一个司法解释规定，传播淫秽物品以牟利为目的的，如果达到了 25 万人次，就属于"情节特别严重"，将处以十年以上有期徒刑或者无期徒刑。

《中华人民共和国网络安全法》第四十四条规定：任何个人和组织不得窃取或者以其他非法方式获取个人信息，不得非法出售或者非法向他人提供个人信息。

根据《中华人民共和国刑法》《全国人民代表大会常务委员会关于维护互联网安全的决定》《中华人民共和国治安管理处罚法》等相关法律法规，利用计算机信息网络等传播淫秽信息的，处 10 日以上 15 日以下拘留，可以并处 3000 元以下罚款；情节较轻的，处 5 日以下拘留或者 500 元以下罚款。以牟利为目的传播淫秽图片 200 张以上，不以牟利为目的传播淫秽图片 400 张以上就构成刑事犯罪。

国家互联网信息办公室印发的《互联网群组信息服务管理规定》，于 2017 年 10 月 8 日起正式施行。《互联网群组信息服务管理规定》要求，互联网群组建立者、管理者应当履行群组管理责任，即"谁建群谁负责""谁管理谁负责"，规范群组网络行为和信息发布，群组成员在参与群组信息交流时，应当遵守相关法律法规，文明互动、理性表达。

安全小贴士

中国网络警察悄然面世

随着我国互联网高速发展，中国网络警察悄然面世。

目前，中国网络警察队伍日益壮大。他们已查处了多起利用网络诈骗、侵吞他人财产和制黄贩黄案件；与银行部门合作，对全系统的网络安全进行了检查；广泛培训社会网络安全员；对泛滥成灾的计算机病毒，他们与新闻媒体合作，随时提出网络安全警示，公告防治办法。

据有关部门介绍，针对儿童上网人数日益增加，中国网络警察的总管部门还与中国科大等研究机构合作，研制一种过滤软件，使色情、暴力等内容无法接近青少年，让青少年有一个良好的网络环境。

自我检测

1．搜一搜：通过百度或者 Google 搜索自己的姓名、绰号，看看网上有无涉及自己的敏感信息。

2．打开自己电脑的 IE 浏览器，检查地址栏中显示出来的地址中是否存在危险的网站。

应急模拟

1．假如你的个人隐私信息已经泄露在网上，你会如何处理？

2．请立即在你电脑上设置安全密码、防火墙。

第 8 章

公 共 安 全

☞ 知识要点

1．珍爱生命　拒绝毒品
2．崇尚科学　反对邪教
3．人身伤害　警惕预防
4．加强自护　防止侵财

→ 8.1 珍爱生命 拒绝毒品

8.1.1 一次吸毒终生悔 莫拿性命当儿戏

职校学生正值青春花季，散发着无限的活力，这个年龄段的学生对未知事物都充满了好奇。可令人痛心的是，一些学生缺乏防范毒品的知识，将吸食毒品当成一种新奇和刺激的体验，从而走上了一条不归路，应验了一句老话"吸食一口，掉入虎口"。

案例警报

【案例1】吸毒毁了我的一切（见图8-1）

图8-1 吸毒的人三部曲（图片来源：http//news.jschina.com.cn）

在某市戒毒康复中心，小琼讲述了她从一个正常人沦落为"瘾君子"的人生经历。

一天我到相处已3年的男朋友家时，发现他在厕所里"走板"（吸毒的一种方法）时，我惊呆了！等我清醒过来的第一个反应是：让他去戒毒。虽然男朋友听了我的话第二天去了戒毒所，但是随后他一次次地复吸让我的心逐渐变凉。1998年我和他分手，与一位朋友离开了贵阳这个伤心之地来到云南，希望换个环境让自己平静。但我根本没想到自己从此走上了一条不归路。

我第一次吸毒是在大理，介绍我吸毒的也是我的朋友。由于我是艺术学校毕业的，在大理我找了份歌舞厅主唱兼领班的工作。最初的一两年，我的生活还是很平静的，但毕竟身处异乡，寂寞总会慢慢浮上心来，于是我开始认识很多朋友，希望通过和朋友们交往排遣寂寞的心情。

2000年1月的一天凌晨，在歌舞厅累了一天的我躺在沙发上想休息，这时一个朋友给我递了根烟，说可以提神，其实我知道这是什么烟，但不知怎么的，我鬼使神差地竟然接过来，并点着吸起来。

那根烟当时给我的感觉只有头晕伴着恶心想吐，当时想再也不碰了。但第二天当那位朋友再一次给我烟的时候，我却又接了过来，而这次我却有了飘飘然的快感。这种致命的快感让我隔两天就思念不已，于是就去找那位朋友要烟抽。

在一次次的期盼快感和享受快感的过程中，我知道自己已经不可避免地染上毒瘾，已经从心理、生理上无法摆脱毒品的诱惑了。

朋友当然不可能一直无偿给我提供毒品，上瘾后我只能向他去买。而一旦染上毒瘾，所挣的钱永远不够买毒品。没几个月，我的积蓄就花光了，情急之下我跑回贵阳把我的车卖了，骗家人说是做买卖急需。

吸毒几个月后，毒品已经成了我生活的全部，我没有食欲，对什么都没有兴趣，身体越来越差，就如行尸走肉。而这时的吸毒已经不再是所谓的快感，而是时时折磨人的一种痛苦：每隔几个小时就要吸一次，而且量越来越大，吸毒也不再是要舒服而是为了不受毒瘾发作的痛苦。人一旦吸毒就不再是人了。为了弄到毒资，礼义廉耻、人格情操、亲情真心，我都可以丢掉。吸毒让我无法正常工作，收入自然减少了。刚开始，我骗家人，后来骗朋友，实在无人可骗了，我就出卖自己的肉体维持吸毒。吸毒毁了我的一切……

请你再仔细阅读一遍本案例，然后谈谈小琼染上毒瘾的经历带给你哪些警示。

【案例2】锦绣前程灰飞烟灭

小熊是上海一所名牌大学计算机系的学生，读大二时因恋爱问题感到苦闷困惑，一天几个同学拉他去酒吧喝酒，然后拿出"一根烟"，对他说："来点这个吧，它可以让你消除烦恼，快乐起来……"出于好奇小熊吸下了第一口，感觉想吐。同学安慰他说："再吸几口你就舒服了。"

此后，小熊就主动找他们要毒品并很快就上瘾了。小熊浑身忽而发冷忽而发热，身体里好像有许多小虫子在咬自己……他被送去医院就诊，医生为小熊验血检查后断定，这些症状与吸毒有关。

家人为小熊办了休学。随后又千方百计送小熊去戒毒，可小熊自小受家人宠爱，意志和抵抗力薄弱，始终戒不了。往往是戒了又吸，吸了又戒。休学期满，小熊只能无奈地办理了退学手续。小熊的初恋自然也宣告终结。

吸毒不仅把小熊的身体搞垮了，也把家里的钱财搞空了。父亲对小熊已经绝望，但母亲仍不愿放弃。母亲不顾父亲的反对，把最后的积蓄10万元交给小熊，让小熊和两个朋友开了一家公司。可那两个朋友也吸毒，小熊他们做生意的本钱很快便化作了一缕缕青烟。父母因此吵起来，母亲搬出去住，小熊离家出走，并宣称要和父亲断绝关系。

两三个月后，他的钱花光了，没有经济来源的他毒瘾发作时，也曾经想过死，可小熊又没有这个勇气。渐渐地，小熊失去了理智，法律、道德、人性、理性、亲情全都被他丢到了一边，他的人生观、道德观也全都荡然无存了。小熊开始疯狂作案，光天化日下，肆无忌惮地抢劫路人。抢来的钱财，也都变成了毒品。

在牢里，小熊面壁思过，大梦初醒。小熊学的是计算机专业，又有亲戚在国外，如果不沾毒品，出国留学，成为学者或者商人，都是有可能的事。但如今，小熊却成了牢中的囚徒。

小琼与小熊染上毒瘾的经历有哪些相似之处？这说明了什么？

【案例3】暗淡了的明星路

2007年5月26日，北京市公安局禁毒处在石景山区鲁谷七星园小区一间屋内抓获了正在吸毒的某歌星谢某。谢某因此受到了法律制裁。他在被释放后表示要痛改前非，并被市公安局聘为禁毒志愿者。但数月后，该歌星因再次复吸毒品被派出所抓获，处以行政拘留10天。歌星谢某向警方表示，自己成为禁毒志愿者后，的确下定决心远离毒品，但还是过不了心魔这一关。他在和曹姓女子碰面后，两人抱着再试试的心态吸毒，于是又买了毒品一同吸食。

能用毒品来检验自己的意志力吗？明星谢某的经历说明了什么？

安全警示

千万别尝第一口

毒品曾给中国带来了巨大的灾难，中国人有过切肤之痛。100 多年前，鸦片使中国割地赔款，让无数国人因吸毒而倾家荡产、妻离子散、家破人亡……先人得出了"毒品危害，甚于洪水猛兽"的论断。可令人痛心的是，100 多年后的今天，毒品居然又在我们的国土上蔓延、泛滥了！

"烟枪一支，不见枪声震耳，却打得妻离子散；锡纸半片，不见火光冲天，却烧尽财产家园"。难道毒品的灾难又要在新中国的第四、第五代人身上重现？在庞大的吸毒人群中，青少年所占比例高达 83.6%。要想脱离虎口，"绝不吸食第一口"就显得尤为重要。千万不要相信"吸一口没事""吸一次不会上瘾"，要记住"吸了第一口，就没有最后一口"；千万不要相信"我吸了不会上瘾，我吸了能够戒掉"，要记住"吸毒有如打开地狱之门"，任何人踏进去，都如同坠入灾难的深渊。请牢记：为了终生远离毒品，不论出于什么动机，不论出现什么情况，我们都要坚定地把握住自己，永远不要去尝试第一口！

危机预防

青少年如何有效地防止吸毒

（1）接受预防毒品基本知识和禁毒法律法规教育，了解毒品的危害，懂得"吸毒一口，掉入虎口"的道理。

（2）不听信毒品能治病，毒品能解脱烦恼和痛苦，毒品能给人带来快乐等各种花言巧语。

（3）不结交有吸毒、贩毒行为的人。如发现亲朋好友中有吸、贩毒行为的，一要劝阻，二要远离，三要报告公安机关。

（4）如果自己在不知情的情况下，被引诱、欺骗吸毒一次，为珍惜自己的生命，千万不再吸第二次，万万不能吸第三次。

（5）培养健康向上的生活方式，不去青少年不应涉足的休闲娱乐场所，如酒吧、夜总会、歌舞厅等。

危机应对

绝非热情好客　肯定包藏祸心

很多青少年开始吸食毒品都是在朋友聚会等场合，经不住别人的"热情好客"，半推半就间接过了毒品，从此走向不归路。那么碰到这种情况应该怎么办呢？

（1）拒绝毒品的思想防线在任何时间都不能动摇，清楚懂得吸食毒品就是违法犯罪行为。

（2）要知道不管劝你吸食毒品的人是多么好客、多么热情、多么豪爽，其背后的目的只有一个：拉你下水，让你成为吸毒者，从你身上赚更多的钱。

（3）敢于拒绝别人不正当的要求，态度坚决果断，原则问题上不怕得罪人。

（4）事后要清醒地认识到你朋友圈里有吸毒人员，你一定要远离他们。如果你很关心朋友，应将他们吸食毒品的情况告知家长或教师，由相关部门对他们开展帮教。

（5）如在有些场合有人强行让你吸毒，应开动脑筋争取少受伤害，事后及时向公安机关报告。

2005 年被评为"首届公安部边防消防警卫部队优秀士官"、2006 年被评为"第二届全国十大边防卫士"的王婷，卧底贩毒集团与狡猾的毒贩斗智斗勇的惊险画面，也许可以给你一些启迪：王婷进了KTV包厢，见到了毒贩刘某等人后，王婷又几次险象环生。刘某两次要王婷跟他一起吃摇头丸。为了不至于露馅，王婷顺手接过摇头丸放到嘴里，含在嘴的右腮，并举起酒杯佯装把摇头丸灌了下去，做了个下咽的动作巧妙地骗过了刘某，然后趁刘某不注意时将含在嘴里的摇头丸偷偷吐到了一个角落。当刘某再次要求王婷用吸管吸食K粉时，王婷灵机一动，拿起香烟说："等我吸完这根烟再吸粉吧。"随后，侦查队的同志破门而入，将正在包厢吸食毒品毫不设防的刘某等十几名毒贩一举抓获。

法规链接

毒品犯罪

毒品犯罪是指违反国家和国际有关禁毒法律、法规，破坏毒品管制活动，应该受到刑罚处罚的犯罪行为。《联合国禁止非法贩运麻醉药品和精神药品公约》规定：毒品犯罪是指非法生产、制造、提炼、配售、兜售、分销、出售、交售、经纪、发送、过境发送、运输、进口或出口麻醉药品和精神药品、种植毒品原植物以及进行上述活动的预备行为和与之相关的危害行为。

安全·小贴士

青少年吸食毒品的常见诱因

1. 无知和轻信

调查表明，在青少年吸毒者中，有80%以上是在不知道毒品危害的情况下吸食毒品的。

2. 贪慕虚荣，赶时髦

错误的人生观导致许多年轻人误将吸毒视为时髦、气派的象征，最终断送了他们本应美好的前程。

3. 借助吸毒逃避现实，寻求解脱

一些青少年试图借吸毒逃避现实，寻求解脱。这种不积极的心态，其结局只能是登上"死亡快车"。

4. 交友不慎

许多年轻人染毒是因为受到周围不良朋友的影响，坚决拒绝这种不良影响是唯一的选择。

5. 赌气或逆反心理

"你不让我干，我偏要试试"的逆反心理，不服气、不甘心、不认同的较劲儿心理在许多青少年中普遍存在。你说毒品可怕，我就不怕；你说毒瘾难戒，我就吸一次给你看。正是这种逆反心理，促使一些年轻人自己跳进了火坑。

8.1.2　新型毒品"时尚"杀手　戒断更难

目前，全国公安机关将禁毒重点从传统的植物毒品转移到K粉（氯胺酮）、摇头丸（甲基苯丙胺）等新型化学毒品。歌舞厅、迪吧、酒吧等娱乐场所是有些青少年群体乐于消费的地方，同时也是新型毒品泛滥的场所。新型毒品能迅速使人产生兴奋、迷乱，服用后摇头幅度大、频率高，有强烈幻觉，严重损害脊椎、心、肺器官及中枢神经，过量吸食还会导致猝死。它们比传统毒品成瘾慢，但上瘾后更难戒断。

案例警报

【案例1】毒品不是减肥药

小何考入高职院校后，没有了父母的"监管"，他经常和同学到迪吧、KTV等场所娱乐。一天，小何和几个女同学以及她们的朋友到迪吧跳舞，跳了一会儿，身材较胖的小何累得直喘，出了很多汗。这时，同学的朋友拿出一粒白色药片说，吃了这个，怎么跳都不累，能减肥！小何的同学也附和着说："看我现在的好身材，就是它的功劳。"小何知道那是摇头丸，但一想到自己臃肿的体态，看着同学日渐苗条的身段，觉得吃一片也不会有事儿，就吞下了药片。

那次以后，小何继续用这个方法"减肥"，服用摇头丸的数量一次比一次多，小何也确实瘦了不少。可是随着身体的消瘦，小何的身体和精神都垮了，出现了心律不齐、记忆力减退、反应缓慢等症状。

小何说，每次出去玩，都会有一个人"请客"，买几十颗摇头丸分给大家。轮到小何"请客"时，她就借口买衣服、买学习资料向父母要钱，少则2000元，多则3000元。小何的父母工作繁忙，他们从来没怀疑过，甚至没询问过。当小何在戒毒所里给父母打电话时，他们才知道，小何已服用摇头丸两年之久。

像小何一样，一些青少年就是在受骗的情况下吸上了毒品。一些吸毒者为了筹集毒资，以贩养吸，往往想尽一切办法欺骗青少年，使他们成为吸毒者，即成为自己的"下家"，由此编织自己的"毒网"。

小何成为吸毒者有哪些自身的原因？

【案例2】莫将吸毒当时髦

某职校生小辉在缉毒大队的笔录室说："有同学打电话，说有朋友过生日，叫我去'嗨'，我便又叫了两个朋友去了。大家先是喝酒、唱歌、看世界杯，后来有人喊了声'没点刺激的真没劲'，两个过生日的东家就买来了K粉，请大家'嗨'。"他们把K粉掺进酒水里，倒到"嗨盘"中，逐一请到场的同学朋友"嗨"。

为防止被警方发现，他们还有明确分工，当大部分人聚在一起"嗨"粉时，便派人轮流把守在包间门口望风。其实小辉和过生日的两名辍学男孩并不相识，是因为有同学叫就跟着去了，"反正有的玩，捧捧场而已"。小辉说的这两个辍学男孩，一个17岁，一个18岁，高中未上完，因平时家里管不住，两年前便辍学开始混迹社会，跟着一些无业青年经常出入摇吧、酒吧等娱乐场所，很少回家。为了在道上混，撑面子，谁交的朋友多、谁玩的东西"新奇、刺激"，谁就是"老大"。多名在校学生也参与了吸食K粉，原因是"大家一起聚会，别人都'嗨'了，自己不'嗨'怕朋友说不给面子"。案发后公安机关依据《中华人民共和国治安管理处罚法》第七十二条，对参加吸食毒品的30余人做出了罚款等行政处罚决定。

安全警示

据公安部门统计，近年来吸食新型毒品的人员数量不断上升，一个重要的原因就是吸食人群中不少人相信K粉、冰毒等新型毒品不会上瘾，对身体无害。但科学研究表明，吸食新型毒品K粉、冰毒等和吸食传统毒品鸦片、海洛因一样，不仅可以成瘾还可致命。

由于冰毒、K粉、摇头丸等新型毒品的制造方法相对简单，因此传播速度更快、传播面更广、危害更大。

你可能听说过"摇头丸、冰毒和K粉"，但是也许认为它跟你的生活毫无关系，但就在短短的几年时间里新型毒品已经迅速蔓延，在很多大中城市，吸食新型毒品的数字已经占到了吸毒者人数的60%以上，在有的城市甚至超过了90%，而这些迅速增加的数字几乎全部都是普通的青少年。这意味着吸毒者可能就是你的同学、你的朋友，青少年一旦沾染上毒品，便会给社会、家庭、个人带来巨大危害，走上偷盗、抢劫、淫乱等违法犯罪道路，应当引起政府、社会和家庭的高度重视。

危机预防

防止中毒贩的毒招

毒招之一：谎称"毒品吸一两次不会上瘾"。但众多吸毒者的亲身经历是：一日吸毒，永远想毒，终身难戒毒。

毒招之二：免费尝试。几乎所有吸毒者初次吸食毒品，都是接受了毒贩或其他吸毒人员"免费"提供的毒品。此后，毒贩们再高价出售毒品给上瘾的青少年。

毒招之三：声称"吸毒治病"。毒贩们利用青少年对毒品的无知和对疾病的恐惧，引诱青少年吸毒。但实际上吸毒不仅不能治病，还会严重危害青少年的身心健康，损害人的大脑，影响血液循环和呼吸系统功能，还会降低生殖和免疫能力，甚至导致死亡。

毒招之四：鼓吹"吸毒可以炫耀财富，现在有钱人都吸毒"。毒贩们瞄准了一些青年人通过自己的努力取得了成功，积攒了一定的财富，向这一群体的人们兜售"吸毒是有钱人的标志"这样极其荒唐的错误观念。

毒招之五：利用女青年爱美之心，编造"吸毒可以减肥"的谎话。可事实上，吸毒不仅损害面容和身体，还摧残人们的意志。

一日吸毒，永远想毒，终身难戒毒，这已经是许多吸毒者刻骨铭心的体会。毒品就像魔鬼从地狱中伸出的毒手，时刻在威胁着人类的生命健康。识别毒贩的毒招，远离毒品，拒绝毒品，禁止毒品，每一个人都责无旁贷。

危机应对

警惕身边有人吸毒或贩毒

（1）在发现身边有人吸烟时偷偷放入可疑的白色粉末要高度警惕，他可能是一名吸毒人员。

（2）在发现身边有人有意识地渲染吸食毒品产生愉悦的感觉时，或宣称吸食新型毒品不会上瘾时，要警惕这是想推销毒品。

（3）在发现身边的同学经常和一些社会人员交往过密，经常光顾KTV、酒吧、歌舞厅，且平时上课无精打采、昏昏欲睡等情况时，应怀疑有吸食毒品的可能性。

发现以上可疑情况，应立即设法向家长、教师或公安部门报告。

法规链接

《中华人民共和国刑法》

第三百四十七条（摘录）　走私、贩卖、运输、制造毒品，无论数量多少，都应当追究刑事责任，予以刑事处罚。

走私、贩卖、运输、制造毒品，有下列情形之一的，处十五年有期徒刑、无期徒刑或者死刑，并处没收财产：

（一）走私、贩卖、运输、制造鸦片一千克以上、海洛因或者甲基苯丙胺五十克以上或者其他毒品数量大的；

（二）走私、贩卖、运输、制造毒品集团的首要分子；

（三）武装掩护走私、贩卖、运输、制造毒品的；

（四）以暴力抗拒检查、拘留、逮捕，情节严重的；

（五）参与有组织的国际贩毒活动的。

第三百五十三条　引诱、教唆、欺骗他人吸食、注射毒品的，处三年以下有期徒刑、拘役或者管制，并处罚金；情节严重的，处三年以上七年以下有期徒刑，并处罚金。强迫他人吸食、注射毒品的，处三年以上十年以下有期徒刑，并处罚金。引诱、教唆、欺骗或者强迫未成年人吸食、注射毒品的，从重处罚。

第三百五十四条　容留他人吸食、注射毒品的，处三年以下有期徒刑、拘役或者管制，并处罚金。

安全·小·贴士

新型毒品

所谓新型毒品，是相对于鸦片、海洛因、可卡因等传统毒品而言的，人工化学合成的致幻剂、兴奋剂类毒品。主要种类如下。

（1）冰毒。即甲基苯丙胺，外观为纯白结晶体，吸食后对人的中枢神经系统产生极强的刺激作用，能大量消耗人的体力和降低免疫功能，严重损害心脏、大脑组织甚至导致死亡，吸食成瘾者还会造成精神障碍，表现出妄想和好斗等情况。

（2）摇头丸。属于具有明显致幻作用的苯丙胺类中枢兴奋剂。由于滥用者服用后可出现长时间难以控制随音乐剧烈摆动头部的现象，故称为摇头丸。外观多呈片剂，形状多种多样，五颜六色，用药者常表现为时间概念和认知混乱，行为失控，异常活跃，常常引发集体淫乱、自伤与伤人，并可诱发精神分裂症及急性心脑疾病。

（3）K粉。学名氯胺酮，属于静脉全麻药，临床上用作手术麻醉剂或麻醉诱导剂，具有一定精神依赖性潜力。K粉外观上是白色结晶性粉末，无臭，易溶于水。滥用K粉会导致十分严重的后遗症，轻则神志不清，重则可以使中枢神经麻痹，继而丧命。另外还可让人产生性冲动，导致许多少女失身，所以又称之为"迷奸粉"或"强奸粉"。

（4）三唑仑。又名三唑氯安定、海乐神，是一种新型的苯二氮卓类药物，具有催眠、镇静、抗焦虑和松肌作用，长期服用极易导致药物依赖。因这种药品的催眠、麻醉效果比普通安定强45～100倍，口服后可以迅速使人昏迷晕倒，故俗称迷药、蒙汗药、迷魂药。三唑仑无色无味，可以伴随酒精类共同服用，也可溶于水及各种饮料中。

8.1.3　毒品和艾滋病是孪生兄弟

根据权威部门统计，截至2004年年底，我国现有吸毒人员已达79.1万名，比2003年上升了6.8%。全国因吸毒造成的死亡人数已达3万余人。吸毒导致艾滋病问题日益严重。

全国现有艾滋病病毒感染者近 84 万，而且呈明显上升趋势。在吸毒人员中，35 岁以下的青少年占到了 70%。毒品和艾滋病已成为危害社会稳定和谐的毒瘤，青少年应从我做起"珍爱生命，拒绝毒品"。

案例警报

【案例 1】和毒品睡觉的女人

小英的父母都吸毒，为了筹集毒资，他们还贩卖毒品。在家庭影响下，原本好学上进、聪明能干的小英心灰意冷，自暴自弃。她与不良青年发生性关系并且染上毒瘾。谁有毒品，她就和谁睡觉，被称为"和毒品睡觉的女人"。

小英在戒毒所里进行体检，被查出感染了艾滋病病毒。这个花季少女已病入膏肓。

为什么说毒品与艾滋病是一对孪生兄弟？

【案例 2】吸毒是艾滋病传播的重要途径

据资料显示，在美国的艾滋病成人患者中，25%是吸毒人员，有的城市高达74%。1990 年，马来西亚的艾滋病病毒感染者中就有 50%是吸毒成瘾者。非洲 500 万艾滋病病毒感染者中绝大部分是吸毒和性乱交感染。2001 年，我国通过对 3 万余例艾滋病病毒感染者监测发现，68.7%以上是因为静脉注射毒品而被感染的。

各国艾滋病病毒感染者与吸毒人员的相关数据说明了什么问题？

安全警示

艾滋病的主要传播途径是血液传播、性传播和母婴传播。静脉注射毒品者共用不洁注射器来注射毒品极易造成血液传播。吸毒者的不良性行为又可造成性传播。吸毒者感染艾滋病后生育孩子，也可造成母婴传播，贻害无穷。艾滋病的 3 个传播途径中，吸毒者全都有。因此，铲除毒患是遏制艾滋病的重要途径。

危机预防

吸毒者为什么容易受艾滋病病毒感染？

艾滋病患者中有相当比例的人有吸毒经历，说明艾滋病毒在吸毒者中传播十分迅速，主要原因如下。

（1）吸毒之后身体对毒品产生依赖，每 3～6 小时重复用药一次才能维持身体的机能状态。随着吸毒时间的延长、吸毒量的增加，相当一部分人会从吸毒改为扎毒（静脉注射），因为扎毒产生的欣快感会更加强烈、快速。

（2）吸毒过程中会有一部分毒品释放到空气中浪费掉，而对于吸毒量越来越大、手头越来越拮据的瘾君子来说，昂贵的毒品自然是不能任其浪费的。一部分人会从吸毒改为扎毒。

（3）有些吸毒者喜欢聚众吸毒，在这过程中共用注射器相互表达行为的认同和心理支持。共用注射器使吸毒人员感染艾滋病病毒的风险非常大，如果感染艾滋病病毒的吸毒者与其他未被感染的吸毒人员共用注射器吸毒，则其将艾滋病毒通过一次吸毒传染给他人的概率极大，远远大于通过一次性接触和母婴途径传播的概率。

（4）许多吸毒者都有淫乱行为，尤其是女性吸毒者往往会靠卖淫来赚取毒资。在性乱交中，极有可能被感染上艾滋病病毒，继而传染给别人。

危机应对

发现染上毒瘾怎么办？

（1）如果发现自己已染上毒瘾，请务必要告知家长。此时不要再顾及家长的责骂和别人的轻视，长痛不如短痛，几乎没有人能仅仅依靠个人的毅力和努力来彻底戒毒，必须依靠家庭的支持和专业的治疗。

（2）无数事实证明戒毒是一个系统的工程，要药物、强制和督促相结合，要有资金做保障，不要简单地认为服用一些戒毒药品就可达到戒毒的目的。

（3）现在全世界公认的戒毒治疗方案，并非仅着眼于戒除（身体依赖）一个方面，而是从毒瘾形成的机制出发，采取"生物—心理—社会"的模式进行戒毒治疗。

（4）一旦戒毒成功，要防止、抵制各种诱因。要知道戒毒后复吸，再想戒毒成功就十分困难了。

法规链接

《全国人民代表大会常务委员会关于禁毒的决定》

为了严惩走私、贩卖、运输、制造毒品和非法种植毒品原植物等犯罪活动，严禁吸食、注射毒品，保护公民身心健康，维护社会治安秩序，保障社会主义现代化建设的顺利进行，特做如下规定：

一、本决定所称的毒品是指鸦片、海洛因、吗啡、大麻、可卡因以及国务院规定管制的其他能够使人形成瘾癖的麻醉药品和精神药品。

三、禁止任何人非法持有毒品。

七、引诱、教唆、欺骗他人吸食、注射毒品的，处七年以下有期徒刑、拘役或者管制，并处罚金。

八、吸食、注射毒品的，由公安机关处十五日以下拘留，可以单处或者并处二千元以下罚款，并没收毒品和吸食、注射器具。吸食、注射毒品成瘾的，除依照前款规定处罚外，予以强制戒除，进行治疗、教育。强制戒除后又吸食、注射毒品的，可以实行劳动教养，并在劳动教养中强制戒除。

九、容留他人吸食、注射毒品并出售毒品的，依照第二条的规定处罚。

十二、对查获的毒品、毒品犯罪的非法所得以及非法所得所获得的收益、供犯罪使用的财物，一律没收。没收的毒品和吸食、注射毒品的器具，依照国家规定销毁或者作其他处理。罚没收入一律上缴国库。

十四、犯本决定规定之罪，有检举、揭发其他毒品犯罪立功表现的，可以从轻、减轻处罚或者免除处罚。

十五、公民对本决定所规定的违法犯罪行为有检举、揭发的义务。国家对检举、揭发走私、贩卖、运输、制造毒品等犯罪活动的人员以及禁毒工作中有功的人员，给予奖励。

安全小贴士

青少年要走出对毒品认识的十大误区

（1）将毒品当成"享乐极品"。多见于商人、手头经济富裕者。毒贩子对毒品所致欣快感的不正确的渲染，使他们把毒品当成"享乐极品"，认为自己有的是钱，世界上该享受的基本上都享受了，只有毒品未试，不尝试毒品枉活一世。他们寻求刺激，追求享受，结果坐吃山空、倾家荡产、家破人亡。

（2）吸毒是富有、气派的象征。多见于青少年。他们虚荣心强、讲排场、比阔气，认为吸得起毒才是富有、气派的象征，往往是一群人中有 1~2 个是吸毒者，其他的就会仿效加入吸毒大军。

（3）吃"花烟"不会上瘾。部分人因好奇或被人引诱试用过毒品，开始时部分人会出现不适感，而断断续续使用，可保持数月不上瘾。殊不知海洛因成瘾性极强，对人类而言，成瘾是 100%，只不过是时间早晚的问题。

（4）吸一口不要紧。有第一口，就会有第二、第三口。一旦有"感觉"，就难以脱离了。

（5）把毒品当成"良药"。不得不承认，毒品确实有一定的药理作用，如海洛因有止痛、止咳、止泻作用，但是它对人类的毒害远远大于其药理作用，人们早已从药典中将其删除，可有些人仍将其作为良药自己使用或介绍给他人使用。

（6）过分相信自己的毅力。一些人过分相信自己的毅力，认为即使上瘾也完全可以戒除。殊不知毒品可削弱人的意志，引起人格改变，最终成为毒品的俘虏而难以摆脱。

（7）刚戒完毒只试一口不会成瘾。一些人确实想把毒戒掉，但一回到原来的环境，看见毒友吸食，又忍不住去试一口，认为自己刚戒完毒只试一口不会成瘾。殊不知："戒毒十年，一口复原。"因为戒毒后再吸与刚开始吸有着本质的不同，戒毒后的肌体对毒品处于高度敏感状态，一次就会促使你继续吸下去，且耐受性会很快形成，用量在短期内迅速增加。

（8）脱毒治疗结束即大功告成。一些人认为到戒毒所戒毒或自己戒，几天后不难过就大功告成了，其实这只是消除了体瘾，在整个戒毒过程中，这只是万里长征刚走出了第一步，彻底戒除毒瘾是一个漫长的防复吸过程。一般而言，能保持一年不沾毒品且能认识到毒品的严重危害，能自觉抵制毒品、人格健全、社会功能完整，才算戒毒成功。

（9）吸毒不是违法行为。部分人受西方文化中所谓"人权"意识的影响，认为自己不偷、不抢，靠自己赚钱买毒品，满足自己的需要，就如花自己的钱买东西一样，不是违法行为。但是要知道，从你开始沾上毒品那天起就意味着你的积蓄会花光，家庭会破裂，可能会步入犯罪之路，你的身体会遭受到严重的危害，所以我国法律明确规定，吸毒是违法行为，而贩毒是犯罪行为。

（10）吸毒成瘾后是极难戒除的。

自我检测

1．通过学习你是否对毒品有了较全面的认识？在此之前你是否对毒品（特别是新型毒品）的认识存在误区？

2．请说出防止毒品侵害的具体方法。

应急模拟

模拟一个朋友聚会的场景，其中有一个朋友拿出一小包 K 粉说为大家助兴，免费吸食，有几名同学积极响应，并热情地邀请你共享。模拟向别人推销吸食毒品和如何去拒绝。

→ 8.2 崇尚科学 反对邪教

世界各国的发展经验表明，人均 GDP 处于 1000～3000 美元阶段时，往往对应着各种矛盾的紧张和激化，其中，由贫富悬殊引发的社会矛盾最为突出。往往是"经济容易失调、社会容易失序、心理容易失衡、社会伦理需要调整重建的关键时刻，也是突发公共事件的高危时期"。目前的中国正处在这样的关键时刻，我国政府及时提出了科学发展观和构建和谐社会的重要任务。然而邪教、封建迷信、伪科学正成为构建和谐社会进程中极不和谐的音符。青少年是祖国的未来和希望，也是一些邪教组织妄图争取的对象，青少年学生应该崇尚科学，反对封建迷信，远离邪教。

8.2.1 珍爱生命 拒绝邪教

邪教组织是指冒用宗教、气功或者其他名义建立，神化首要分子，利用制造、散布迷信邪说等手段蛊惑蒙骗他人，发展、控制成员，危害社会的非法组织。邪教组织利用各种手段对其信众进行洗脑。刚开始，用各种貌似正义、善良的一面诱导无知的人加入其组织，继而长期对信众进行洗脑，使信众慢慢失去了判别能力而无法自拔。邪教往往都出于两个目的："权"和"钱"。所以发展到后来，邪教组织的头目为了达到自己的欲望必定会让其信众铤而走险，走上不归路。

案例警报

【案例 1】喜庆日的悲剧

2001 年 8 月 17 日，北京市第一中级人民法院对 1 月 23 日制造天安门广场自焚事件的 5 名法轮功涉案人员进行了一审公开宣判，依法分别以故意杀人罪判处刘云芳、王进东、薛红军、刘秀芹无期徒刑和有期徒刑，刘葆荣免予刑事处罚。

2001 年 1 月 23 日，正值中国农历除夕，在李洪志一遍遍"放下生死""走向最后的圆满"的催促声中，王进东等 7 名法轮功痴迷者制造了震惊中外的"1·23"天安门广场自焚惨剧，最终造成了两死三重伤的严重后果。其中死亡的女孩刘思影年仅 12 岁，重伤的陈果是中央音乐学院一名 19 岁的女高材生，专修琵琶演奏。陈果烧伤面积达 80%，深三度烧伤近 50%，头、面部四度烧伤，形成黑色焦痂，同时处于休克状态。

陈果的双手被严重烧焦，对这个琵琶专业的学生来说，弹琴将只能是永远的梦了。难道这就是法轮功所宣扬的"功德圆满"吗？

【案例 2】校园阴影

学生小李受其父母的影响，开始练习法轮功。该生升入中学后，对法轮功越来越痴迷。其父母说："念不念书没有用，在家练法轮功就行。"于是该生辍学在家练法轮功。学校的教师及亲属多次找她父母谈话，反复做工作让小李好好读书。小李虽勉强回到学校读书，但仍不安心学习，经常在班里宣扬法轮功，使班上的一些同学也不同程度地受到了影响，某日下午，小李对班里的同学说："人类就要毁灭，地球也要爆炸""去感觉感觉世界末日"，然后买了一瓶安眠药，每人 2～3 片，发给 10 余名同学，她自己也留了一些。其中一名女同学感到好奇，向她要了 25 片一次服下。上课时，教师发现了班里有的同学出现要喝水，有的伏案大睡，有的呕吐等异常现象，及时报告了校领导。学校采取了紧急措施，把那位服了 25 粒安眠药的同学送到医院进行抢救。因抢救及时，该同学最终脱离危险。其他同学因服药量小，未产生严重后果。

小李练习法轮功痴迷不悟，为什么同学们也差一点儿陷入险境呢？法轮功就是"精神毒品"，千万不要尝试接触！

安全警示

青少年正处在思想认识比较浅薄，判别是非的能力差，警惕性和自我防护能力比较弱的年龄段，看问题很不全面，很不深刻。邪教组织会以惯用的手法，利用青少年的心理特点，运用青少年非常喜爱的网络、图书及信息编造"世界末日就要来到""地球要爆炸""大灾大难即将来临"等邪说恐吓和诱骗青少年，制造思想混乱。一些青少年若接触邪教，就会很容易相信其歪理邪说，对人生产生害怕、对未来缺少信心、对学习产生厌倦。人一旦信仰产生危机，很容易被邪教组织控制和利用，有的会拜师，有的会出现异常举动，甚至出现伤人或自残行为，对身心健康和个人前途发展产生极为不良的影响。

危机预防

预防邪教的侵害

1．相信科学

遇到疾病找医生，遇到困难找政府；亲友邻里要积极鼓励、相互帮助、宽容体谅、共渡难关，绝不相信迷信、依靠邪教。

2．预防疾病

倡导文明健康的生活方式，养成良好的卫生习惯。做到劳逸结合，注意张弛有度，保持良好的心态。

3．科学健身

积极参加文化娱乐活动，积极参与全民健身活动，选择符合自己年龄特点、身体状况的运动方式来健身（如太极拳、八段锦等健身气功等）。

4．充实精神

靠科学致富，物质生活富足了，精神生活也要丰富。要以文化知识充实头脑，以科技信息发财致富，享受人生多彩生活。

危机应对

发现亲人参加迷信组织怎么办？

近年来虽然人们的物质生活水平在不断提高，但由于科普工作没有相应跟上，特别是在一些农村地区，封建迷信活动仍很猖獗，甚至形成了一些组织。青少年学生应成为弘扬科学、破除迷信的先锋，用科学的思想影响身边的人。青年学生对迷信的亲人要做到以下几点。

（1）宣传科学知识。因为一个没有文化的人，不懂得科学知识，极易愚昧无知，对封建迷信活动缺乏反抗能力。

（2）揭露搞封建迷信造成的危害。可用一些事例说服身边的亲人。

（3）要戳穿封建迷信活动中一些骗人的把戏，提高亲人的是非鉴别能力。

（4）对偷偷摸摸开展封建迷信活动的组织要向基层政府组织报告。防止亲人参加封建迷信的不法组织。

法规链接

全国人民代表大会常务委员会《关于取缔邪教组织、防范和惩治邪教活动的决定》

为了维护社会稳定，保护人民利益，保障改革开放和社会主义现代化建设的顺利进行，必须取缔邪教组织、防范和惩治邪教活动。根据宪法和有关法律，特做如下决定：

一、坚决依法取缔邪教组织，严厉惩治邪教组织的各种犯罪活动。邪教组织冒用宗教、气功或者其他名义，采用各种手段扰乱社会秩序，危害人民群众生命财产安全和经济发展，必须依法取缔，坚决惩治。人民法院、人民检察院和公安、国家安全、司法行政机关要各司其职，共同做好这项工作。对组织和利用邪教组织破坏国家法律、行政法规实施，聚众闹事，扰乱社会秩序，以迷信邪说蒙骗他人，致人死亡，或者奸淫妇女、诈骗财物等犯罪活动，依法予以严惩。

二、坚持教育与惩罚相结合，团结、教育绝大多数被蒙骗的群众，依法严惩极少数犯罪分子。在依法处理邪教组织的工作中，要把不明真相参与邪教活动的人同组织和利用邪教组织进行非法活动、蓄意破坏社会稳定的犯罪分子区别开来。对受蒙骗的群众不予追究。对构成犯罪的组织者、策划者、指挥者和骨干分子，坚决依法追究刑事责任；对于自首或者有立功表现的，可以依法从轻、减轻或者免除处罚。

三、在全体公民中深入持久地开展宪法和法律的宣传教育，普及科学文化知识。依法取缔邪教组织，惩治邪教活动，有利于保护正常的宗教活动和公民的宗教信仰自由。要使广大人民群众充分认识邪教组织严重危害人类、危害社会的实质，自觉反对和抵制邪教组织的影响，进一步增强法制观念，遵守国家法律。

四、防范和惩治邪教活动，要动员和组织全社会的力量，进行综合治理。各级人民政府和司法机关应当认真落实责任制，把严防邪教组织的滋生和蔓延，防范和惩治邪教活动作为一项重要任务长期坚持下去，维护社会稳定。

安全·小·贴士

识破邪教精神控制"三部曲"

（1）首先是披着善良的外衣带着人"从善"，或满足人们健身祛病的需求，让你入门。

（2）入门之后，就让你死读他的经书，千百遍地读，别的都不能读。通过洗脑、灌输，搞得你迷迷糊糊。

（3）散布世界末日毁灭之说，如"整个地球都要爆炸了""整个世界都要毁灭了"，宣传唯有跟着我教主才能升天，才能脱离这些灾难，把信徒置于一种极端恐惧和疯狂的精神状态下，以进一步加强对信徒的绝对精神控制。

8.2.2 爱我中华 揭批邪教

邪教发展到一定地步都不可遏制地要走向"反宗教、反文化、反科学、反政府、反人类、反社会"。邪教"教主"大都有政治野心,有的一开始就有明确的政治图谋,有的则是在势力壮大后政治野心也随之膨胀。他们不满足于在"秘密王国"实行神权加教权的统治,还要在全国甚至在全世界实行神权加教权的统治。组织力量向党和政府施压,以求乱中取胜。因此,我们要树立正确的人生观和价值观,要坚决与邪教作斗争,增强遵纪守法的观念,崇尚科学,热爱生活,珍惜生命,刻苦学习,努力拼搏,为国争光,做一个对社会有用的人。

案例警报

【案例1】邪教新罪恶

新华网北京2002年7月8日电:覆盖全国的鑫诺卫星自6月23日至6月30日陆续遭到法轮功非法电视信号攻击,卫星转发器传输的"村村通"中的中央电视台9套节目和10个省级电视台节目受到严重干扰,全国部分农村、边远山区的"村村通"用户无法正常收看迎接"七一"、香港回归5周年庆典等重大电视新闻,世界杯决赛阶段电视转播及各电视台电视节目。

法轮功非法电视信号攻击鑫诺卫星的罪恶目的是什么?

【案例2】跳梁小丑的表演

举办奥运会是中华儿女梦寐以求的喜事,是中华民族走向世界的桥梁。在国际赛场上升国旗、奏国歌,会让每一个中国人感到无比荣耀和自豪。然而,法轮功组织却竭力诋毁祖国形象,阻挠北京申奥。2001年3月,法轮功组织利用国际奥委会到加拿大考察之际,在加拿大多伦多举行记者招待会,反对北京申办2008年奥运会。2001年7月,国际奥委会在莫斯科投票,法轮功组织又聚集莫斯科市进行集会、捣乱,同时向国际奥委会委员发电子邮件进行恐吓。事实表明,法轮功已经完全蜕变为一个彻头彻尾的反华组织,沦为国际反华势力颠覆我国政权和社会主义制度,破坏国家统一的走卒和工具。

法轮功组织破坏北京申奥的险恶用心是什么?

安全警示

以上事例充分暴露了邪教发展到一定规模以后必定有不可告人的政治企图,为了达到他们的目的,引起世人的关注,不惜投靠国外反华势力,在中华民族奏响喜庆欢快乐章时,粗暴地加入不和谐音符。所有爱国的人们对他们跳梁小丑般的表演都极端不齿。通过以上案例,我们青少年学生应看清所有邪教组织的反动嘴脸,提高思想觉悟,不被各种迷信邪说蛊惑蒙骗,用所学的知识批判揭露他们反动伪善的本质。

危机预防

邪教组织最本质的特点

(1)鼓吹绝对化或神化了的教主崇拜,宣称有超自然力量的教主。

(2)宣扬末世论,打着拯救人类的幌子,散布迷信和歪理邪说。

(3)用蛊惑、蒙骗的手段发展成员,对信徒实行精神控制和摧残。

(4)不择手段地聚敛钱财满足私欲。

(5)秘密营私,利用包括恐怖暴力在内的各种手段危害社会。

危机应对

在生活中遇到邪教宣传怎么办？

目前活动较活跃的邪教有法轮功、呼喊派、东方闪电教（也称实际神、全能神）、三班仆人派等。对邪教要做到以下几点。

第一，不听、不信、不传。QQ聊天碰到邪教分子宣传时，不要答话，直接删除，记下QQ号，并提醒其他网友共同抵制。接到录音宣传邪教电话时，直接挂机免受蛊惑。收到邪教短信息可到派出所报案或删除，切记不要传播。

第二，检举揭发邪教的违法活动，及时向公安机关报告。看到张贴的邪教宣传单，及时报告居委会、村委会、派出所或教师。

第三，破除迷信思想，正确对待生老病死。

第四，正确对待人生坎坷，增强追求美好生活的勇气和信心。

第五，树立科技致富、勤劳致富的思想，通过自己的双手创造美好的生活。

法规链接

《中华人民共和国刑法》

第三百条　组织和利用会道门、邪教组织或者利用迷信破坏国家法律、行政法规实施的，处三年以上七年以下有期徒刑；情节特别严重的，处七年以上有期徒刑。

组织和利用会道门、邪教组织或者利用迷信蒙骗他人、致人死亡的，依照前款的规定处罚。

组织和利用会道门、邪教组织或者利用迷信奸淫妇女、诈骗财物的，分别依照本法第二百三十六条、第二百六十六条的规定定罪处罚。

安全·小·贴士

邪教和宗教的区别

（1）宗教中的人与神都是有区别的，其中神职人员地位再高，也不得自称为神；但邪教主总自称为神、佛之类的。

（2）宗教举行的活动是在公共场所公开的，如朝圣这样的活动；而邪教则多进行隐秘的活动。

（3）宗教虽然是唯心主义的，但仍主张与社会相适应；而邪教则反人类、反社会。

（4）宗教不允许神职人员骗人钱财；邪教的目的却是大肆掠夺人们的钱财。宗教有自己的典籍和教义；邪教却是纯粹的歪理邪说。

8.2.3　心中有科学　识破伪气功

邪教在我国通常都冒用宗教、气功或者其他名义建立，他们所谓的气功是伪气功，用气功的幌子蒙骗人，用治病强身诱惑人，用各种把戏吓唬人。我们要用所学的科学知识武装自己的头脑，识别伪气功，不被形形色色的伪把戏所迷惑。

案例警报

【案例1】莫将魔术当气功

互联网上曾出现的一段所谓气功"隔空打物"的视频表演，老者用手掌将数米外的砖头击倒，将装满水的水盆容器来回移动以及隔空吸物等。亲眼目睹这气功的绝技，不得不让人惊叹佩服。然而当事实真相被揭露后，年过古稀的老者不得不承认自己的"绝活"不过是一种障眼法的魔术表演而已。

俗话说"眼见为实"，是魔术还是真的有特异功能呢？如图8-2所示，有时眼睛也会"欺骗"你！

图8-2 眼见未必是真

【案例2】科学揭露骗术

中国有不少奇人异事，不过也有很多骗人的江湖术士。有些气功大师，在为人发功治病时，病人头上或气功大师的头上会冒出阵阵白烟，让大家信以为真。不过后来却被发现，他其实是在头上放了容易挥发的化学药剂。

某市街头来了一伙自称是受少林寺派遣来治病救人的和尚，向围观群众兜售一种自称是少林寺自制的包治百病的"灵丹妙药"。为了证实所售药物并非假货，一名身穿僧衣的中年男子先从围观群众中找了一名中年妇女，左右打量后，认定此人患有严重的肩周炎。要用少林神功为这名妇女免费治疗。说完，中年和尚蹲起马步，摩拳擦掌地操练起来。他先向掌心吹了一口气，然后紧闭双眼，双手合十用力地摩擦起来，不一会儿的功夫，他的手中冒出了缕缕白烟。随后，和尚又把双手捂在那名妇女的肩膀上，询问是否有发烫的感觉，妇女称是。和尚的神功吊足了大伙的胃口，他们对"大师"兜售的"灵丹妙药"深信不疑起来，不少人纷纷解囊。

围观群众中有一位物理老师发现了破绽：原来和尚在表演前，事先在手指间夹了一块东西，当他摩擦手掌的时候，手指间的东西便开始自燃。物理老师认出那东西是白磷，由于磷的燃点很低，经过摩擦后，便发生了物理反应，很多不懂物理常识的群众就这样被蒙骗了。

生病就得去医院，就得找医生诊治，不要相信"打把式卖艺"的。

安全警示

2006年5月14日自称"念力医学创始人"的何斌辉，受邀在凤凰卫视《世纪大讲堂》中大讲"念力医学"如何包治百病，遭到电视观众和广大网友的一片质疑。该事反映出通过近几年的科普宣传，对伪科学、伪气功的揭露，科学思想观已逐渐在大家脑中扎根，在碰到有违科学的事件发生时，哪怕当事人是名人、是著名媒体，人们也能依据科学原理提出质疑，不再轻易上当受骗。

危机预防

伪气功的形成和泛滥的原因

（1）缺乏必要的科研素质是以"眼见为实"做判定标准的原因，因为缺乏科研素质则分辨不了表演和实验之间的区别，即不懂怎样采取严格的科研手段来排除与实验无关的各种因素，也没有能力发现表演者如何弄虚作假。

（2）众多媒体层出不穷推出的"超人""大师"们所鼓吹的封建迷信和伪科学内容，影视作品中神乎其神的各种功法，渲染了毫无科学的文化氛围。

（3）部分领导、社会名人和科学家仅仅根据表演或不符合科学规范的实验结果就相信、表态支持，不仅误导了广大群众，更为那些拉大旗作虎皮的科学界的骗子和伪气功师提供了进一步骗人的条件。

危机应对

认识伪气功的本质

伪气功的核心是"外气"。它让人们相信的一个重要原因是所谓的发放"外气"治疗（实际是心理暗示治疗）对部分人和部分病的确能产生感觉和效应。那种或热、或凉、或麻、或香的感觉是部分易受暗示的患者能切身体会到的，那种可使偏头痛、癔症性瘫痪等心理因素导致的疾病，在治疗当时就产生立竿见影效果的场面，是周围的人可以亲眼见到的。这是使人们相信它的最直接原因。尤其是外气师的手不接触患者就使患者产生感觉效应的表面现象，极容易令缺少心理学知识的人们得出外气师发出物质性"外气"的判断。

通过实验证实，所谓的发放"外气"治疗不过是以发气作为暗示内容的一种心理暗示疗法而已。心理学早已证实，人的各种感觉都可经暗示产生幻觉，心理暗示疗法对心理因素导致的疾病常可收到立竿见影的效果。采取阻断暗示的措施，让患者不知道外气师给他发气，这时患者就没有任何感觉和效应出现。这无法推翻的铁样事实，无可辩驳地证明了外气师发不出具有超自然力作用的"外气"。

法规链接

国家体育总局《健身气功活动站点管理办法》

第六条　健身气功活动站点以其所在地域命名，不得包括功法和个人的名称，不得使用宗教用语，不得冠以"中国""亚洲""世界""宇宙"以及类似的字样。规模较大的称活动站，规模较小的称活动点……

第十条　健身气功活动站点内习练的健身气功功法内容，须经当地体育行政部门核准。凡不宣传愚昧迷信，不神化个人，不违法敛财，并已取消原功法组织的其他功法，可以在健身气功活动站点内习练。由有关部门正在依法查处的气功组织的功法不得在站点内习练。

第十四条　健身气功活动站点注册建立和管理工作应与有关公安机关协调联系，并报经当地防范和处理邪教问题办公室批准后实施。

第十七条　健身气功活动站点不以营利为目的。参加活动人员缴纳费用须经当地物价部门批准。

安全小贴士

气功能健身

气功是通过意识和呼吸的运用，使自身的生命运动处于优化状态的自我锻炼方法。气功大都讲究"调心""调息""调形"，强调在练习时"入静""放松"。一个身心处在紧张状态中的人，整个身体机能就容易失衡。失衡中生理机能就难以正常发挥作用，没病的可能生出病来，有病的也许就会加重。气功教给你一些方法，使你"入静""放松"，有利于心身调适。坚持练习，生理机能得以正常发挥作用。气功锻炼在有些情况下可作为一种医药的辅助疗法。气功具有健身作用但并不能包治百病，特别对急性器质性疾病更是如此。将气功的作用夸大就是骗人了。

自我检测

1. 请你谈谈邪教和宗教、迷信和民俗、伪气功表演和魔术表演有什么区别。
2. 你是否相信练气功就可以开发"特异功能",如遥视、透视、意念搬物、腾云驾雾等?

应急模拟

1. 假如接到宣传法轮功的电话,你会如何处置?
2. 请收集伪科学的案例,说给大家听听。

➡ 8.3 人身伤害 警惕预防

人与人之间友好相处是构建和谐社会的基础,但现实生活中常存在因小纠纷就大动干戈、行凶肇事、疯狂报复的事件。很多人缺乏相关防范知识,在事件突然发生时往往不知所措,因此必须学习预防不法侵害的知识和方法,保障自身安全。

8.3.1 防止暴力伤害

人与人发生矛盾在所难免,矛盾是普遍存在的,关键是如何解决矛盾。如果播下仇恨,就会有鲜血淋漓的残忍;如果种下善良,就会结出美好的友谊。只有使平和谦让、互敬互爱的君子风度成为社会风尚,才能远离暴力伤害,共享文明盛世。

案例警报

【案例1】本是同窗 相煎何急

某职业技术学院的学生小赵未经小唐同意就用了他的洗发水,两人为此吵了一架。虽为一件小事,却在新生小唐心中埋下了仇恨的种子。一学期下来,小唐有心结交了一帮"混得好"的同学,策划在放假前报复小赵。一天下午,小唐纠集同学小刘等10多人冲到小赵班上,将正欲参加考试的小赵暴打了一顿,打得他鼻青脸肿。小赵被打后,没有参加考试就冲往校外,随后纠集了本校及邻校的20多名学生返回学校欲行报复,行至校门口,见小刘与女友出校,立即用青石块将小刘砸倒在地,致使小刘头部3处头皮裂伤,缝合6针。

在校内的小唐听到小刘被打,立即又纠集了10多名学生要为小刘报仇,在校门口见到刚刚回校的小赵及另4名同学,小唐等人将这5人暴打了一顿,幸被及时赶到的民警和教师拉开。这起报复性聚众斗殴案件,导致多名学生不同程度受伤,校园秩序遭到严重破坏,事发后警介入调查此案。

小矛盾埋下了仇恨的种子,连环聚众斗殴事件的根本原因是什么呢?

【案例2】校园暴力何时休?

某职业学校计算机专业的女生小红感叹道:"学校让我感到害怕!"原因是曾经在一周之内她遭到4名同校女生的3次殴打,起因是自己被一名同校的男生"看上了",引起了该男生现女友的不满,从而召集了3名女生"教训"她。

"第一次是晚上,我被叫进了一间宿舍,屋里一个女生问我:'知道那个男生有伴儿了吗?他看上你,怎么办?'我答'不知道',她就开始抽我耳光。然后两个高二年级的女生开始轮流上前踹我的肚子，边打边骂。当时宿舍里还有其他人，但都不敢管。"后两次被打都发生在一天下午，"我上体育课时，又一名女生把我叫到一边，称前天我挨打时，回嘴骂了打我的人，并以此为由，抽了我两个耳光。后来我知道，这个女生就是'看上我'的男生的现女友，前天打我的那3名女生都是她的朋友。"而下课后，前天曾打过她的一个女生再次把她从教室叫到厕所，抽了6个耳光。

小红说，因为畏惧打人者曾扔下的一句狠话"告密就弄死你"，被打后她只是独自默默地承受。小红被打后，伴随耳鸣的还有头疼、呕吐等症状。但比起身上的痛，精神上的伤害似乎更难承受，"不敢回学校，怕她们再打我！"

若你是小红，遇到这种情况你会采取什么样的方式处理？为什么？

安全警示

近几年来校园暴力事件有上升趋势，学生在校内外被欺侮、辱骂和殴打等事件增多，学生在学校门口附近，或在上学、放学和晚自习的归途中被勒索、被要挟及被绑架的事件也时有发生。防范暴力事件不仅是意识问题，而且是能力问题。加强对青少年的安全教育，使他们学会识别不安全和危险的环境、行为与习惯，掌握躲避突如其来的危险和自我防护的基本技能。

危机预防

防范校园暴力

（1）做个好学生，将主要精力放在校园正常活动和学习上。在和同学的日常交往中，不讲脏话、礼貌待人、安分守己、乐于助人、不沾染坏习气。放学以后，不去网吧，也不上街乱逛。

（2）得知自己可能会遭遇到暴力行为时应及时告知教师、家长，防患于未然，将可能出现的暴力事件消灭在萌芽之中。

（3）在遭遇同学暴力侵犯的时候，有时要采取必要的忍耐，避免矛盾激化。同时要严正地指出其错误性，给予警告，保护好自身的安全。过后再考虑合适的解决方法，向学校投诉是一种正确的做法。采取报复性手段，只能激化矛盾，"冤冤相报何时了"，最终的结果只能是两败俱伤。

（4）明白"伤害他人就是伤害自己""赠人玫瑰手留余香"的道理，做到公正、平等、富有同情心地对待他人。平时要自尊自爱、友爱同学、正确做人，努力为自己营造和谐的人际关系氛围，这样才能尽可能地避免被暴力侵犯。

（5）和别人发生矛盾后，别人邀请你到一个偏僻的地方谈判解决问题时，不要冲动前往，不要离开可能为你提供帮助的人及场所。

危机应对

遭遇暴力侵害时怎么办？

（1）克服恐惧心理，要保持头脑清醒，冷静分析形势，积极想办法，麻痹对方，寻找机会逃走，摆脱纠缠。要想脱离危机，跑到安全地点最重要。

（2）"以牙还牙、以暴制暴"的观念是错误的。在遭遇暴力侵犯的时候，应暂时采取必要的忍耐，避免矛盾激化。如果激烈反抗，很有可能会招致更严重的殴打。

（3）跑不掉、打不过，那就大声呼救，引起其他人的注意，请求围观的人报警。

（4）记住施暴人的外貌特征，尽量多地记住一些细节，事后立刻报告教师或公安机关。

（5）绝不要受到威胁也不将实情告知教师、家长或公安机关。事实证明：私下解决或找人寻仇报复解决不了矛盾的根本。

（6）在自身安全受到严重威胁而无其他更好办法时，就行使法律赋予的正当防卫权利。

法规链接

正当防卫必须同时符合的 4 个条件

（1）必须是在为了国家、公共利益、本人或他人的合法权利免受不法侵害时。

（2）必须是在不法侵害正在进行时。

（3）必须是对不法侵害者本人实施防卫，而不能对无关的第三者实施。

（4）正当防卫不能超过必要的限度，造成不应有的损害。

安全·小·贴士

学生打架原因的分析

1．心胸狭隘型

有些学生往往做不到心胸宽阔，积怨难消。这类学生性格多内向、孤僻，看到别人的进步、"成就"，内心不舒服，往往采取挑衅的方法，借题发挥，寻事发泄。或者看到别人做了一点对自己不利的事，马上寻机进行报复。

2．积怨型（多为打群架）

打架的一方事先曾有明确的意识，对另一方有强烈的不满，长期看不顺眼一直想找机会打架，一旦能借题发挥，打架一触即发。往往一点小事即是导火索。

3．易冲动偶发型（坏行为、坏习惯、坏性格）

在打架事件发生前，打架双方毫无思想和心理准备，在双方接触中，由于话不投机，一方言语挑衅引起争端；遇事易冲动的学生头脑发热，意识处于麻痹的状态，不想后果，无法有效控制自己，双方的战争"一触即发"。

4．爱虚荣型（在异性面前）

虚荣心理是自尊心的过分表现，而在其背后掩盖的往往是自卑等。一些学生在学习或其他方面表现不佳时，为了满足自己的虚荣心理，不让其他同学瞧不起，往往依靠打架或违纪来证明（表现）自己不比别人弱。

5．狭隘的小集体观念

一些学生出于狭隘的集体观，以为"集体"争光为名，引发打架事件；或者为了小团伙的眼前利益，合伙欺负他人。

6．有义气，无是非，帮人打架

参与涉黑团伙，欺负弱小，打架索要财物。

8.3.2　防范性骚扰

"性骚扰"是借用了一个西方化的法律称呼。实际就是传统意义上的"流氓"行为的现代表述方式。性骚扰行为的涵盖面比流氓小一些，仅是指涉及性权利方面、违背异性意愿的暗示和挑逗行为。遇到性骚扰时不知如何保护自己，会对自己的身心健康产生不良影响。

案例警报

【案例1】不能做沉默的"羔羊"

今年15岁的小飞是某职业学校的学生。她每天上学、放学都得乘坐公交车。一天在公交车上一名40多岁的陌生男子一直往她身上靠。刚开始她以为是车上人多比较挤，也没怎么在意，便往外挪了挪。见她不做声，对方又跟着往她身边挤了过来，并开始对她动手动脚。下车后，这名男子也跟着下了车，并一直尾随她到学校门口。为了怕父母担心，回家后她没敢将此事告诉父母，可是两天后当她再次乘车回家时，又在车上碰到了该名男子。一上车这名男子就又靠在她身边……回到家后，她将此事告诉了父母。多日来她上学再也不敢坐公交车了。

面对性骚扰，肯定不能做沉默的"羔羊"，但应该怎么办呢？

【案例2】主动报警免骚扰

饭店女服务员小白只因在工作中把手机号码留给了顾客，引来春节期间不断接到一些莫名其妙的骚扰电话和短信，内容多数是一些淫秽信息，使得自己既害怕又紧张，严重影响了正常生活。小白由于不堪忍受骚扰最终报了案。两名骚扰她的人分别被警方依法处以行政拘留3天的处罚。

在哪些被骚扰的情况下需要报警？

安全警示

面对性骚扰，小飞回避畏缩，影响身心健康和正常生活；小白拿起法律武器惩治了骚扰者。在现代社会里，女性参加的各种社会活动越来越多，接触的环境越来越复杂，如果缺乏自我保护意识，就有可能遭受性骚扰。若甘做沉默的羔羊，只能助长骚扰者的气焰，使自己受到更大的伤害。

危机预防

如何防止性骚扰？

（1）树立自尊自强意识。在工作、学习和生活环境中，树立自己良好的形象，创造较好的人际关系，善于与他人合作，善于鉴别他人的言行，使周围的人不会认为你是弱者。

（2）要有不卑不亢的处世态度。特别是少女，千万不要过早陷入情网；不要与校外或单位之外的男性"近距离"交往；莫与那些年岁较大、"成熟"的男性亲近。早恋往往是失身及性犯罪的"序曲"，少女在任何地方都应为自身安全着想，早恋是不明智的。

（3）不要看色情书刊和淫秽录像，不要与社会上性方面不检点的女青年来往，否则极可能受到不良影响而被拉下"水"。到同学或女伴家聚会时不要喝酒，尤其是不要与女伴的兄弟们嬉闹，不要在有成年男性的女伴家过夜。

（4）消除贪图小便宜的心理。对上级领导、同事等，均应保持适度的距离和交往频度，特别不要轻易接受陌生异性的邀请和馈赠，应警惕与个人工作业绩不相符的奖赏和晋级，要依靠工作能力而不是性魅力来获得提升等机会。

（5）在与异性交往时要有足够的性保护意识。有些少女在与异性交往时，接触超过了正常范围，抵挡不住对方的殷勤。由于少女在感情上的不稳定和缺乏经验，难以分辨对方是否属正常追求，容易上当受骗。这时应向知心的同性朋友或是自己的母亲、姐姐诉说实情，征求意见。

（6）当发觉对方有性骚扰的企图时，要把自己的拒绝态度表示得明确而坚定，不可有丝毫犹豫不决。对于异性的不礼貌、不尊重，不可姑息和马虎，应坚决拒绝不适当的交往方式，不可过分顾及面子。要告诉对方，你对他的言行感到非常厌恶，并告诫他，若一意孤行，必将会产生严重后果。立即离开他，以免自己陷入无保护的境地。

（7）对那些总是探询你的隐私、奉承讨好你，以及对你的目光和举止有异常表现的异性，应特别警惕，尽量避免与其单独相处。少女应明确自己的社会角色、工作角色，不能与个人"私情"相混淆。

（8）要学会自我保护，多学些女性自护防身的具体办法，发挥女性观察事物敏锐、直觉超前的优势，防患于未然。与异性交往时，即使是与自己心目中的"白马王子"单独相处，也应避免过度亲密激发性冲动。

（9）单身一人尽量不要在夜间外出；不要在行人稀少的小路上行走；不要与陌生男性同行。若有陌生男性搭话，不要理睬他；如发现有人不怀好意地尾随时，要注意与其保持一定的距离，实在摆脱不掉时，应在行人较多的地方请他人（巡警）帮助。与熟识的男人结伴行走，发现其有挑逗、轻浮言行时，要及时斥责与摆脱。

（10）夏天去公共场所或有男性混杂的相对封闭环境，或需夜间行走时，最好不要穿薄、透、露的服装和裙子。此外，不要搭陌生男人的车辆，不要到公园的树丛、假山等僻静处复习功课和玩耍。

危机应对

妥善应对性骚扰

1. 非言语骚扰

非言语骚扰包括：故意吹口哨或发出接吻的声调；身体或手的动作具有性的暗示；用暧昧的眼光打量他人；展示与性有关的物件，如色情书刊、海报等。

妥善应对：若有陌生的男性搭讪，不要理睬并设法及时避开，换个位置，可以的话立刻抽身离开。对有性骚扰企图的人，首先要用眼神表达你的不满。若对方并无收敛，可直截用言语提出警告，把你的拒绝态度表示得明确而坚定。告诉对方，你对他的言行感到非常厌烦。若他一意孤行可报警，请警察协助。

当他人赠送与性有关的礼物或展示色情刊物给你时，不要畏缩或偷偷将其处理掉，要用坚定的语气向对方说："你的行为实在无聊，若你不收回，我会投诉。"若他不收回物品，过后要将事情转告其他相识的人，留下物品作为证据。消除贪小便宜的心理，不要轻易接受异性的邀请与馈赠。

2. 言语骚扰

言语骚扰包括在两人独处时故意谈论有关性的话题，询问个人的性隐私、性生活，对别人的衣着、外表和身材给予有关性方面的评语，故意讲述色情笑话、故事等；或者通过打电话进行骚扰，"你怎么忘了我？""你怎么会不认识我？"对方会想尽各种理由跟你闲聊；他（她）很有可能会一而再、再而三地打电话；或者经常发短信、写纸条、发电子邮件，写一些黄段子或肉麻不堪的话，多次提出与对方到私密场所约会的请求。

妥善应对：遇到上述情况最好不要用激烈的言辞反唇相讥，因为这可能会引起对方的兴奋，应该用严正的语气说："你打错电话了！"若对方是个经常骚扰的陌生人，只要他打进电话，应该马上挂电话，不要理他；或者告诉他这部电话装有追踪器或录音设备。最后，要记得把事情的经过告诉父母。如果对方要到家里来，马上报警处理。

3. 身体接触骚扰

身体接触骚扰包括在商场、公交车、地铁等公共场所遭遇故意抚摸或擦撞，自己的隐私部位被侵犯或被对方隐私部位侵犯。

妥善应对：对于有性骚扰行为的男性，千万不要退缩或不好意思，可以大声斥责："请将你的手拿开！"可以狠打其手，也可以告知同行的伙伴，引起公众的注意，使侵犯者知难而退。对情节恶劣严重的可报警。另外，如果穿了高跟鞋，可以毫不客气地使劲踩他的脚。

个别品行不良的男教师利用职务之便对女同学假意"关心"和"照顾"。因此，最好不要单独去有这种倾向的男教师家里；若要去，须让可靠的同伴陪伴。如果遇到骚扰，应该明确地表明你不喜欢他的言行，并提出警告。若事情没有好转，或遇对方威胁，应该向家长和学校寻求帮助，或者向公安部门、司法部门报案。未成年人可以申请法律援助，并可由父母和律师代理出庭。

4. 其他类型

（1）性索贿或性要挟骚扰。以同意性服务为条件，来换取一些利益，甚至以威胁的手段强迫进行性行为。

（2）自我暴露骚扰。在胡同、地下通道等比较僻静的地点，会有暴露狂或露阴癖者，故意走到你身边或发出声音引起你注意，然后做出下流动作。

（3）偷窥骚扰。在商场试衣间或使用卫生间时，发现有人正在偷窥。

（4）公开挑逗骚扰。在当事人极为反感的情况下，还在公共场合以开玩笑的形式称呼当事人：亲爱的、老婆、老公、宝贝儿。或"开玩笑"似的与当事人拥抱、亲吻、动手动脚，喝酒时不断要求与他人喝交杯酒等，极会被当事人认为是性骚扰。

妥善应对：如果遭遇性暴力，应大声呼救，也可机智周旋。记住对方的特征，如方言、容貌、个头等，设法留下证据。可把他咬伤、抓伤、打伤，或脱掉他的下颌骨、损坏他的阴囊等。若一旦被人猥亵、奸污，应及时告诉母亲或其他家长，及时向有关部门告发，并尽快去医院检查，以防内伤、怀孕、感染性病等。还应进行心理治疗，医治精神创伤。女性在对付性暴力时一定要认清自己所处的环境和自己的力量，要见机行事，随机应变。

法规链接

什么是性骚扰？

专家和律师解释：违背受性骚扰人的意愿，故意做出或者发出性的行为或者挑逗，使对方的身体、心理产生不适、不快的都属于性骚扰。

中华人民共和国《妇女权益保障法（修正案草案）》中有这样 3 个条款：

1. 任何人不得对妇女进行性骚扰。

2. 用人单位应当采取措施防止工作场所的性骚扰。

3. 对妇女进行性骚扰，受害人提出请求的，由公安机关对违法行为人依法予以治安管理处罚。

安全·小·贴士

以案说法：短信性骚扰案

2004 年 3 月 12 日，北京市朝阳法院宣判了首起短信性骚扰案。原告闫女士经常收到丈夫的同事齐某发来的带有黄色内容的短信，齐某对此也承认，但他认为自己就是在开玩笑，只不过玩笑有点过火而已。法院最后判决齐某败诉，赔偿闫女士精神抚慰金 1000 元。

法院判决书中从 4 个方面对性骚扰做出了认定。

第一，被骚扰者的心理抵触、反感等。第二，骚扰者的主观状态，是处于一种带有性意识的故意，即骚扰者明知自己带有性意识的行为违背被骚扰者的主观意愿，且希望或者放任这种结果发生。第三，骚扰者的客观行为，骚扰行为可以表现为作为，即积极主动的言语、身体、眼神或某种行为、环境暗示等，也可以表现为不作为，即利用某种不平等的权利关系使被骚扰者按照其意愿行为。第四，侵犯的客体，性骚扰行为直接侵犯的权利客体是被骚扰者的性权利，实质上是公民人格尊严权的一种。

8.3.3 防御凶杀和绑架

凶杀和绑架在身边虽不多见，但对当事人的生命、财产构成极大威胁，严重影响社会稳定，处置不当，后果不堪设想。明代陈继儒在《小窗幽记》中写道："无事如有事，时提防。可以弭意外之变。有事如无事，时镇定，可以销局中之危。"

案例警报

【案例 1】马加爵杀人案

2004 年 2 月 23 日，云南省昆明市云南大学某宿舍发现 4 具男性尸体，经查死者是该校 4 名学生。现场勘察和调查访问后认定，4 人的同学马加爵有重大作案嫌疑。事发时马加爵不到 23 岁，杀人手段却极其残忍。是什么原因导致他杀人的呢？马加爵用这样一句话解释自己杀人的原因："我根本没作弊，就和他们吵起来了，然后吵出来很多东西。"其间他很好的一个朋友说："没想到你连玩牌都玩假，你为人太差了，难怪××过生日都不请你……"马加爵还向警方承认："我觉得他们都看不起我""他们老是在背后说我很怪，把我的一些生活习惯、生活方式，甚至是一些隐私都说给别人听。让我感觉是完全暴露在别人眼里，别人在嘲笑我。"

现在有很多学生在同学发生纠纷时，会为了发泄心中的不满而竭尽所能地伤害对方，他们仿佛要看到对方越痛苦他才越快乐。

如果换一个友善、相互帮助、相互尊重的环境，马加爵的悲剧会必然发生吗？

【案例 2】利用网络实施绑架

犯罪嫌疑人吴某等 4 名社会无业人员，通过网上聊天的方式认识事主，然后由女嫌疑人打电话将事主约至偏僻地段实施抢劫作案。多次得手后，犯罪嫌疑人吴某等人认为单纯抢劫所得不多，遂改变作案手段，通过上网聊天诱骗事主、实施绑架并打电话勒索事主家人，共作案 7 宗。

经办刑警介绍，该犯罪团伙的作案手段主要是：以女嫌疑人为"饵"，通过网上聊天"加深感情"，并使用视频聊天证实"靓女"身份，待时机成熟，嫌疑人将目标约出"一起玩"，随后实施绑架勒索。被绑架的多数是经常夜不归宿泡吧的在校学生。

利用网络实施诱骗，被骗的对象是一些什么样的人？主要的诱骗方式有哪些？

【案例3】成功逃脱绑架

佛罗里达州 13 岁的男孩摩尔正和同学在校车停车站等车时，一名男子突然驾驶一辆红色卡车冲到这群男孩面前。绑匪从人群中抓住摩尔，用枪顶着他的头，把他拖上了车，然后绝尘而去。让人们没有想到的是，仅仅 5 个小时之后，摩尔的母亲竟然接到了摩尔打来的电话。他告诉母亲，自己已经成功脱险。

原来，歹徒绑走摩尔后，将他带到一个树林里，把他捆在一棵树上，并在其嘴里塞进了一只袜子。就在歹徒向摩尔的家人索要赎金的这段时间里，摩尔取下衣服袖子上的曲形别针，手齿并用，弄断了绑在身上的胶带，成功逃脱。他步行了几英里，穿过一大片农田，终于遇见了一名当地农夫，借用农夫的手机，拨通了自己母亲的电话。

逃脱绑架的厄运需要智慧和勇气。要具备这些素质，平时需从哪些方面加以训练呢？

安全警示

凶杀和绑架都是严重的刑事犯罪。马加爵杀人案是新中国成立以来我国最典型的校园凶杀案，这起案件给我们太多的反思。一个天之骄子为何会抛弃亲情、友情丧失理智沦为杀人犯？来自不同生活背景的人应怎样相互包容、和谐相处？应如何尊重他人的隐私？如何尽早发现这种心理不健康、有潜在犯罪可能的人呢？凶杀和绑架有时是罪恶姊妹花，在一定条件下也会互相演变。

绑架也是不容青少年忽视的一种犯罪行为。由于罪犯对钱财的贪婪或因为矛盾纠纷而寻仇，社会上经常有学生被绑架勒索的事件发生，严重的造成凶杀案件。青少年学生不但要学会远离凶杀绑架的方法，也要学会如何正确应对这种事。

危机预防

预防凶杀和绑架

1. 绑架的预防

（1）不轻信任何陌生人，尤其不要把自己的个人资料暴露给他人，如家庭财产状况、父母的具体身份等，以免自己成为歹徒作案的对象。

（2）不单独与不认识的人外出或独处，不给居心叵测的人作案的机会。

（3）外出尽量多人结伴同行，不走僻静路段，不无故在途中逗留。

2. 凶杀的预防

凶杀是最严重的身体伤害，预防凶杀除了要做到前面讲到的防止暴力伤害的 5 点外，还应注意以下几点。

（1）设法保持头脑冷静。努力说服对方，不要激怒他的情绪，用情理打动对方，使其放弃行凶意图。

（2）若对方持有凶器，危机已无法避免时，要敢于放手一搏并大声呼救，力争脱险。事后必须报警！

（3）遭到暴力威胁时，应及时告知教师、家长，防患于未然。无论他人以何种形式威胁生命，都应该告知公安机关处理，并尽量保留有关证据。

（4）不要参与任何打架斗殴，力求妥善化解矛盾，不要结仇。

危机应对

正确应对绑架（见图8-3）

（1）牢记求生信念，随时做好逃脱准备。以美好的回忆去减少身心的痛苦，尽量进食与活动，保持良好的体力。

（2）仔细观察，熟记歹徒的相貌、口音等重要特征，熟悉周围的环境，观察可能的逃跑路线，等待时机。

（3）主动巧妙地与绑匪等人沟通，稳定歹徒的情绪。例如，跟绑匪说"家里人一定会筹好钱来赎我的"等，尽量争取存活的机会，勿以语言或动作

图8-3 应对秘诀

激怒绑匪。还可装作顺从害怕的样子，使歹徒麻痹放松警惕。如歹徒手中有凶器，应巧妙周旋促其放下。

（4）伺机留下各种求救信号，如手势、私人物品和字条等。曾经有一名女同学被坏人拐骗、挟持到高楼内囚禁后，她趁歹徒不注意时脱下自己的白色裙子，用口红在裙子上写下求救信，并丢到楼下。保安发现后立即报警，女学生得救了。歹徒有时还会强迫被绑架人打电话与父母联系，目的是想让他们快些拿钱来赎人。这时要抓住机会，巧妙暗示自己所在的位置。

（5）一旦发现有逃脱机会，要当机立断，并在逃离后迅速报警。在这种非常情况下，向任何穿制服的人求助都是可行的。

法规链接

《中华人民共和国刑法》

绑架罪是指利用被绑架人的近亲或者其他人对被绑架人安危的忧虑，以勒索财物或满足其他不法要求为目的，使用暴力、胁迫或者麻醉方法劫持或以实力控制他人的行为。

1．客体要件。本罪侵犯的客体是他人的身体健康权、生命权、人身自由权。

2．客观要件。本罪在客观方面表现为以暴力、胁迫、麻醉或其他方法劫持他人的行为。绑架罪的处罚。犯本罪的，处十年以上有期徒刑或者无期徒刑，并处罚金或者没收财产；致使被害人死亡或者杀害被绑架人的处死刑，并处没收财产。

安全小贴士

遭遇劫持 巧妙周旋

1．尽量多记经历的细节

从被劫持那一刻开始，人质就要尽最大努力使自己保持安静和机警，这样就能够最大限度地在脑中记下被绑后经历的一些细节，而这些细节对警察的解救和侦察工作大有帮助。例如，留意所走的路线、时间、速度、距离、有无坡路、是否经过铁道等，尽量判断出被带入的是何种环境，如是否是一个有暗门的汽车库？是否是一个地下停车场？是否从后门

进入了一间车间或仓库？一般来讲，来自农村的绑架分子会选择偏僻独立的农舍或地洞来安置人质，而城市中的专业绑匪更倾向于提前选择独栋住宅的内部储藏室、安静却不冷清的近郊公寓、修车场……也为自己的逃跑路线提供更多选择。人质要尽量对绑架过程中所看到、听到、闻到的细节保持敏感，并将这些牢记于心。

2．挺过耐力考验

人质被劫最初几天所受到的待遇往往最难忍受。一般来说，绑架分子计划好了要对人质进行羞辱，使其丧失尊严、精神崩溃。面对这些，人质最好尽量使自己变得如钢铁般坚强起来，告诫自己不会有比这更难熬的了。

3．避免被坏人利用

在这段时间内，人质一定要小心，不要轻易就做出任何影响其逃脱危险的傻事。首先，如果绑架分子向人质索要联系电话，那么一定要仔细考虑这第一个电话应该打给谁，谁会对这第一个有关他的电话做出最好的反应，给予最大的帮助。因为第一次的反应行动直接影响到与犯罪分子的最后谈判。其次，不要告诉或暴露出任何关于自己实际情况的细节或线索，否则会帮助绑架分子更好地估计索价的数额。如果绑架者要求人质写信或录像与外界联系，这也是十分危险而难于应付的。总之，最好就是乱写一通，不给他们任何可供利用的东西。除此之外，对于绑架者的要求可以敷衍了事，否则，过分反抗，不配合他们的要求，会造成双方关系紧张，反倒不利于逃脱。

4．适当争取同情

看押人质的绑架分子往往地位卑微。这类人比组织头目有人性，也不太粗野，不妨和这些人套近乎。然而，即便如此，也切记不要让自己看到这些人的长相。因为这些人一旦被人质看清面孔，他们宁可杀死人质，也绝不允许让人质获释后指认他们，留下后患。

5．自我激励斗志

人质在被绑架后要尽可能在允许范围内做一些积极的、能够让自己保持斗志的事情。例如，记住被拘禁房间的细节，或是写日记、短信，编故事，设计理想的房间，从而转移注意力，防止意志颓废的状况出现。此外，人质还可以通过一些与绑架者思维、言语等斗智的小胜利来激发自己的勇气，使自己振作起来。但是，一定要掌握尺度，以免受到身体甚至生命的伤害。

自我检测

你或你身边的同学有没有遭到过暴力侵犯？如果有，请分析一下发生这种事件的原因。有哪些因素可以预防避免暴力事件的发生？事件发生时和发生后你们是怎么处置的？通过这节的学习你认为在哪些方面收获最大？

应急模拟

（重点组织女生开展讨论）

1．你是否遭遇到骚扰行为？发生在什么地点？

2．面对骚扰你当时采取的方法是什么？同学们还能提出哪些更好的建议吗？

3．你若想揭发骚扰你的人应该怎样搜集证据呢？

➡　8.4　加强自护　防止侵财

不少职校生拥有昂贵的笔记本电脑、手机、数码相机等物品，还随身携带大量的现金，但安全防范意识差。有的学生将贵重物品或现金随手乱放，还有的学生故意露富、显财摆阔，导致被窃、被抢或者成为被敲诈的对象。侵财案件不但会导致学生的财产损失，严重的还会引发人身伤害案件发生。另外，社会上骗取钱财的案件也层出不穷，一不留神就可能身陷骗局。因此，在日常生活中同学们要掌握防范侵财事件的知识与技能，避免此类事件的发生。

8.4.1　谨防骗术

社会上各种诈骗的手段花样百出，让人防不胜防。例如，劳务诈骗、手机短信中奖诈骗、传销诈骗、假文物与合伙经商诈骗等，花样层出不穷，一旦中招，后悔莫及。

案例警报

【案例1】骗取押金

一名在校学生为了勤工俭学，根据校园小广告找了份用塑料珠编织"珍珠饰画"的兼职，并交了50元押金。双方合同约定10天内交货，每幅付70元加工费。可她做了整整7天，还没有编完一半，她发现这是个"不可能完成的任务"，希望退货时，老板却说："菜点好了，就算不吃也得照样买单。"就这样50元押金打了水漂。

很多学生也有类似遭遇，这些公司往往要求先交押金签合同，领到一大包珠子和针线，然后才能接受培训。交押金前老板拿出的都是大珠子，等进了培训室才发现真正用的材料却是细珠子，加上珠子质量很差，往往穿好了上面，下面的却开裂，不得不返工，一天下来做不了几排，几乎没有人能兑现合同。

这种陷阱极具欺骗性：只需交50元押金，就可以带回家编织，听起来比较自由，殊不知这项工作在规定时间内根本无法完成。

"要想打工，先交押金"，还没赚钱，就得先交钱，这里面有什么骗局呢？

【案例2】就是骗你买商品

某校女生宿舍来了一名20多岁的女孩子，自称是某护肤品公司的工作人员，可以帮她们联系兼职工作，主要做产品讲解师、形象代表、散发宣传单等推销工作，工资为每小时10~20元。几名女生听后很感兴趣，当下就有5名女生报了名。然而这名"工作人员"并未离去，而是拿出一套护肤品说，这是公司刚推出的产品，原价400多元，可以按"活动价"211元让她们试用，还留下一张优惠卡，让她们先试用护肤品半个月，无效退款。这让女生们更心动，有两名女生便花211元买了套护肤品。半个月后，她们感觉效果并不明显，于是与那名"工作人员"联系。对方说要再等半个月，可她们又等了半个月后，打对方的手机再也打不通了。

"要想兼职打工，就得先买商品"，其主要目的是什么呢？

安全警示

一些骗子就是利用学生想挣钱的急切心理，绞尽脑汁、挖空心思对社会阅历少的学生伸出罪恶的黑手，偷梁换柱、以假乱真、骗术多多、花样翻新。职校学生应提高警惕，加强自身防骗知识、技能储备，参考师长建议，不能存有少劳多获、好逸恶劳的心理。

危机预防

防不胜防的诈骗术

1．丢包诈骗术

诈骗分子"掉"钱到受害人身边，掉的多为鼓鼓囊囊可以看见现钞的钱夹或表面一张真钞里面全是假钞的、捆扎好的钱。其同伙上前要求不要声张，另找地方与受害人"分钱"，然后借用一切机会用"假钱"换走受害人的财物，达到诈骗目的。嫌疑人多为 3 名以上，多有妇女参与以减弱当事人的警惕性。遇此情景，请牢记"天上不会掉馅饼"。发现疑点不要怯懦，要大声呼喊。

2．电话诈骗术

诈骗分子事先记住公用、磁卡电话的号码，站在旁边偷听受害人的电话内容，然后根据受害人电话中联系接站的亲戚或朋友等细节，立即拨通受害人刚使用过的电话，冒充受害人的亲戚或朋友的同事，告知由他来接受害人，按约定碰面后，诈骗分子便以种种借口向受害人提出借钱，然后借机逃之夭夭。因此，要联系亲戚朋友，应该在上火车出发之前，打电话时应注意身边有无可疑之人。

3．帮买火车票诈骗术

诈骗分子假扮热心人或老乡与受害人攀谈，谎称能帮买车票，接过票款后，借机逃走。出门在外，不要轻信他人。买票请到正规网点或售票厅。

4．调包诈骗术

诈骗分子假扮热心人或老乡，谎称帮助受害人辨别车票真假，趁人不备，用过期或短途车票进行调包；或谎称帮受害人看管物品，将包内物品调包后逃走。这类诈骗分子的作案地点多在售票大厅、候车室、广场绿化休息地带。所以，对刚认识的"老乡"或"热心人"，应多一分警惕心理。

5．中奖诈骗术

诈骗分子以易拉罐、人民币上的号码中奖为手段进行诈骗。他们开罐喝饮料喝出异物，旁边其同伙大呼中奖，其他诈骗分子当"托儿"在旁围观，纷纷告知受害人异物为中大奖的凭证，争相抢购，一番哄抬价格后将异物以高价卖与受害人，达到诈骗的目的后诈骗分子迅速逃离现场。这类诈骗分子的作案地点大多在火车站、火车上、长途汽车上、车站码头的临时摊位。做人不要心有贪念，别人中奖了是别人的事，怎么会让你占便宜？更何况中奖与否并未经权威部门鉴定，中奖岂有那么容易？

6．手机诈骗术

诈骗分子手拿价值 10 多元钱的模型手机，谎称是拣的，自己急于用钱低价卖给受害人；或与受害人搭讪套近乎，或以谈生意为由，约受害人一起共餐或喝茶，借口自己的手机无电或无信号，借用受害人的手机，趁其不备溜走。诈骗分子的作案地点多在车站、商场、餐厅、茶楼，人流量大、门户较多、便于逃离的地方。购买手机等物品应到正规商店。不太熟的人向你借贵重物品应谨慎对待，即使相借也不能让他离开你的视线。

7. 冒充学生诈骗术

诈骗分子借寒、暑假新生报到、学生返校时段冒充学生，谎称财物丢失或被盗，骗取真正的学生信任，以借钱为由达到诈骗的目的。这类诈骗分子的作案地点多在出站口及附近。同学们要有必要的安全防范意识，出远门时最好有成人相伴，或多人结伴同行。

8. 零钞换整钞诈骗术

诈骗分子以零钱多为由，请求受害人将大面额钞票换给他。在当面数给受害人后，又谎称数错钱，立即要求拿回重数，用熟练的手法趁你不备抽取其中几张。因当着受害人的面数过，一般受害人不会数第二次，即揣进口袋，结果上当吃亏。这类诈骗分子往往是车站附近小商店里的售货员或兜售水果的商贩。因此，钞票要当面点清，过后难被承认，自己多数两遍不会有错。

危机应对

应对短信诈骗

要想避免掉进形形色色的手机短信息的欺诈陷阱，必须注意以下几方面事项。

（1）在任何时间、任何地点、对任何人都不要同时说出自己的身份证号码、银行卡号码、银行卡密码。注意：绝对不能同时公布 3 种号码！个人信息外泄，特别是个人手机号码外泄是导致种种案件发生的根本原因。

（2）当不能辨别短信的真假时，要在第一时间先拨打银行卡背面的客服热线确认；如果银行卡确实有问题，要通过柜台办理相关手续，绝不要在 ATM 自动柜员机自行操作。注意：不要先拨打短信中所留的电话！不要用手机回拨电话，最好找固定电话打回去。

（3）对于一些根本无法鉴别的陌生短信，最好的做法是不理睬。在一些短信息实在难辨真伪时最好咨询本地运营商的客服电话及消费者协会或警方，一旦不小心掉进了短信息欺诈或诈骗陷阱，一定要及时向当地工商局、消费者协会投诉，或者及时向警方报案，最大限度地挽回或减少自己的损失。如果已经上当，请立即报案。

（4）不要和陌生短信"说话"。不相信、不贪婪、不回信，这是对付诈骗短信的绝招。

（5）要端正自己的观念，不能存有侥幸心理，认为"自己不会上当受骗"，不要拣天上掉下的"馅饼"，不要因好奇而与对方联系，让对方有机可乘。

法规链接

诈骗罪

诈骗罪是指以非法占有为目的，使用虚构事实、隐瞒真相的方法，骗取公私财物数额较大的行为。

《中华人民共和国刑法》第二百六十六条　诈骗公私财物，数额较大的，处三年以下有期徒刑、拘役或者管制，并处或者单处罚金；数额巨大或者有其他严重情节的，处三年以上十年以下有期徒刑，并处罚金；数额特别巨大或者有其他特别严重情节的，处十年以上有期徒刑或者无期徒刑，并处罚金或者没收财产。本法另有规定的，依照规定。

最高人民法院《关于审理诈骗案件具体应用法律的若干问题的解释》 个人诈骗公私财物 2 千元以上的，属于"数额较大"；个人诈骗公私财物 3 万元以上的，属于"数额巨大"。个人诈骗公私财物 20 万元以上的，属于诈骗数额特别巨大。

安全·小·贴·士

短信诈骗作案流程

第一步： 犯罪嫌疑人首先利用手机向事主发送手机短信，称其信用卡在外地某商场消费××元，同时告诉事主这笔钱会在月底从银行卡中扣除，并向事主提供"银行客服"电话（即铁通一号通电话）。

第二步： 事主看到短信后会拨打所留电话询问。对方称自己是银行的工作人员，告知事主银行卡正在某商场消费。当事主否认时，该人会让事主马上到公安机关报案，立即将银行卡冻结，并留下"报警"电话。

第三步： 事主接通所留下的"报警"电话后，对方自称是某公安分局或金融犯罪调查科的"警察"，在接受事主报案的同时，告诉事主为减少损失，要立即将银行卡里所有的钱转出，并向事主提供"银联卡部客服"电话（此电话还是铁通一号通电话），让事主再次和所谓的银行联系。

第四步： 事主与所谓的"银行银联卡中心"联系时，对方以向事主提供"保险公司全额担保"为名，消除事主担心与顾虑，让事主利用银行 ATM 机将银行卡账户的钱全部转移到指定账户上。事主按照对方的要求在柜员机上输入银行卡密码，将钱全部转到对方账户上。

8.4.2 防范盗抢

盗抢是指偷窃和抢夺、抢劫。偷窃是指以非法占有为目的，秘密窃取数额较大的公私财物的行为。抢劫是指以非法占有为目的，以暴力、胁迫或者其他方法，强行劫取公私财物的行为。偷窃和抢劫在一定情况下也会相互演变，甚至会导致暴力伤害。提高警惕，防止盗抢事件的发生，不但是为了财物安全，也是为了生命的安全。

案例警报

【案例 1】看热闹的代价

顾先生一个人在某快餐店用餐，在他对面有两个年轻人发生争吵，继而撕扯起来。过了一会儿，另外一名年轻人将二人拉开，然后三人离开了快餐店。王先生看着三人离开后，正要用餐时却发现自己放在桌上的包没了，包里装着 1000 元现金和身份证、银行卡等，顾先生赶忙报了警。警察初步分析这 3 名年轻人可能就是贼。

爱看热闹的人容易放松警惕，等闹剧结束，就该付代价了。

【案例 2】75 起抢劫学生案惊动公安部

2006 年下半年以来，临泉县几所中学周边相继发生系列抢劫学生钱财案，被公安部列为挂牌督办案件。临泉县公安机关成立专案组，对案发地区进行调查摸排，并采取便衣巡逻的办法加强布控，将正在抢劫学生的犯罪嫌疑人赵某抓获。随后，专案组又根据赵某交代的线索，将以黄某为首的其他 5 名犯罪嫌疑人抓获。

经查，以黄某为首的 9 人抢劫犯罪团伙，大多为未成年人，经常到网吧上网聊天、玩游戏，为筹集上网经费，他们便结伙对学生实施抢劫。

你和同学在校园周边被抢劫过吗？你们是如何应对的呢？

安全警示

盗窃案件发案率在各类刑事案件中位居第一。常见的有撬门别锁入室盗窃、扒窃，以及见财起意、顺手牵羊的偷窃等。如果是在集体宿舍或班级中发生盗窃事件，又不能及时查获盗窃者，会导致大家相互猜疑，影响同学间的正常人际交往，甚至导致暴力事件发生。

危机预防

公共场所防扒窃

（1）不要在公共场所随便翻点钱款，不要将钱款放在上衣下部口袋和裤子口袋内。身在人多拥挤的繁华地区时，请将包内的钱物放在贴身一侧，以防扒窃分子用刀片割包作案。

（2）当一个或几个陌生人反复出现在你身边，且时常靠近你的背包或放钱包的口袋时，就应引起足够的注意和警惕了。

（3）在快餐店、饭店，扒窃分子主要是利用你将外衣或手包放在座位或短暂离开餐桌时行窃。所以必须使钱物始终置于自己的视线之内，或委托熟人代为管理。

（4）在农贸市场购物时，别忽视了所带的钱物，尤其是自行车、摩托车前筐里的包，使之不要离开自己的视线，以防扒窃分子得手。

（5）在马路上，扒窃分子常以在自行车前筐内或后车架上放置各式包的女性为侵害目标，所以骑车外出时一定要将包的带子绕套在车把或车座上。骑行时如果自行车突然被异物卡住骑不动时，切记首先要在保证包的安全前提下，再去处理其他情况。

（6）外出时，如非急需，尽量不要携带大量现金，首先应考虑在条件允许的前提下使用信用卡。即使确需携带大量现金，也应将大额整钱与零钱分开放置。

（7）遇到热闹场面，不可光顾看热闹而忽略自己的钱物。

危机应对

发生盗抢怎么办？

1. 有人抢夺你的钱物怎么办？

（1）在估计会有人干预罪犯抢劫时，要努力挣脱，尽快逃离，一边跑一边呼喊："有坏人抢劫呀！"如果挣脱时有物品带不走，如帽子掉地下了、书包被拉住了，不要顾及这些，以自身挣脱为主。

（2）在偏僻无人的地段要保持镇静，也许还可友好些，给劫匪一些钱。不要打架，除非你有把握击溃他。不要试图用刀子、棍棒或其他武器自卫。如果对方看到你有武器，可能也会对你使用武器。

（3）记住对方的特征、人数、作案时间、地点、交通工具车牌号、逃跑方向，立刻报警。

2. 发现有人盗窃时怎么办？

（1）假如发现窃贼正在室内，而窃贼尚未发现有人回来时，可以迅速到外面喊人，并同时叫他人报告公安机关，以便将窃贼人赃俱获。如窃贼有汽车、自行车等交通工具，则要记下车牌号。

（2）假如室内的窃贼已经发现来人时，要高声呼叫周围的居民群众，请大家协助抓住案犯，并将其扭送到公安机关。如果家住楼房，则要记住窃贼的相貌、体态、衣着等，边喊边往下跑，以免窃贼狗急跳墙。

（3）对发现有人来立即逃跑的案犯，要及时追出并查看其逃离方向，认准其体态、相貌、衣着、可能丢下或带走的工具、车辆，及时报告家长、教师，并拨打110报警电话报告公安机关。

（4）如果案犯求饶或花言巧语辩解时，千万不要因怜悯同情而对罪犯失去警惕。同时应讲究斗争策略，表面上可以装出没看见、无所谓或恐惧的表情，稳住犯罪分子，防止他狗急跳墙，施行伤害，再寻找机会逃离报警。

（5）在车上发现小偷时，不要和他正面冲突，最好的办法是机智灵活地通知售票员或司机。

（6）当发现小偷要扒窃自己的财物时，只要正面注视他一下，表明自己已经注意到了，小偷会自然罢手，也不会惹出麻烦。

（7）当发现自己被窃或别人被扒窃时，不要慌乱，应保持镇静，立即通知售票员或司机不要打开车门，根据实际情况将车就近开到公安机关或驻地停车检查，同时注意是否有人往车外扔赃物，以及是否有几个人相互传递物品。

法规链接

盗窃罪的量刑

《中华人民共和国刑法》第二百六十四条　盗窃公私财物，数额较大的或者多次盗窃的，处三年以下有期徒刑、拘役或者管制，并处或单处罚金；数额巨大或者有其他严重情节的，年三年以上十年以下有期徒刑，并处罚金；数额特别巨大或者有其他特别严重情节的，处十年以上有期徒刑或者无期徒刑，并处罚金或者没收财产；有下列情形之一的，处无期徒刑或死刑，并处没收财产：（一）盗窃金融机构，数额特别巨大的；（二）盗窃珍贵文物，情节严重的。

《最高人民法院关于审理盗窃案件具体应用法律若干问题的解释》第三条　盗窃公私财物"数额较大""数额巨大""数额特别巨大"的标准如下：

（一）个人盗窃公私财物价值人民币五百元至二千元以上的，为"数额较大"。

（二）个人盗窃公私财物价值人民币五千元至二万元以上的，为"数额巨大"。

（三）个人盗窃公私财物价值人民币三万元至十万元以上的，为"数额特别巨大"。

各省、自治区、直辖市高级人民法院可根据本地区经济发展状况，并考虑社会治安状况，在前款规定的数额幅度内，分别确定本地区执行的"数额较大""数额巨大""数额特别巨大"的标准。

安全小贴士

做好教室防盗

（1）最后离开教室的同学，要关好窗户锁好门，千万不要怕麻烦。一定要养成随手关灯、随手关窗、随手锁门的习惯，以防犯罪分子趁虚而入。

（2）不要让外班学生和外来人员进入本班教室，有时因引狼入室而后悔莫及，这种教训是惨痛的。

（3）发现形迹可疑的人应加强警惕、多加注意。遇到窥测张望的可疑人员，应主动上前询问。如果发现来人携有可能是作案工具或赃物等证据时，可一方面派人与其交谈以拖延时间，另一方面打电话给学校保卫部门尽快来人做调查处理。

（4）应积极参加教室安全值班，协助学校保卫部门做好安全防范工作。通过参加值班、巡逻等安全防范工作实践，不仅可保护自己和他人财物的安全，还可增强安全防盗意识，锻炼和增长自己社会实践的才干。

（5）注意保管好自己教室的钥匙，不能随便借给他人或乱丢乱放，以防"不速之客"复制或伺机行窃。

（6）贵重物品和现金不要放在教室，要随身携带，避免他人见财起意。

8.4.3　防备敲诈

在报刊上时常能看到涉嫌敲诈的案件，其中有一些是在校学生。参与敲诈人员的不良行为如果不能及时纠正，尽管数额不大，但若从量变到质变，也必然会走向违法犯罪的道路。另外，受害人若不及时告发、检举不法侵害，也会陷入频繁被敲诈的旋涡。

案例警报

【案例1】为买摩托车敲诈同学

18岁的某职校学生刘某为了成为飙车少年，谎称自己和"黑社会"有关系，先后多次以持刀、语言威胁等手段敲诈同校数名学生，获取现金4000余元用来购买摩托车。由于被敲诈的学生害怕被打击报复，一直不敢举报，由此助长了刘某的嚣张气焰。事发后该地检察院以涉嫌敲诈勒索罪对刘某批准逮捕。

你曾被敲诈勒索过吗？假如被敲诈勒索，你会怎样处理？

【案例2】出尔反尔　借机敲诈

高职学生小王向同学小李借了一个 MP3 不慎丢失。经双方协商，小王答应赔偿小李400 元。随后，小王先给了小李 200 元，剩下的 200 元约定在国庆节后再给。但第二天晚上，小李却带着4名社会青年找到小王，张口就要 800 元。"这不是敲诈吗？"小王不服，便上楼叫另两名同学下来帮忙"理论"。双方发生争吵，小王等遭到 4 名社会青年人殴打，其中一名男子掏出匕首向小王连捅数刀。小王在被送往医院的途中死亡。

小王和小李的错误分别是什么？他们应该如何处理此事？

【案例3】裸照敲诈案

20岁的小张和其女友小屈共同作案：先由小屈在浴室里装作准备洗澡并打手机，先后在几所高校的女浴室里拍摄到 11 名女大学生的裸体照片共 40 多张。每次作案后，小屈尾随受害女生到宿舍并记住房间号，三四天后他们再送去裸照和敲诈信，其中有 9 名女大学生遭到裸照敲诈。接警后，专案组让女民警装扮成受害的女大学生与疑犯周旋，钓出疑犯。犯罪嫌疑人小张和小屈因涉嫌敲诈勒索罪被依法逮捕。

裸照敲诈案给我们带来什么样的警示？

安全警示

通过以上案例我们发现：敲诈勒索都是抓住某些把柄或寻找一种借口，以此相威胁达到敲诈钱财的目的。敲诈勒索之所以能够得逞，往往出于受害人花钱消灾的心理，或者因为自身有不端行为，害怕曝光后影响自己的形象，被勒索后哑巴吃黄连，有苦说不出；还有的是胆小怕事等。敲诈者欲壑难填。如果不能尽快用正确的方法应对危机，只会让自己成为待宰的羔羊，受到更大的伤害。

危机预防

交友要慎重。青少年学生不要抱着寻求保护的心理去结交品行不良的所谓"强势群体"。做到洁身自好，不贪图小便宜，不贪图不义之财，不做非分之举，以免授人把柄。

常见的威胁勒索形式通常是口头威胁、通过其他人传话威胁等，无论受到何种形式的威胁都应尽快告知教师、家长或公安机关。不要轻易示弱，满足敲诈者的要求。

危机应对

在一些学校门口，经常可以看到一些辍学的青少年叼着香烟游荡。他们常以学生为侵害对象，同校内一些不良少年相勾结，参与校内学生矛盾纠纷，寻衅滋事，或以持刀、语言威胁、借物品等手段，敲诈在校学生。由于被敲诈的学生害怕被打击报复，不敢举报，由此助长了犯罪嫌疑人的嚣张气焰。你是否遭遇过这种情况？如果遭遇以上情况，建议采取以下措施。

（1）坦然面对。不要让敲诈者感觉你胆小怕事，要知道敲诈者内心也是害怕的，否则他为什么要选择学生进行敲诈呢？

（2）巧妙周旋。不要用刺激的语言激怒他，选择时机尽快离开。

（3）不要满足任何敲诈要求。如借手机打电话、借钱买烟、出钱帮你化解矛盾等。

如果对方强行搜身，要严正地告知对方他的行为违法，要考虑后果。

（4）事后要及时报告公安机关。

法规链接

敲诈勒索罪

敲诈勒索罪是指以非法占有为目的，对被害人使用威胁或要挟的方法，强行索要公私财物的行为。

《中华人民共和国刑法》第二百七十四条　敲诈勒索公私财物，数额较大的，处三年以下有期徒刑、拘役或者管制；数额巨大或者有其他严重情节的，处三年以上十年以下有期徒刑。

安全小贴士

以案说法：让警察来送钱

苏先生独自从市中心坐公交车回大沙田。下车后，他突然感到内急，便顾不得那么多，走到街边一房屋墙角想方便。两个20多岁的年轻男子见状，走过来问他："你在干什么？是不是在偷东西？"苏先生以为是房子的主人，连声说对不起。没想到两男子开口叫他给200元钱。苏先生明白了，这两男子想敲诈。苏先生表示，自己身上没那么多钱，只能叫朋友拿来。两男子又打电话叫人，不到两分钟，他们的同伙来了，苏先生身边一下围了五六个人。无奈之下，苏先生拨通了朋友的电话，在接通瞬间，他又把电话掐断了。他心想，这些人的胃口是无底洞，叫朋友拿钱来可能也无济于事，还会把朋友也牵扯进来。于是，他快速拨打了110报警电话。接通后，他说："你赶快带三五百块钱过来，我碰到麻烦了。"110接线民警心领神会，问清了详细地址。大约过了10分钟，一辆普通面包车开过来，众男子看到车内人穿着警服，撒腿就跑光了。民警说："你还挺精的，竟然叫110送钱过来。"苏先生说："如果不这样做的话，叫朋友拿一万元来也不够啊！"

自我检测

以上我们列举了常见财物被侵害的形式：偷窃、抢劫、诈骗、敲诈勒索。希望同学们在课余时间多收集一些相关案例，结合我们学习的一些防范和处置的方法，讨论分析事件发生的原因，当事人是如何应对的，哪些经验值得我们学习借鉴，我们应该吸取哪些教训。

应急模拟

请同学们讨论以下案例："为受害者晓雯支招"。晓雯是某校大学二年级女生，新购买了一款有摄像功能的手机，为试验拍照功能，她自拍了一些生活照，事后也忘了及时删除。一次上街购物时不慎提包被窃，包内有手机、学生证等物品。几天后晓雯收到一封匿名信，要求她将1000元现金打到某账户上，否则就要将她的不雅照片到学校公布，晓雯同学一下陷入无尽的惶恐中。请同学讨论一下，如何才能帮助她化解危机。

第9章

社会生活安全

☞知识要点

1. 重视消防　消除隐患
2. 遵守交规　平安出行
3. 旅行出游　切忌麻痹
4. 应对灾害　居安思危

→ 9.1 重视消防 消除隐患

取火是人类进化的重要标志，用火是人类文明发展的必然需要。火种给人们带来无尽的福祉，火灾却给人们带来深重的灾难，威胁着生命和财产的安全。因此，加强职校生的消防安全教育十分重要，它是提高学生综合素质的必然要求。

9.1.1 宿舍防火：消防常识，牢记在心

某职校的一项调查表明，对消防常识知道一点的学生占70%，知道较多的只占20%，基本不知道的占10%。可见职校生严重缺乏消防安全知识。

案例警报

【案例1】"热得快"：为什么总是你惹祸？

冬天，职校生小张为图省事，在宿舍使用"热得快"烧水，临走时却忘记拔掉插头，导致热水瓶被"热得快"烧爆，玻璃瓶胆炸裂，碎片满地，水瓶外壳被"热得快"电热管烧得只剩下了底座。旁边的桌子上还摆放着电脑等物品，幸亏管理员发现及时，未酿成大祸。

为什么总有同学使用"热得快"？你用过吗？你会劝阻其他同学使用吗？

【案例2】乱扔烟头酿祸端

晚自习前，职校学生小郝偷偷躲在宿舍吸烟。临走前，用脚踩灭烟头，并顺手将烟头扔进纸篓里。其实，烟头并未完全熄灭，逐渐引燃废纸，造成宿舍失火。房间所有物品，包括两台计算机均被烧毁，造成损失数万元。幸亏宿舍管理员发现后及时扑灭大火，未殃及隔壁房间。小郝受到公安消防部门处理及学校处分。

少数学生偷偷抽烟，不但严重违反校纪，还造成火灾隐患。对此，你有什么好办法？

【案例3】劣质电器危害大

职校住宿生小丽贪图便宜，在市场低价购买了一个劣质电吹风。一天她洗完头后在宿舍里使用电吹风。由于电吹风质量不过关，突然发生爆炸，不但炸伤了她的手，还造成宿舍停电，险些酿成火灾。

请检查一下，你使用的电器中有危险的劣质电器吗？若有，请不要再继续使用，尽快销毁。

安全警示

相关通报显示：近年来，全国学校所发生的火灾事故的数量逐年上升，严重危害师生员工的生命安全，造成重大经济损失。消防安全是保证学校稳定发展的重中之重。防范火灾是每一位师生、员工的责任，要牢固树立"安全第一，预防为主"的思想，掌握消防安全知识，学会应急处理方法，遵守消防安全规定，共同创造一个安全、稳定、和谐的学习生活环境。

危机预防

防火重于泰山

（1）注重安全就是尊重生命。

每个职校生都应该严格遵守校纪校规，有良好的防范意识和危机意识，不要心存侥幸，"不怕一万，就怕万一"。每个学生都有义务，协助学校做好防火工作，杜绝火灾事故的发生。第一，要加强消防安全知识的学习，提高自身的防火意识和应急处置能力；第二，要严格遵守学校消防安全管理制度，规范消防行为；第三，要爱护消防设施，不随意摆弄或损坏；第四，要积极参加学校组织的消防演练，掌握逃生方法；第五，要开展防火自查，及时发现班级、宿舍和学校的火险隐患和不安全因素，及时消除隐患，督促整改到位。

（2）慎用电器，谨防火灾（见图 9-1）。

宿舍内禁止使用大功率电器。使用"热得快"是众多宿舍火灾的重要原因之一。住宿生违反宿舍管理规定使用电火锅、电水壶、电炒锅、电磁炉、电褥子等大功率电器，也是造成宿舍火灾的主要原因。

图 9-1　不能使用热得快

（3）不要私拉乱接电线，超负荷使用接线板。

（4）不要购买使用劣质电器，如接线板、微风吊扇、充电器、电暖宝（暖手）、电吹风等。

（5）养成良好的用电习惯，人走灯灭，随手断开电源。

使用完电器要及时关闭、拔下插头。由于忘记关闭充电器、电吹风等，使其长期处在待机状态，引发火灾的事件屡见不鲜。私自拆卸电器、打火机，容易导致危险发生。不能用纸当灯罩，因为纸的燃点低，容易燃烧。不要将台灯靠近枕头和被褥。

（6）用火不慎易引发火灾。

学生最好不用明火，不焚烧杂物，不乱丢烟头，不玩火，不点蜡烛，更不能在蚊帐内点蜡烛看书。宿舍最好不点蚊香，宜使用蚊帐进行避蚊。不使用酒精炉、液化器等灶具生火做饭。室内不存储、使用易燃易爆危险品。

危机应对

火情处理三要素

第一步：紧急处理不惊慌。 发现起火，要大声呼救，要果断扑救，越早扑救越容易扑灭火灾。

处理电器起火首先要切断电源；遇到燃气火灾首先要切断气源。各种不同类型的火灾，扑救方法也不同。电器、燃气、油类着火，不能用水浇灭，要用湿衣物、棉被覆盖，阻绝空气。必须遵循"先控制后扑救，先重点后一般"的原则。若无力扑灭，要呼救及请求众人帮助，迅速报警的同时，也要积极控制火势。

第二步：报警求救表述清楚。 拨打消防中心火警电话 119 或 110，报告险情时语速不要太快，应该强调"四个清楚"。

一说清楚单位、地址、门牌号；二说清楚着火的具体地点（部位），防止单位大不能直接找到着火点；三说清楚火灾原因，火势大小；四说清楚报警人姓名和联系电话。说完后要待对方放下电话后再挂机。要派专人在主要路口等候消防车，争取时间，减少损失。

学校一旦发生火情，学生不要惊慌失措、自作主张，要在最快的时间内迅速报告学校值班教师和学校安全保卫人员，越早报告越容易把火灾消灭在萌芽状态。同时，要积极服从现场教师的指挥，及时疏散撤离到安全地带。学生及无关人员要远离火场和校园内的道路，以便于消防车辆驶入。

第三步：火场自救与逃生。

（1）当发现楼内失火时，切忌慌张、乱跑，要冷静地探明着火方位，确定风向，并在火势未蔓延前，朝逆风方向快速离开火灾区域。

（2）起火时，如果楼道被烟火封死，应该立即关闭房门和室内通风孔，防止进烟；随后用湿毛巾堵住口鼻，防止吸入毒气；并要将身上的衣服浇湿，以免引火烧身。身上着火不要奔跑，可以就地打滚或用湿衣物压灭火苗。

如果楼道中只有烟没有着火，可在头上套一个较大的透明塑料袋，防止烟气刺激眼睛和吸入呼吸道，然后采用弯腰的低姿势逃离烟火区。

（3）千万不要从窗口往下跳。如果楼层不高，可用绳子从窗口降到安全地区。

（4）发生火灾时，不能乘电梯，因为电梯随时可能发生故障或被火烧坏。应沿防火安全通道朝底楼跑。如果中途防火楼梯被堵死，应该向楼顶跑。同时尽可能将楼梯间窗户的玻璃打破，向外高声呼救，让救援人员知道你的确切位置，以便营救。

（5）若室外着火，门已发烫，千万不要开门。可用湿衣被堵住门窗缝隙，并泼水降温。

法规链接

失火罪

《中华人民共和国刑法》规定，失火罪是指行为人过失引起火灾、致人重伤、死亡或者公私财物遭受重大损失、危害公共安全的行为。"犯失火罪的，处三年以上七年以下有期徒刑；情节较轻的，处三年以下有期徒刑或拘役。"

具有下列情况之一的，应处三年以下有期徒刑或拘役：

（1）导致1人以上死亡的，或者3人以上重伤的；

（2）造成直接财产损失20万元以上的；

（3）受灾20户以上的；

（4）重伤1人以上不足3人、财产损失在10万元以上不足20万元、受灾10户以上不足20户的，但造成其他严重后果的。

具有下列情况之一的，应处三年以上七年以下有期徒刑：

（1）导致3人以上死亡的；

（2）重伤10人以上，或者死亡、重伤10人以上的；

（3）造成直接财产损失30万元以上的；

（4）受灾30户以上的。

小烟头大危害

"粒火能烧万重山"。我们对小小的烟头，绝不可麻痹大意，掉以轻心。燃着的烟头，其表面温度在 200～300℃，中心温度高达 700～800℃，而一般的可燃物质的燃点都在这个温度以下，如棉花为 50℃、布匹为 200℃、麦草为 200℃、松木为 250℃等。烟头引起棉絮着火只需 3～7 分钟，引起腈纶着火只需 1 分钟。如果烟头遇到易燃气体、液体，危险性就更大了，一点火星就会引起燃烧、爆炸。

资料表明，日本家庭火灾中由吸烟引起的占 26%，美国家庭火灾中由吸烟引起的占 29.1%。北京市 2006 年一季度因烟头引起的火灾中就有 10 人死亡，占家庭火灾的 43.5%。

9.1.2 家庭防火：加强防范，学会应对

随着生活水平的提高，家用电器越来越多，越来越普及，由此也造成了安全的隐患。绝大多数火灾都是因人们思想麻痹，消防安全意识淡薄造成的。其实只要定期进行消防安全检查，及时消除火灾隐患，火灾完全可以避免。

案例警报

【案例 1】充电器短路引发火灾

高职生小刚为了方便手机充电，一直把充电器接在插座上，即使不充电，也从不拔下来。充电器就放在枕边。由于充电器工作时间过长，造成充电器老化，发热引起短路，引燃枕头造成火灾。

你是如何使用充电器的？方法安全吗？

【案例 2】燃气泄漏不要慌　快关阀门速开窗

一主妇早起，发现厨房里有煤气味，在没有及时打开门窗驱散煤气的情况下，就点火做早饭，当即"轰"的一声爆燃起火。该主妇被火焰烧伤，一家 5 口人被封锁在屋内。幸亏他们住在一楼，及时端开房门后才得以迅速逃脱，避免了重大伤亡事故。

当发现家里有煤气味，除了不能点火以外，能不能开灯呢？为什么？

【案例 3】不会逃生　反而丧身

一次大火后，消防队员发现楼梯间躺着一名女子，身上没有任何被灼烧的痕迹，但已经停止了呼吸，而其他住户均安然无恙。原来是火起后产生大量浓烟将楼梯道封闭，此时住在 5 楼的该名女子惊慌失措，拉开房门顺着楼梯往下跑，因没有采取防护措施，没跑几步便被烟熏倒死亡。而其他住户，包括最靠近起火点的二楼住户，则因用湿毛巾将门缝堵住，躲在家中没有出门，反而没有出事。

火灾发生时你会逃生吗？逃生关键的要点有哪些？

安全警示

一个个鲜活的生命被大火吞噬，一个个温馨的家庭被大火毁灭，火灾给人们带来无尽的悲哀和血的教训。室内火灾一直是社会火灾预防的重点。在室内火灾中，突出的是电气火灾、易燃气体火灾、装修火灾、烟头火灾及纵火灾火灾。缺乏消防知识，法制意识淡薄，思想上麻痹侥幸，是造成室内火灾的主要原因。火灾是可以预防的，只要思想上高度警觉，

自觉地消除各种火灾隐患，学会做好自防自救，就一定能够驱走火魔，确保幸福平安。

危机预防

常见的室内火灾预防

1. 易燃气体火灾

安全使用液化气，经常检查多警惕；液化气残液不乱倒，统一回收最可靠；燃气泄漏不慌张，快关阀门速开窗；燃气泄漏起火光，浸湿毛巾可帮忙。

2. 电器火灾

家用电器种类多，同时使用易起火。电脑着火莫慌张，灭火之前先断电；
电热毯，保温暖，折叠使用有麻烦；空调设备要干燥，避免漏电须防潮；
电熨斗，通上电，安全防火是关键；使用电炉最危险，炉具座盘要非燃；
电冰箱，通风好，电器防火不可少；电视异常预征兆，快速关机以防爆；
电饭锅，放稳当，防止倾斜酿灾祸；电火锅，煮饭菜，要防汤水溢出来。
电器坏了别乱动，要请专人来维修。家用电器要安全，用完之后断电源。

3. 电线老化火灾

电线铺设要安全，随意拉接酿祸端。使用电线莫拖拉，防止破损起火花。
电源线路常检查，短路起火先拉闸。电灯泡，有热度，包裹可烧易燃物。

4. 装修火灾

装修材料要慎选，刷漆远离火源点；电焊作业清现场，焊花落地不惊慌。

5. 危险品火灾

危险物品易燃爆，家中存放不安全。电闸开关有危险，易燃物品要离远；
取暖器具温度高，可燃物品别靠前；塑料桶，易静电，充装汽油很危险。

6. 生活火灾

油锅着火莫着急，捂盖严实火窒息；酒精炉，少用它，违反规程很可怕；
吸完烟头莫乱扔，避免大意留火种；点蜡烛，为照明，莫用蜡烛当手电；
喷发胶，新时尚，防止高温防碰撞；掏出炉灰要注意，浇灭火星方可倒。

7. 火灾预防

居民楼道要通畅，杂乱物品别堆放；发现楼道异味浓，安全地段报险情；
消防器材照明灯，灭火逃生有大用；灭火器材是个宝，家庭需要不可少。

（资料来源：http://www.wjzzsx.com/dyweb/news.asp?id=245）

危机应对

室内火灾逃生"五要五不要"

1. 五要

（1）要沉着镇静，自己尽快设法逃离火场，火势危急时应尽快呼救并想办法通知消防队。

（2）要尽早将湿棉被、毯子等披在身上，冲出火海。烟雾太浓时，用湿毛巾捂住口鼻，尽量减少大声呼叫，防止烟雾进入口腔。

（3）要进行必要的呼救，还可用打手电筒、抛小物品等方法发出求救的信号。

（4）被困在室内时，要设法往门窗上泼水，以延缓火势蔓延，赢得时间等待救援。

（5）火灾逃生过程中，要一路关闭身后的门，它能降低火和浓烟的蔓延速度。

2. 五不要

（1）千万不要浪费时间穿衣服或拿值钱的物品，没有什么比生命更宝贵。

（2）千万不要站直走，要弯腰走，甚至爬行，因为聚在高处的烟雾易使人窒息。

（3）千万不要慌乱，要判断火势来源，采取与火源相反的方向逃生。

（4）千万不要使用升降设备（电梯）逃生。

（5）千万不要仓促跳楼。楼层不高时，尽可能在门窗或其他重物上拴好绳子、撕开的被单或窗帘，再顺着往下滑。

3. 火灾逃生顺口溜

发生火灾快逃生，莫恋钱物保生命；安全出口要记清，遇到火情速逃生；发生火灾烟雾浓，巧用毛巾能逃生；火灾烟气向上升，湿物捂鼻快爬行；屋外着火要冷静，手摸房门判火情；着火开门不贸然，防止烟火进房间；衣服着火莫奔跑，就地打滚压火苗；楼房失火心不惊，床单结绳能救生；起火不要坐电梯，防止断电出不去。

（资料来源：http://www.bldnews.com/）

法规链接

《中华人民共和国消防法》

第三十二条　任何人发现火灾时，都应当立即报警。任何单位、个人都应当无偿为报警提供便利，不得阻拦报警。严禁谎报火警。公共场所发生火灾时，该公共场所的现场工作人员有组织、引导在场群众疏散的义务。发生火灾的单位必须立即组织力量扑救火灾。邻近单位应当给予支援。消防队接到火警后，必须立即赶赴火场，救助遇险人员，排除险情，扑灭火灾。

安全·小·贴士

室内防火常检查的 10 件事

（1）检查室内电线有无老化、破损现象。

（2）检查电气线路有无超负荷使用情况。

（3）检查电气线路上的插头、插座是否牢靠。

（4）检查家中所用保险丝是否有铜、铁丝代替现象。

（5）检查是否按使用说明书正确使用家用电器。

（6）检查家用电器出现故障后是否仍带病工作。

（7）检查照明灯具是否离可燃物太近。

（8）检查楼梯、走道、阳台是否存放了易燃、可燃物。

（9）检查燃气管道的安装是否牢固，软管是否老化，燃气管道、阀门处是否漏气。

（10）检查家中是否配置了简易灭火器具，是否制定了火灾逃生预案。

9.1.3　公共场所防火：临危不乱，冷静自救

一场大火降临，在众多被火围困的人员中，有的人葬身火海，命赴黄泉；有的人跳楼

丧生或造成终生残疾；也有人化险为夷，死里逃生。在日常生活中，会发生意外情况，仅靠求生的本能是不够的，必须有科学的自救互救本领，才能将损害降到最低。

案例警报

【案例 1】遇火情　懂自救

1994 年 12 月 8 日下午，新疆克拉玛依市教委在友谊馆举办专场文艺汇报演出，舞台上的光柱灯与纱幕距离过近，烤燃幕布引发火灾。火灾烧伤 130 人，烧死 288 名中小学生和 37 名教师、干部。然而，有位年仅 10 岁的小男孩和他的表妹却奇迹般地火里逃生。当这对小兄妹安然无恙地被人从厕所里救出来时，他们的脸上并没有惊恐。当人们问道："你们为什么躲到厕所里呢？"小男孩从容地回答："我记得电视安全知识竞赛上说过，火灾发生时厕所里最安全。"这个回答使在场的许多大人目瞪口呆，他们不能不钦佩小小年纪的孩童，能具有这样科学的自救基本常识。

这起火灾事故有一个惨痛的教训：7 个安全疏散门，只有 1 个开启。你知道安全门是朝里还是朝外开的吗？

【案例 2】网吧大火夺走 25 条人命

2002 年 6 月 16 日凌晨 2 点 40 分，北京"蓝极速"网吧的熊熊大火吞噬了 25 个年轻的生命，全国上下为之震惊。酿成这起人间惨剧的竟是两个十三四岁的少年，原因是为报复曾和他们发生纠纷的网吧管理员。他俩案发前到附近加油站购买了 1.8 升汽油，而后纵火。网吧不仅没有消防安全设施和器材，反而将所有窗户用铁护栏封死，将大铁门从外锁住，使室内人员无法逃生。

你去网吧上网吗？那里的安全措施得力吗？

安全警示

警惕公共场所的安全隐患

我国火灾事故的特点除重大恶性火灾多外，还有非常突出的一点，那就是大部分火灾发生在公共娱乐场所。根据对 1999—2000 年我国的火灾发生地的统计，公共娱乐场所发生火灾次数占 81%。公共场所火灾隐患是：①聚集的人员多而且对所在场所的环境不熟悉；②大多装饰豪华，装修材料和家具等基本上为可燃和易燃材料，燃烧速度快、火灾荷载大，一旦燃烧起来会产生大量有毒烟气；③医院、养老院和寄宿制的学校、托儿所、幼儿园内的人员自主疏散能力相对较差。

因此，当你在商场、超市购物，当你到影院欣赏电影，当你在车站、码头匆匆行进时，别忘记起码的消防安全意识。

危机预防

外出活动如何注意防火？

（1）要自觉遵守公共场所的防火安全规定，自觉保护公共场所的消防设施、设备。

（2）自觉按照防火的要求去做，同时还要监督、劝阻他人可能造成火灾隐患的行为。

（3）一般不要组织野炊活动，确实需要组织的，要选择安全的地点和时间，并在家长或教师的指导下用火；用火完毕，应确保熄灭火种。

（4）不携带火柴、打火机等火种和易燃易爆品进入林区、草原、自然保护区、风景名胜区。

（5）发现异常情况，要及时向家长、教师或有关管理人员报告。

（6）危险物品易酿火灾，乘车坐船请勿携带；加油站、加气站是消防重点单位，不要使用手机、呼机，不能接听电话；灭火器材是个宝，驾驶机动车辆时不可缺少。

危机应对

临危不乱　冷静自救

从公众聚集场所的火灾特点和以往事故教训中可以看出：在火灾突然发生的异常情况下，由于烟气及火的出现，多数人心理恐慌，这是最致命的弱点。因此，保持冷静的头脑对防止惨剧的发生是至关重要的。

火灾中多数死亡人员是因不懂疏散逃生知识，选择了错误逃生方法或者错过逃生时机而造成的。因此，掌握公众聚集场所正确的疏散逃生方法，以提高自救能力就显得尤其重要。例如，前进时用手不断触摸墙壁，避免发生坠落事故。用手触摸墙壁时，要用手背，一旦碰到电线触电，手会被反弹出去。认清逃生方向，寻找逃生标志。火灾时产生大量烟雾，而此时离地面20～30厘米的地方有氧气，因此必须匍匐前进。如有条件还要用湿毛巾或湿纸巾掩住口鼻。在无路可逃的情况下，应积极寻找避难处所：到阳台、楼层平顶等待救援；选择火势、烟雾难以蔓延的房间（如厕所、保安室等）；关好门窗，堵塞间隙。要利用房内水源立即将门窗和各种可燃物浇湿，以阻止或减缓火势和烟雾的蔓延。无论白天还是夜晚，被困者都应大声呼救，不断发出各种呼救信号以引起救援人员的注意，帮助自己脱离险境。

法规链接

《中华人民共和国消防法》

第四十七条　违反本法的规定，有下列行为之一的，处警告、罚款或者十日以下拘留：

（一）违反消防安全规定进入生产、储存易燃易爆危险物品场所的；

（二）违法使用明火作业或者在具有火灾、爆炸危险的场所违反禁令，吸烟、使用明火的；

（三）阻拦报火警或者谎报火警的；

（四）故意阻碍消防车、消防艇赶赴火灾现场或者扰乱火灾现场秩序的；

（五）拒不执行火场指挥员指挥，影响灭火救灾的；

（六）过失引起火灾，尚未造成严重损失的。

安全小贴士

火场逃生自救的 10 种方法

（1）**熟悉环境法。**就是要了解和熟悉我们经常或临时所处建筑物的消防安全环境。

（2）**迅速撤离法。**逃生行动是争分夺秒的行动，切不可延误逃生良机。

（3）**毛巾保护法。**身边如没有毛巾，餐巾布、口罩、衣服也可以代替。要多叠几层，穿越烟雾区时即使感到呼吸困难，也不能将毛巾从鼻上拿开。

（4）**通道疏散法。**优先选用最便捷、最安全的通道和疏散设施（如疏散楼梯、消防电梯、室外疏散楼梯等）。

（5）**绳索滑行法**。当各通道全部被浓烟烈火封锁时，可利用结实的绳子，或将窗帘、床单、被褥等撕成条，拧成绳，用水沾湿，然后将其拴在牢固的物件上，顺绳索沿墙缓慢滑到地面或未着火的楼层而脱离险境。

（6）**低层跳离法**。如果被火困在二层楼内，在烟火威胁、万不得已的情况下，也可以跳楼逃生。但在跳楼之前，应先向地面扔些棉被、枕头、床垫、大衣等柔软物品，以便"软着陆"。

（7）**借助器材法**。逃生和救人的器材设施种类较多，通常使用的有缓降器、救生袋、救生网、救生气垫、救生软梯、救生滑杆、救生滑台、导向绳、救生舷梯等，如果能充分利用这些器材和设施，就可以火"口"脱险。

（8）**暂时避难法**。在无路可逃生的情况下，应积极寻找暂时的避难处所，以保护自己、择机而逃。

（9）**标志引导法**。按照设置的"太平门""紧急出口""安全通道""火警电话"及逃生方向箭头等消防标志，有秩序地撤离逃生。

（10）**利人利己法**。在逃生过程中如看见前面的人倒下去了，应立即扶起，竭尽全力保持疏散通道畅通，最大限度地减少人员伤亡。

（资料来源：http://www.mps.gov.cn/n16/n1237/n4883181490077.html）

自我检测

1．我国大陆通用火警电话号码是什么？
2．检查燃气用具是否漏气时，通常采用什么方法来寻找漏气点？
3．油锅着火时，如何灭火？
4．火灾中80%以上的人死亡的原因是什么？

应急模拟

1．学习使用消防器材。
2．同学之间相互练习火灾电话报警程序、内容。
3．请说出扑灭初期火情的方法。
4．请说出安全逃生自救的方法。

➡ 9.2　遵守交规　平安出行

据有关部门统计，涉及中小学生的道路交通事故约占道路交通事故总数的20%。一些学生因交通事故而致残或丧失性命，给很多家庭带来了极大的悲痛。究其原因，中小学生缺乏交通安全知识，交通安全意识淡薄是导致交通事故的主要原因。

9.2.1　行走骑车　遵规守矩

案例警报

【案例1】想做飞人，险成"废人"

刚上职校的学生小李买了一辆崭新的山地车，他称它为"奔驰"。小李每天上下学骑着

"奔驰"车犹如赛车运动员。这天，小李又飞快地骑车往家赶，他在十字路口闯红灯，一头撞在正常行驶的货车的车门上。由于他的自行车车速过猛，他被撞得人仰车翻，头部重重着地，昏死过去。小李被急救车送往医院，被诊断为重度脑震荡，险些成为植物人。

小李遭遇车祸的原因有哪些？骑自行车还应注意哪些事项？

【案例2】骑车上路要耳聪目明

职校生小田喜欢戴着耳塞边听音乐边骑车，家长提醒他要注意安全，他却当作耳边风。一天下午放学，他一边听着音乐哼着歌，一边旁若无人地骑着车。在经过十字路口时，一辆轿车从他左侧开过来，汽车不断鸣笛，示意他避让，可他完全沉浸在音乐的世界中，丝毫没有听见。汽车刹车不及将他撞倒，造成他大腿骨折。幸好车速不快，否则小田性命难保。

骑车时听音乐、相互交谈、想心事不是安全行为。骑车时还有哪些行为也具有危险性呢？

【案例3】马路上不能游戏

2007年5月，职校生小闻、小安等几位同学结伴外出踢足球。一路上他们边跑边传球，完全忘记了危险。当小闻正在兴致勃勃地传球时，被身后驶来的一辆摩托车当场撞昏，造成肾脏严重损伤，右小腿粉碎性骨折。

马路上人多车多，同学们结伴而行时，怎么能游戏和打闹？

安全警示

这样骑车很危险

每天上学或放学时，许多学生就像出笼的鸟一样，不顾一切地涌向马路。他们有的骑车带人；有的飞驰飙车；有的表演着撒把骑车；有的强行超车，嬉戏打闹，互相追逐；有的骑着车勾肩搭背，横冲直撞；有的骑车占路排成一行，随意横穿马路；还有的与同学兴致勃勃地谈东论西，忘乎所以。这些危险行为很容易引发交通事故，也常常吓得行人们避让三分，横眉冷对。

上、下学时间是交通高峰期，容易出现交通事故。同学们必须自觉遵守交通规则，避让车辆，谨慎骑车与行走，避免车祸发生。

危机预防

交通安全"十不要"

职校生应自觉遵守交通法规，警惕交通事故的伤害，应努力做到"十不要"（见图9-2）。

（1）不要乱穿马路。

（2）不要骑车带人。

（3）不要闯红灯。

（4）不要与机动车抢道，妨碍机动车行驶。

（5）不要在快车道骑车或行走。

（6）不要逆向行驶。

（7）不要勾肩搭背并排行驶。

图9-2 自觉遵守交通法规

（8）不要超速行驶、互相追逐和曲折竞驶。

（9）不要骑车况差、刹车不灵的自行车。

（10）不要突然拐弯，左转弯要伸手示意。

危机应对

应对交通意外的"十字诀"

当你在上、下学途中发生交通意外时，可以按照下列方法紧急应对。

（1）牢记。要牢记肇事的车型、车牌号及周围的环境，最好能够要求肇事者提供身份证或驾驶证，以防止肇事车辆逃逸而引起索赔困难。同时要保存好己方受损失的相关证据，因为无论是人身伤害还是财产损失，在要求赔偿时都必须提供确实、充分的证据。

（2）报警。要及时拨打 110 或 122 报警，受伤的应立即通知急救中心（120）。

（3）请求。要请求路上的行人给予帮助。交通事故发生时，一般都有目击者和围观者，受害人或其亲属应当注意收集目击者的姓名、住址等基本情况，以便公安机关调查取证，客观公正地处理事故。

（4）通知。要及时通知家人或学校教师，告知其当时的情形，以求得帮助。

（5）保护。在报警的同时应当注意保护好现场，除非因抢救伤者和财产的必要，否则不得擅自移动现场，必须移动时应当标明位置。保护现场的完整性，对判断事故发生的原因及事故责任的认定具有重要的意义。

法规链接

《中华人民共和国道路交通安全法》

第二十六条　交通信号灯由红灯、绿灯、黄灯组成。红灯表示禁止通行，绿灯表示准许通行，黄灯表示警示。

第五十七条　驾驶非机动车在道路上行驶应当遵守有关交通安全的规定。非机动车应当在非机动车道内行驶；在没有非机动车道的道路上，应当靠车行道的右侧行驶。

第五十八条　残疾人机动轮椅车、电动自行车在非机动车道内行驶时，最高时速不得超过十五公里。

第六十一条　行人应当在人行道内行走，没有人行道的靠路边行走。

第六十二条　行人通过路口或者横过道路，应当走人行横道或者过街设施；通过有交通信号灯的人行横道，应当按照交通信号灯指示通行；通过没有交通信号灯、人行横道的路口，或者在没有过街设施的路段横过道路，应当在确认安全后通过。

第六十三条　行人不得跨越、倚坐道路隔离设施，不得扒车、强行拦车或者实施妨碍道路交通安全的其他行为。

安全·小·贴士

最危险的行走方式

（1）横穿马路很容易出危险。

（2）三五成群横着走在非人行道上，这样最容易发生交通事故。

（3）上、下班高峰过后，马路上车辆稀少，行人思想麻痹。

（4）行走时一心两用：边走边看书、边走边想问题、边走边聊天、边走边玩。

9.2.2 乘坐车辆 必须谨慎

乘车时的安全注意事项也很重要，你遇到过以下几种情形吗？

案例警报

【案例1】不能搭乘"黑车"

某职校4名学生下午放学后外出逛街，直到晚上6点钟才想起要回学校上晚自习。但学校在城郊，公交车较难乘坐，于是他们赶忙搭乘了一辆无营运证的"黑车"，还不断催促"黑车"车主加快速度，想尽快赶到学校不迟到。由于车速快，避让对面车辆不及，"黑车"撞上路中间的防护栏后侧翻，造成两名学生手臂和大腿骨折，其余两人均受到不同程度伤害。

这4名学生受伤后能得到什么赔偿呢？为什么不能搭乘"黑车"？

【案例2】不能乘坐超员车

职校生小杰赶回家过春节，适逢春运高峰车票难买，无奈之下小杰在车站外搭乘"黑车"，45座的大客车竟然塞进了100多人。冬季寒冷，路冻地滑，大客车晃晃悠悠地艰难行驶在山道上。突然对面急驰过来一辆大货车，大客车人多车重，避让不及被撞翻，造成数人死亡，小杰等十多人受重伤。因为是"黑车"，没有相关保险，乘客索赔无门。

"黑车"不安全的因素有哪些？

【案例3】下车怕麻烦 落江丢性命

2005年7月，湖北某职校学生小黄放暑假乘车回家，途经一个汽渡码头。按安全管理规定：汽车过汽渡，乘客必须下车。但小黄认为下车麻烦，就没有下来。司机见不少乘客都不想下来也没有再坚持。汽渡船离岸后，由于江面上风大浪急，加上汽车手制动不灵、车轮下又没有塞三角枕木，停在尾部的汽车从汽渡船上滑入江中。车上共35名乘客，有25人死亡，3人下落不明，只有7人获救。小黄不幸遇难。

危险总是在你大意时突然袭来。"汽车过汽渡，乘客必须下车"的规定的安全意义是什么？

安全警示

勿拿自己的生命当儿戏

职校学生寒暑假回家、返校、外出旅游、社会实践等，都要乘坐火车、汽车、轮船等各种长途或短途的交通工具。选择正规安全的交通工具，出行遵守安全注意事项必不可少，千万不能疏忽大意。同时还要注意，不要盲目地图省事、图便宜，乘坐"黑车"、超载车等，贪小便宜而吃大亏，造成终生的遗憾，追悔莫及！

危机预防

乘车也须遵章守纪

（1）不准在道路中间招呼车辆。

（2）机动车在行驶中不准将身体的任何部位伸出窗外。

（3）乘车时，不要站立，不要在车内吃东西，防止被噎。

（4）不强行上下车，做到先下后上。候车要排队，按秩序上车。下车后要等车辆开走后再行走。如要穿越马路，一定要看清过往车辆，安全穿行。

（5）不乘坐超载车辆，不乘坐无载客许可证、营运证的车辆，不乘坐人与货物混装的车辆。超员车辆不能乘坐，一是因为超员影响车辆的安全性能。机动车各项安全性能是根据车辆核定的载重总质量设计的，超员会影响机动车的安全性能，导致制动距离增加，也就增加了发生事故的可能性；二是因为超员会加重交通事故后果，主要表现为伤亡人数增加。

危机应对

遭遇意外交通事故 自救处理"六忌"

（1）忌惊慌失措：遇事沉着冷静，方能正确地应急处理。

（2）忌随意搬动：原则上尽量不要移动伤者，要等待专业医护人员到场救治，不要随意搬动，避免加重伤情，造成新的伤害。若出事地点太危险，应找人帮忙，要小心地将伤者移至安全场所。

（3）忌舍近求远：抢救伤病员时，时间就是生命，特别是心脏、呼吸骤停者，更不能送远地抢救。

（4）忌一律平卧：应根据病情决定所卧体位。

（5）忌破坏现场：事故现场的勘察结论是划分事故责任的依据之一，若现场没有保护好会给交通事故的处理带来困难，造成有理说不清的情况。

（6）忌私了不报警：发生车祸应该报警备案。车祸造成的伤害，有的并不能立刻显现出来，报警备案"有备无患"。

法规链接

《中华人民共和国道路交通安全法》

第六十六条 乘车人不得携带易燃易爆等危险物品，不得向车外抛洒物品，不得有影响驾驶人安全驾驶的行为。

第七十条 在道路上发生交通事故，车辆驾驶人应当立即停车，保护现场；造成人身伤亡的，车辆驾驶人应当立即抢救受伤人员，并迅速报告执勤的交通警察或者公安机关交通管理部门。因抢救受伤人员变动现场的，应当标明位置。乘车人、过往车辆驾驶人、过往行人应当予以协助。

在道路上发生交通事故，未造成人身伤亡，当事人对事实及成因无争议的，可以即行撤离现场，恢复交通，自行协商处理损害赔偿事宜；不即行撤离现场的，应当迅速报告执勤的交通警察或者公安机关交通管理部门。

在道路上发生交通事故，仅造成轻微财产损失，并且基本事实清楚的，当事人应当先撤离现场再进行协商处理。

第九十二条 公路客运车辆载客超过额定乘员的，处二百元以上五百元以下罚款；超过额定乘员百分之二十或者违反规定载货的，处五百元以上二千元以下罚款。

安全·小·贴士

交通事故索赔

因交通事故而遭受人身损害或者财产损失的，受害人或其近亲属有权向负有责任的肇事者索赔。索赔即损害赔偿的项目包括医疗费、误工费、住院伙食补助费、护理费、残疾者生活补助费、残疾用具费、丧葬费、死亡补偿费、被扶养人生活费、交通费、住宿费、财产直接损失费和必要的精神损失费。

交通事故索赔的主要途径有以下两个。

（1）由公安机关调解。受害人在公安机关认定交通事故责任后，可以结合自己受损失的情况，申请当地公安机关就损害赔偿进行调解。损害赔偿的调解期限为30天，但公安机关认为必要时，可以延长15日。对交通事故致伤的，调解从治疗终结或者定残之日起开始；对交通事故致死的，调解从规定的办理丧葬事宜时间结束之日起开始；对交通事故造成财产损失的，调解从确定损失之日起开始。经调解达成协议的，由公安机关制作调解书，经双方当事人签字加盖公安机关印章后生效，受害人及其家属可凭调解书要求责任人支付赔偿费。

（2）向人民法院起诉。经公安机关调解未达成协议的或者达成协议后一方不履行的，当事人可以向人民法院提起民事诉讼，请求人民法院依法判令责任人赔偿损失。公安机关在认定事故责任后，未做调解的，当事人可以直接向人民法院起诉，但应当在一年内提起。

9.2.3　遵守交规　安全驾车

案例警报

【案例1】违章行车　一死两伤

职校生小陈为追求刺激，购买了一辆摩托车。此车是将报废车重新组装而成的，无牌无照，价格便宜，但安全隐患大。一天，他驾驶着摩托车上学，路上遇到同学小赵和小李，于是3位同学同乘一辆摩托车急速行驶。途中还不断飙车，寻求刺激。在路口转弯时，由于速度太快导致侧翻，坐在最后的小李被甩出造成摔伤，在送往医院的途中死亡。另外两人也均受重伤。

小陈所犯的一系列错误是什么？你及你身边的同学还有哪些类似的现象？

【案例2】酒后骑车女友惨死　他被判赔38万元

2007年8月的一天晚上，小凯骑着燃油助力车带着女友小玉去兜风。回来的路上，两人吃了夜宵，小凯还喝了几瓶啤酒。当两人快到家时，发生了车祸。"轰隆"一声响，小凯重重地摔倒在地上，酒也被吓醒了，再看眼前，女友已惨死在车轮下。

双方协商未果，最后法院判决小凯赔偿小玉家属医疗费、死亡赔偿金、丧葬费、精神损失费等各项费用共计38万元。

骑车带人造成伤亡，骑车人需要负哪些责任？酒后骑车合法吗？为什么？

【案例3】他撞死了同乡人

15岁的小齐爱琢磨汽车，所以初中毕业后上了职校，选择了汽修专业。一次，小齐回到村子过周末，他像平常一样向邻居二叔借了一辆摩托车去镇上买球鞋。二叔知道小齐车技不错，就爽快地答应了。田野里的油菜花盛开着，小齐骑着摩托车畅快地在乡间疾驰着。突然岔道口出来了一个人，他来不及刹车，一下子就撞了过去，当场将一名30多岁的中年男子撞死。

小齐无照驾驶，超速将人撞死，法院判决小齐赔偿死者家属28万元。小齐的二叔将摩托车借给未成年人存在过错，承担连带责任，也需承担赔偿费5万元。这起交通事故让本来就不富裕的小齐家一贫如洗。

在你的同学中，有人无照驾驶车辆吗？请一定要把这个真实的故事告诉他！

安全警示

有的职校生安全意识淡漠，攀比心理严重，看到同学骑摩托车很时尚，自己就跟风模仿。有的去购买存在严重安全隐患的报废组装车，有的购买严禁上路的燃油助力车。有的违规带人，还有的寻求刺激上路飙车，最终结果是造成严重的交通事故，甚至搭上自己的性命。希望同学们多一点冷静和理性，少一点冲动和盲从。

危机预防

驾驶机动车辆须牢记

1．依法考照

驾驶摩托车、汽车等机动车辆都应该依照法律规定取得机动车驾驶证。

有些职校学生渴望早日驾车，平时就喜欢"尝试"着练练车，有的家长甚至也同意孩子这样违法驾车，这无疑是很危险的行为。

2．购买正规车辆

有些学生买不起新的摩托车、燃油助力车，就买二手车、组装车。有的车辆是七拼八凑成的，很不安全，常被称为"炸弹车"，随时随地都有可能出现事故，非常危险。而有些职校学生又往往喜欢开快车，追求刺激徒增危险。

3．不参加非法赛车活动

有的学生喜欢参加非法赛车活动，即使不驾驶赛车，也要坐在后面助威，这无疑是一种相当危险的活动。正规赛车有很多安全保障措施，而非法赛车都不具备，所以非常危险，对社会治安影响很大。

4．文明驾车

安全驾车不飙车，不接听手机，不聊天，不酒后驾车，不在身体不适或服镇静类药物后驾车。

危机应对

新手如何应对交通事故？

由于缺乏必要的基本知识，新手一般在突然遇到交通事故时，往往会不知所措。慌乱中贻误了抢救伤员的时机，加剧了不应有的后果，还可能会出现因现场保护不到位给事故的勘察处理造成困难的情况。

（1）冷静停车。

发生交通事故后，首先必须立即停车，并沉着冷静，不要慌张。停车后按规定拉紧驻车制动，切断电源，开启危险信号灯。如在夜间发生事故还需开示宽灯、尾灯。在高速公路发生事故时还须在车后按规定设置危险警告标志。

（2）及时报案，不要私了。

当事人在事故发生后应及时拨打122或110报案，将事故发生的时间、地点、肇事车辆及伤亡情况告知交警，在交警来到之前不能离开事故现场。交警来之前要保持沉默，即使对方喋喋不休或人多势众，也不要与对方吵架，自己要根据交通规则，先粗略判断一下是谁的责任。

（3）抢救伤者。

如事故中有人受伤，应设法送医院抢救治疗。

（4）保护现场。

在交警到来之前应当保护好现场，除非因抢救伤者和财产的需要，否则不得擅自移动现场肇事车辆、伤者及物品等。必须移动时应当标明位置。

（5）做好防火防爆工作，防止事故扩大。

（6）协助现场调查取证。

在交警勘察现场和调查取证时，当事人必须如实向交警陈述交通事故发生的经过，不得隐瞒交通事故的真实情况。

（7）倘若事故涉及其他车辆，应记下相关车牌号码，并询问对方的联系电话等。应尽快向保险公司报案，并依据保险公司的规定办理各项手续。

法规链接

《中华人民共和国道路交通安全法》

第五十一条　机动车行驶时，驾驶人、乘坐人员应当按规定使用安全带，摩托车驾驶人及乘坐人员应当按规定戴安全头盔。

第九十一条　饮酒后驾驶机动车的，处暂扣一个月以上三个月以下机动车驾驶证，并处二百元以上五百元以下罚款；醉酒后驾驶机动车的，由公安机关交通管理部门约束至酒醒，处十五日以下拘留和暂扣三个月以上六个月以下机动车驾驶证，并处五百元以上二千元以下罚款。

第一百条　驾驶拼装的机动车或者已达到报废标准的机动车上道路行驶的，公安机关交通管理部门应当予以收缴，强制报废。

对驾驶前款所列机动车上道路行驶的驾驶人，处二百元以上二千元以下罚款，并吊销机动车驾驶证。

安全·小·贴士

超速行驶危害大

"十次事故九次快"。事实证明，大量交通事故的发生与驾驶员不按规定时速行驶有关，超速行驶是"隐形杀手"。超速行驶的危害性主要有以下几个方面。

1. 导致驾驶人视力下降，判断不准

驾驶人在行车过程中的视力称为动视力。一般情况下，动视力比静视力低 10%～20%。动视力与速度成反比，车速越快，视力下降越多。科学试验表明，当车速达到 72 千米/时，视力为 1.2 的驾驶人，此时会下降到 0.7。此外，车速越快，视野越窄，这就是所谓的"隧道形视野"。当车速为 40 千米/时，视野为 100°，车速为 100 千米/时，视野仅为 40°，这时两边的景物无法看清。

2. 反应距离延长

人们看到的信息传递给大脑，大脑再向肢体传递指令平均需要 1 秒，这就是所谓的反应时间。这段时间，车辆行驶的距离一般称为反应距离。反应距离可以用以下公式表示：

$S=VT/3.6$。公式中：S 表示反应距离（单位：米）；V 表示车辆行驶速度（单位：公里/秒）；T 表示反应时间（单位：秒）。假如车速为 60 千米/时，反应距离为 16.7 米；车速为 100 千米/时，反应距离为 27.8 米。由此可见，车速越快，反应距离越长，危险越大。

3. 制动距离延长

车辆的制动距离与路面摩擦系数及车速有关系。不同路面，摩擦系数不同，车速越快，制动距离越长，发生事故的可能性也随之增加。

4. 干扰正常车流

超速行驶的车辆必然时刻处于超越正常行驶车辆的状态。每次超车无论是变道还是驶回原车道，都会形成交织点，而每一个交织点可能就是一个交通事故隐患。

5. 超速行驶加重事故后果

动能与速度平方成正比，同一辆车车速越快，动能越大，在其他条件相同的情况下，冲击力越大，发生事故碰撞时后果越严重。

自我检测

1. 骑自行车应注意哪些安全事项？
2. 安全行走的注意事项有哪些？

应急模拟

模拟演练：发生交通事故后，你如何应对处理？

→ 9.3　旅行出游　切忌麻痹

外出旅游是现代社会人们生活质量提高的标志。各种各样带有探险性质的特种旅游活动正日益受到人们的关注和欢迎，越来越多的学生尝试着去参与，去体验单身、自助等旅游方式。有些旅游和探险危险性大、专业性强、技术要求高，稍有疏忽大意就会酿成事故。

9.3.1　人在旅途　安全第一

职校生外出旅游的经历比较少，旅游的经验不够丰富，缺乏自我保护能力。如做到旅行前认真搜集相关常识，旅行中注意学习和积累有关经验等，就会为自己安全愉快地旅行打好基础。

案例警报

【案例1】返家学生被挤下站台轧死

2008 年 1 月 13 日，大学生小静准备乘火车回家过春节。时值春运高峰，站台上候车的人很多（见图 9-3）。当火车在站内滑行还没有完全停车时，就可以看到列车上已经人员爆满，车厢交接处和走道内都已经站满乘客。此时站台上开始有人喊："怎么不停车？！""不会不让上车吧？"这一喊引起了人群的骚动，人流开始大股向

图 9-3　站台上拥挤不堪的人群

前涌动，有的人开始拍打车门，而此时列车还在前进。小静在拥挤的人流中被挤下站台，被还没来得及停稳的火车当场轧死。

面对如此险情，你会采取何种避险的办法呢？

【案例2】宠物鼠蒙混登机　飞机就近迫降捉拿

某航班正在空中飞行，女乘客小莲一觉醒来，突然想起放在上衣口袋里的宠物鼠。这只仅有拳头大小的"宝贝"第一次坐飞机，是不是也睡着了？小莲把手伸进口袋，糟了！宠物鼠不见了。她立即起身走向乘务室，将宠物鼠在飞机上失踪的消息说了出来。这把几名乘务人员吓了一跳。实际上不少乘客在途中都曾看见那位女乘客玩耍老鼠，却无一人指正这种危险行径。

半个小时后，飞机被迫降落在最近的机场。航班乘务组和机场工作人员迅速组织"捕鼠工作"。近200名乘客在机场滞留了两个半小时后，才得以重新起飞。

这起事件的责任该由谁来负？旅行中应如何携带宠物？

安全警示

外出旅游免不了要乘坐汽车、火车和飞机，要住旅馆。这些公共场所人多复杂，存在着一定的危机与隐患。了解相关的旅行安全常识，了解各种不同类型的案例，有助于学生增强旅行防范意识，减少不安全因素，保障旅行安全。

危机预防

乘飞机须安检　乘火车须防盗

1. 乘飞机要配合安全检查

为了保证旅客与飞机的安全，登上飞机前要对旅客进行安全检查。每个旅客都应懂得有关规定，以便积极地协助和配合好检查。目前，我国的安全检查程序有以下3项。

（1）证件检查。旅客一进入安全检查区，首先要接受证件检查。检查人员要对每个旅客的飞机票、登机牌、身份证进行检查核对，并在登机牌和随身携带物品的行李牌上加盖查验印章。

（2）行李物品检查。旅客应把随身携带的行李物品放在检查仪器的传送带上进行检查。仪器检查对人体、照相机、胶卷、食品等均无损害。在冬季，旅客还应把大衣脱下来放在传送带上。

（3）人身检查。旅客必须通过安全门进行人身检查。旅客在通过安全门之前，应提前把随身携带的金属物品，如钥匙、钢笔、指甲刀、精装香烟（带锡纸的）、袖珍收音机、计算器、保健盒等，拿出来交给检查人员，然后通过安全门，并服从检查员认为必要的其他项目的检查。检查完毕，便可带好自己的物品登机。

安全检查查禁的物品是指武器、凶器、利器、弹药、易燃物品（如汽油、煤油、丁烷气等）、易爆物品（如爆竹、小礼花等）、剧毒物品、放射性物品，以及危害飞行安全的其他危险品。如工作和职业需要携带利器（如宝剑、武术刀棍等），可提前办理航空托运。如果违反规定，把违禁物品带到了安全检查现场，检查员将根据情况移交有关部门处理或予以没收。

2. 乘坐火车要防盗

在车上，不论是白天还是晚上，尤其是在夜间，切记不可与不相识的人轮流睡觉、看包，否则犯罪分子会顺手牵羊，盗走行李。

在列车靠站时，往往出现三多，即上下乘客多，找座位的人多，找行李架空地的人多。此时要特别注意防范犯罪分子浑水摸鱼，看好自己的行李物品。不要佩戴金银首饰，那样很容易成为被抢劫的对象。

在车上掏钱购物、买饭时，尤其是处在拥挤的情况下，不宜将自己的大量现金露出来，容易被抢或被盗。

离座位上厕所、就餐、去会朋友、去排队打开水，以及在停车时下车买东西时，千万不可麻痹大意，要密切防止行李被盗。切不可随便接过他人递来的饮料，尤其是已经打开封口的饮料。近年来利用麻醉饮料犯罪的行为相当猖獗。

上车用包占座位，或下车在窗口请人递包，交接过程中，因人离包有时间之差，此时人多物多又忙乱，要特别留心行李包被人提走或调包。

在车上要对那些坐立不安、东张西望、瞄来瞄去及装疯卖傻碰擦他人的人，严加防范。

当列车上有人找你"玩一玩"，或请你吃东西时，你一定要当心！他们通常会以给大家解闷为名，搞猜扑克、猜大小、套铅笔等各种把戏来设赌局和骗局。有的不法分子还会假装慷慨大方，请你吃他带来的食品，而他们往往事先在食品上做了手脚，计划麻醉抢劫。

危机应对

旅馆住宿安全须知

（1）房间号码也是安全屏障，不要在公众场合展示自己的房间钥匙号码或钥匙。

在旅馆或饭店内要确定来访者的身份后再开门让来访者入内，不要让陌生人进入房间。如果夜间晚归一定要走旅馆或饭店的主要出入口。

如果在房间内，一定要使用旅馆所提供的门锁及链条。

在入住饭店或旅馆时，请先熟悉旅馆或饭店的平面图，了解防火器材及紧急出口的位置。

（2）不要让钱财外露，不要把贵重的物品和现金留在房间或车内，要把财物存在旅馆或饭店提供的保险箱内。

在周围如果发现有可疑的人或可疑的事，一定要告知管理人员。注意一些扰乱注意力的人及事物，可能有人正在设法趁你不小心的时候顺手牵羊。

（3）旅游时要让家人或朋友知道你的行程，最好能找个同伴。

如果遇到危险，需要求助时请拨打110。

法规链接

旅游必需品——保险

根据国家旅游局的规定，正规的旅行社必须投保旅行社责任险，游客一旦参加旅行社组织的旅游活动，就可享有该项保险的权益。通常谈到的旅游保险有两种，一种是旅行社责任险，一种是旅游意外伤害险。

但是，旅行社责任险的赔偿范围是很狭小的，它只对由于旅行社的责任疏忽和过失产生的游客损失进行赔偿，往往这并不容易断定。有些游客认为，我参加了旅行社组织的旅游，那自然一切都是由旅行社负责的，这种看法并不正确。举例来说，一位游客参加旅行社的旅游活动，摔了一跤，导致骨折，是否应由旅行社来进行赔偿呢？这要看具体的情况，如果这是在自由活动的时间内发生的，可以肯定地说，这不是旅行社的责任。如果是在观赏景点的途中，导游又已经提醒过大家注意走好的情况下发生，这也不是旅行社的责任。因为导游带着一个由多人组成的团队，是无法在同一时间照顾到每一位游客的；一旦出现扯皮的情况，需要通过法律程序来解决。

旅游保险的另一种是旅游意外伤害险，由游客自愿购买的。它比较经济实惠，只需花20 元就可对整个行程进行保险，当然也有一定的赔付标准。万一出现意外，旅游意外伤害保险至少可以弥补一些损失，并可很快获得赔偿。

9.3.2 准备充分 结伴远游

如果要外出旅游，首先应该提高自身的安全意识。例如，在旅游前，选择信誉良好的旅行社，保留导游和同行人员的电话号码；旅游途中，尽量结伴而行，按不同气候、地区、出游方式，带好个人防护用品、常用药品、证件和通信工具，不在野外过夜。一旦遇到雷电和暴风雨，不要在树下躲藏；遇到洪水、山体滑坡、泥石流等自然灾害时，应远离危险地带并及时求助。

案例警报

【案例 1】独自登山 跌落山崖

男生小友利用国庆假期独自去外地登山。在登到第一峰时，他站在崖顶上想伸头看一看山下的景观，不料却失足跌落悬崖，幸好被崖中的树杈卡住，才未落入深谷。他大声疾呼，在等待了几个小时后，方被路过的游客发现救起。

小友的危险经历告诉了我们什么？

【案例 2】山路危险 游客止步

2005 年 8 月，某校几位高职学生去登山，一名学生失足落崖不幸身亡。事件发生后，有关部门进行调查，他们发现在几位学生的旅游路途上都能看到警示标志，如"山路危险，游客止步""禁止攀岩""此处危险，请勿越线拍照"等标志。但是，调查组在询问其他几位学生时得知，他们根本没有在意这些警示标记。那位失足落崖不幸身亡的学生就是在标有"此处危险，请勿越线拍照"警示标志的地方不小心失足身亡的。

回想一下，在景区你还看见过哪些安全警示标志？

安全警示

旅行出游已成为学生的度假时尚。然而，学生由于年龄普遍较小、生活常识与阅历相对不足，安全意识较薄弱，加之年轻人好动、喜欢嬉闹，因此注意旅游安全尤为重要。学生应尽量结伴出游，不要独自旅行。在旅行前要做好充分的旅游计划，做好必要的知识准备和物质准备，不要仓促行事。在旅行途中如遇陡坡密林、悬崖蹊径、急流深洞等危险区域，切莫逞强，千万不要独自前往。若参与危险项目，应严格遵守安全注意事项，绝不能抱侥幸心理，以防发生意外（见图9-4）。

危机预防

外出旅游要准备充分

（1）要有周密的旅游计划。事先要制订时间、路线、膳宿的具体计划，带好导游图、有关地图、车船时刻表及必备的行装（衣衫、卫生用品等）。

图9-4　旅游活动要小心

（2）宜结伴不宜独行。"独行侠"虽潇洒，但实际上会面临许多困难，自助出游以结伴同行为好。

（3）随身携带小药包。外出旅游要带上一些常用药，因为旅行途中难免会碰上一些意外情况，随身携带小药包，可做到有备无患。

（4）自助出游几乎一切靠自己，要带齐身份证、学生证，如有条件还可开几张介绍信。

（5）出游前对所去之处的有关知识尽可能地多了解。无论去哪里，地图、旅游图、火车时刻表、雨衣、旅游鞋、指南针、创可贴等皆为必备物品。

（6）注意旅途安全。旅途中有时会经过一些危险区域景点，如陡坡密林、悬崖蹊径、急流深洞等，在这些危险区域要尽量结伴而行，千万不要独自冒险前往。没有充分准备，尽量不要深入无人区域"探险"，勇敢与冒失并不相等。

（7）注意饮食卫生。品尝当地名菜，无疑是对一种"饮食文化"的享受，但一定要注意饮食饮水卫生，切忌暴饮暴食。

（8）讲究文明礼貌。任何时候、任何场合，对人都要有礼貌，事事谦逊忍让，自觉遵守公共秩序。爱护文物古迹和景区的花草树木，不任意在景区、古迹上乱刻乱涂。

（9）尊重当地的习俗。许多少数民族有不同的宗教信仰和习俗忌讳。要入乡随俗，在进入少数民族聚居区旅游时，要尊重他们的传统习俗和生活中的禁忌，切不可忽视礼俗或由于行动上的不慎而伤害他们的民族自尊心。

（10）警惕上当受骗。目前社会上存在着一小部分偷、诈、抢的坏人，因此，萍水相逢时，切忌轻易深交，勿泄机密，以防造成自己财物上的损失。

危机应对

防治"旅游病"

1. 腹泻

由于水土不服，旅行时易引发腹泻。比较简单易行的方法就是在旅途中多喝一些乳酸类饮料，如酸奶。患者千万不要滥用抗生素来治疗腹泻，否则会对身体造成更大的伤害。

2. 失眠

有些人在旅途中会出现失眠现象。有的是因为入睡环境改变导致入睡困难，有的是因为过度兴奋、疲劳或者由慢性病引发的不适而影响睡眠。

要克服旅游失眠首先应保持情绪愉快，尽可能保持平时的饮食、起居、睡眠等习惯，每到一处新地方应尽快适应当地的气候环境，克服生疏感。如果条件允许，出行时最好带上一两件日常陪伴自己睡眠的东西。

3．晕车、晕船

造成晕车、晕船的原因，主要在于车船的直线变速运动、颠簸、摆动或旋转时造成部分神经系统非常敏感的人身体局部功能紊乱。

在乘车和坐船前，可以提前服用防晕车的药物（如苯海拉明）。晕车、晕船时，患者最好平卧休息。如无条件平卧，可将头靠在椅背上，闭目休息。最好能换坐在近窗的位置上，空气清新有利于缓解、减轻症状。同时，可将清凉油或风油精等涂擦在额头等部位，或在肚脐上直接贴膏药。

4．高山反应

在海拔较高的地方旅游，由于气压降低、空气稀薄，很容易出现高山反应。症状为呕吐、耳鸣、头痛、发烧，严重者会出现感觉迟钝、情绪不宁、产生幻觉等，也可能产生水肿、休克或痉挛等症状。

为预防高山反应，在海拔高的地方不宜动作太迅速，最好步调平稳并配合呼吸，且避免急促的呼吸。编排行程不宜太紧迫；睡眠、饮食要充足、正常；经常性地做短时间的休息，休息时可做柔软操及深呼吸来强化循环功能。平常应多做体能训练以加强摄氧功能。

5．飞行不适

乘坐飞机最常发生的疾病便是航空性中耳炎，旅客若感到中耳不适时，可做打哈欠或吞咽的动作。若觉得有欠雅观，可含几颗糖果或是嚼口香糖，有些航空公司发给旅客的花生米也可解决此问题。

飞机机舱不大，乘客不便走动，有时要坐上几个小时，如血液循环不好往往会造成血液聚积在下肢无法回流，还可能会导致肩颈酸痛。乘机时应多喝水或流质饮品，以此来稀释血液。避免喝咖啡、茶及酒，因为这些都属于利尿饮料，易引致身体脱水。

另外，建议旅客在客舱座位中每小时活动腿部3～4分钟，利用轮候洗手间时做些伸展四肢的运动，帮助血液循环。此外，旅客亦应避免穿着尖头鞋或高跟鞋，不穿紧身袜子，尽量穿宽松的鞋子，以避免腿部血液栓塞。

法规链接

个人过错导致的损失　旅行社不承担责任

根据《旅行社管理条例》和《中华人民共和国保险法》的有关规定制定的《旅行社投保责任保险规定》，已经于2001年9月1日起正式施行。其中第七条明确规定，旅游者参加旅行社组织的旅游活动，应当服从导游或领队的安排，在行程中要注意保护自身和随行未成年人的安全，妥善保管所携带的行李、物品。由于旅游者个人过错导致的人身伤亡和财产损失，以及由此导致需支出的各种费用，旅行社不承担赔偿责任。同时第八条也明确规定，旅游者在自行终止旅行社安排的旅游行程后，或在不参加双方约定的活动而自行活动的时间内，发生的人身、财产损害，旅行社不承担赔偿责任。

因此，请同学们切记外出旅游千万不能盲目自大、做事冲动，否则很容易造成悲剧。

安全小贴士

迷路时自制方向指示器的方法

如果你不慎迷路，记录和指示后人自己的行动方向，有如下几种方法。

（1）将岩石或碎石片摆成箭形，箭头指示行动方向。

（2）将棍棒支撑在树权间，顶部指着行动的方向。

（3）在卷草束的中上部系上结，使其顶端弯曲指示行动方向。

（4）在地上放置一根分叉的树枝，用分叉点指向行动方向。

（5）用小石块垒成一个大石堆，在边上再放一小石块指向行动方向。

（6）用一个深刻于树干的箭头形凹槽表示行动方向。

（7）两根交叉的木棒或石头意味着此路不通。

9.3.3 旅行出游 谨防骗局

案例警报

【案例1】别贪小便宜

小谢和小陶等4名学生结伴去公园游玩，4人正在大声抱怨门票100元太贵时，从他们身后闪出一青年，满脸神秘地对他们说，看你们都是学生，肯定没什么钱，而他认识公园管理人员，可以每人20元的价格帮助他们进入公园。4位学生信以为真，纷纷把钱交给那个青年。那青年又说要用手机和公园门口的管理员联系，便借用了小谢的手机佯装打电话联系。就在这时，从他们旁边又闪出两个青年突然撞向其中的一位同学，正在相互打招呼互道"对不起"时，原先的那个青年已经不知去向。结果4人不仅没有进入公园游玩，还损失了钱和手机，4人懊悔不已。

贪不尽的便宜，吃不尽的亏。贪小便宜吃大亏的事例屡见不鲜。导致上当受骗的原因是什么呢？

【案例2】"老乡"骗你没商量

"拉老乡"式购物是近年旅游活动中投诉集中的突出问题。其表现形式是珠宝店老板见到旅游团后，首先假装老乡，能清楚地说出家乡的一些细节，甚至连某个村子的细节都能说出，让人情绪激动，直到套牢"老乡"关系，进而抛出所谓价值连城的"珠宝玉器"，称原价几千甚至上万元，是因为"老乡"关系才"成本出售"，让游客感激涕零，慷慨解囊。

请牢记：销售就要赚钱，世上没有亏本的买卖。只有错买的，没有错卖的！遇到这类行骗你会如何应对呢？

安全警示

天上不会掉馅饼。如果天上掉馅饼，不是圈套就是陷阱。学生在选择旅行社时，最好能选择知名度较高的旅游公司，对一些特价优惠传单尤其要注意辨别其真伪。在签订出游协议时，先看清协议的条款细则内容，以免出游过程中被动。同样，大家在外出旅游时，不要轻易与陌生人答话、交流。请记住：你不贪图别人的便宜，别人就一定占不了你的便宜。

危机预防

防范注意事项

（1）牢记"天上不会掉馅饼，地上不会长黄金"，切勿生贪财之念。在游览过程中，旅行社要推介一些购物店，大家应本着自己需要、价格能够接受、有用等原则去购买，不要盲目消费。购物时一定要索取发票、鉴定证明等合法凭证，以备查找。

（2）拒绝强制消费。如有强制者可立即向有关部门投诉，维护自己的合法权利。如在导游带进的购物店里购买了假冒伪劣产品，一经发现，要及时和旅游销售商店交涉，解决结果不圆满时也可向相关部门投诉。

（3）遇陌生人搭讪要特别提高警惕。

（4）不要随便将自己的个人信息（手机号码）、家庭成员的住址、电话号码告诉陌生人。

（5）在公共场所如车站、码头、机场等处打电话时，注意防范身边是否有人偷听。

（6）不要随便将手机、银行储蓄卡等借给陌生人使用。

（7）到自动提款机取钱时，不能让别人看到你输入的密码。

危机应对

破解旅行中的常见骗术

第一招： 最常见的大概要数 "专业扒手"，高明、快速的"偷"：妇女抱着小孩或几个小孩子一组，绕着"待宰肥羊"（相中的目标）团团转几圈，或是拿着报纸靠近目标，几秒钟就能顺利得手了。

破解术： 少用外露的霹雳包，改用内藏式贴身腰包；护照、身份证及金钱等贵重物品都放在贴身腰包里，口袋只放当天要用的少量现钞。最重要的是不要让陌生人有靠近自己的机会。

第二招： 在人群中故意散落满地硬币，当有人的目光被吸引，甚至好心蹲下去帮忙捡拾时，旁边早已虎视眈眈的"第三只手"就会趁虚而入了。

破解术： 遇事不要太好奇，也不要因身边发生的事而放松该有的警觉性。即使有心帮助别人，也要先照看好自己的行李。

第三招： 公园里，"慈祥"的老先生发现你背后的衣服脏了，好心告诉你，并且还帮忙清理。等到话完家常、衣服也清理干净后，口袋里的钱和皮包也就不翼而飞了。

破解术： 友善的当地居民确实让人觉得温暖，但是防人之心不可无，不要随便接受"好心人"的好意，要迅速离开现场，最好马上到人多的地方，以防对方扒窃不成改为明抢。

第四招： 快餐店的邻桌客人故意丢了人民币在地上，然后问你："是你的钱掉了吗？"等你低头捡钱时，邻桌客人已经和你桌子上（或椅子上）的背包一起消失无踪了。

破解术： 在餐厅或快餐店，同桌伙伴去洗手间，只剩自己一人看管行李时，不要理会邻桌客人的动作和谈话，所有行李都不可离开视线。

第五招： "假观光客"拿着地图来问路，或是与你一起研究行程，经过仔细讨论后他们称谢离去，只留下背包已被洗劫过的真观光客。

破解术： 旅行途中自己也是一个需要看地图的观光客，被人问路当然不寻常。最好直接说自己也不清楚，马上离开现场，不要让自己被包围在中间以增加骗徒下手的机会。

第六招： 歹徒假扮警察在路上检查游客的护照，还要求检查携带的外币是否为假钞。被带回假警局（或带进暗巷）的无辜游客，不是真钞被掉包，就是所有的钱全被当成"假币"没收了。

破解术： 一般在没有犯罪或意外情况发生时，不会有警察来"临检"观光客。如果不能当场判断警察的真伪，最好说护照和钱都在旅馆保险柜中，或是佯装听不懂，请当地路人及店家帮忙翻译，无论如何都不要掏出重要证件和金钱。

　　第七招：一些愿意充当导游的"热心人"，介绍许多景点、交通、食宿资料取得观光客信任后，再介绍令人心动的黑市汇率，观光客换完钱就会发现换来的钱要么少了许多，要么全是假钞。

　　破解术：任何国家的黑市兑换都是不合法的，如果在黑市换钱而发生问题，不但没有申诉机会，可能还会惹上官司。最保险的方法是在银行换钱，虽然要付些手续费，但安全得多。

　　第八招：在"兑换处"换钱也不一定百分之百安全，有时遇上牌告汇率和实际兑换时不同，换完后询问才知道牌告汇率是一次兑换 500 美元以上的优惠，这时想不换也来不及了。

　　破解术：每家银行或兑换处的汇率、手续费计算都不尽相同，换钱之前一定要先问清楚。例如，可问：换 100 元美金（现金或旅行支票）可拿到多少人民币？这样很快就可以算出实际的汇率，再决定是否要换。换好钱之后，别忘了将护照和钱收藏妥当再离开银行，以防等候在外面的歹徒下手。

　　第九招：在币值比较小的国家旅行，面额很大的钞票（动辄上万元甚至百万元一张）常让人算不清楚，尤其拿大面额钞票买便宜的小东西时，一不小心看花了眼，本来该找回 99 万元却只拿到 9900。

　　破解术：买小东西时避免用大钞，若正好没有零钱就先算好该找多少钱，把找回来的钱当着商家的面算清楚，一旦离开就没有机会讨回公道了。

　　第十招：无论是真艳遇还是假艳遇，在旅途中同样都是高风险的事。要提防有心的骗徒摇身一变为浪漫的异国情人，一夜风流或俪影成双几天之后人财两失。

　　破解术：出国旅行时，就像脱离平常的现实生活走进另一个时空，很容易让人失去原本应有的理智与判断力。所以不要对旅途中的异国恋情有过多的期待和幻想，即使有缘认识新朋友也不要急于发展，好好保护自己才是最重要的。

法规链接

转团拼团有规定

　　转团和拼团是旅行社业务中的常见现象。根据有关法律法规的规定，转团的前提一是必须征得游客的同意；二是发生服务质量的问题，须由有合同关系的旅行社承担责任。国家旅游局制定的《国内旅游组团合同范本》中关于转团的条款为："经乙方（即旅游者）同意，甲方（即旅行社）可以将其在本旅游合同上的权利义务转让给具有参加本次旅游条件的第三人，但应当在约定的出发日前（双方约定具体约定日期）通知乙方，如有费用增加，由甲方负责。"但近年来，游客在不知情的情况下被层层转包的投诉较多。违规转团的突出特征就是游客不知情，经济关系不清，责任关系不明。对此，游客必须有所警惕。

安全小贴士

旅游"十忌"
一忌单独出游。特别是远游的人，最好与熟悉的人结伴同游，这样既可增添旅游的乐

趣，又能互相照顾。

二忌无目的滥游。有的人在出门旅游前既无目标，也无计划，有种"走到哪里黑，就在哪里歇"的心理，这种毫无目的地花钱乱逛，既浪费金钱，又徒费精力，还影响身心健康。

三忌乘车坐船争先恐后。

四忌暴食暴饮。有的旅游者在旅途中饱一顿，饥一顿，看见好吃的就暴食暴饮，没有好吃的便不吃，这种做法是十分错误的。同时还要注意饮食卫生，预防肠道感染，防止发生旅途腹泻。

五忌在风景区乱涂乱画。这种乱涂乱画，既损坏古迹的完善，也是一种不讲精神文明的行为，会造成很坏的影响。

六忌语言粗野。旅途中应时时处处讲文明，讲礼貌，不要恶语伤人或与人争吵，以免破坏自己和同伴的欢乐情趣。

七忌随地吐痰或大小便。

八忌任意攀折花草树木。

九忌轻易交友。在旅游中应注意不要随便与不认识的人深交，以免上当受骗。

十忌随身携带重要文件或贵重物品。谨防失密、失窃，造成不应有的损失。

（资料来源：http://travel.163.com/editor/010420/010420-8087.html）

自我检测

1．在不熟悉的地方迷路后，你会如何解决自己面临的困境？
2．乘坐飞机前要进行安全检查，具体步骤与注意事项有哪些？
3．乘坐火车时，如何保管好自己的财物？

应急模拟

1．场景模拟：当同伴出现中暑现象后，你应该如何处理？
2．假如你在旅游景点有当地商业小贩缠着你，非要让你买东西，你怎么办？
3．请与同学一一模拟旅游中常见的骗术与破解的办法。

→ 9.4 应对灾害 居安思危

我国幅员辽阔，自然灾害频发，分布广、损失大，是世界上自然灾害最为严重的国家之一。20世纪以来，极端气候事件出现的频率与强度明显上升，直接危及我国的国民经济发展。

9.4.1 学会自救 赢得生命

自然灾害是指洪水、地震、台风等自然现象给人类造成的灾害。以目前人类的科学技术水平和能力，人们还无法阻止自然灾害的发生，也无法完全抵御自然灾害的破坏。但是人们完全可以根据自然灾害发生的规律和特点，采取积极有效的措施，尽量减少损失。

案例警报

【案例】掌握知识赢得生命

在 2004 年印尼海啸中一名 10 岁的英国小女孩缇丽挽救了几百人的生命。"我当时正在海滩上，看到海面上冒出很多泡泡，而且潮水突然改变方向。想到地理课上学到过这是海啸发生的前兆，就立即告诉了妈妈。"所幸的是她的话得到了重视，人们利用宝贵的 10 分钟疏散撤离，几百人成功逃生。一个 10 岁的小女孩用课堂上学过的知识挽救了几百人的性命，这是掌握防灾知识获得的成功。

此次印尼地震及随后发生的大海啸造成印度洋沿岸各国超过 22 万人死亡或失踪，其中印尼有近 20 万人死亡或失踪，数百万人无家可归。

你若遇到海啸发生，知道如何逃生吗？

安全警示

日本京都防灾中心大厅的醒目位置有一句口号："面对灾难，首先是自救，第二是互救，最后才是政府救助。"当自己遭遇到灾害险情时，首先是不要慌张，一定要有自救意识，要相信生命的力量，相信自己能够逃生。平时积累自救方法，增强自救意识，在关键时刻会有很大的帮助。

危机预防

正视灾害风险　采取积极措施

"天有不测风云，人有旦夕祸福。"只有居安思危，正视灾害风险，并积极采取有效措施，才能安全避险。

1. 相信政府，不轻信谣言

灾难与恐慌是一对孪生姐妹，在自然灾害来临时，谣言最容易伴随着恐慌不胫而走。我们要相信国家、相信政府有能力应对灾害。

2. 积极关注、收听天气预报，了解气象知识

养成收听天气预报的习惯，特别是出行前更要了解气象信息。

3. 尽早做好抗击灾害的应急准备

在家中储藏充足的食品、饮用水、衣被、蜡烛和药物等必要物资，准备相关抗灾物资，即使灾害来临也能保障基本生活需要，减轻政府负担。

4. 学习防灾自救知识

平常要学习如何应对大雪、暴雨、地震等各种自然灾害的常识，如了解什么是寒潮蓝色预警信号、雪灾红色预警信号、暴雪警报和道路结冰红色预警信号等相关知识。掌握在不同情况下如何采取急救、逃生和自我保护等措施。

危机应对

洪水来时如何应对？

（1）注意收听、收看天气预报。当天气预报连续预报有暴雨或大暴雨时，居住在河谷、低洼地带及沿江、沿湖地区的同学，就要提高警惕，随时注意灾情的变化，及时采取适当的措施。

（2）在洪水到来之前，按照预先选择好的路线撤离易被洪水淹没的地区。

（3）洪水到来时，如果你来不及转移，要就近迅速向山坡、高地、楼房、避洪台等高处转移，或者立即爬上屋顶、楼房高层、大树、高墙等高处暂避，同时注意防避毒虫。

（4）如果有可能，可吃些含高热量食品，如巧克力、饼干等，喝些热饮料，以增强体力。避难时，应携带好必备的衣物以御寒，特别要带上必需的饮用水，千万不要喝洪水，以免传染上疾病。

（5）用手电筒、哨子、旗帜、鲜艳的床单和衣服等物品发出求救信号，以引起营救人员的注意，前来救助。

（6）如果已被洪水包围，要设法尽快与当地政府防汛部门取得联系，报告自己的方位和险情，积极寻求救援。注意：千万不要游泳逃生，不可攀爬带电的电线杆、铁塔，也不要爬到泥坯房的屋顶。发现高压电线杆、铁塔倾斜或者电线断头下垂时，一定要迅速远避，防止直接触电或因地面"跨步电压"触电。

如洪水继续上涨，暂避的地方已难自保，则要充分利用准备好的救生器材逃生，或者迅速找一些门板、桌椅、木床、大块的泡沫塑料等能漂浮的材料扎成筏逃生。但须注意不到万不得已不要用这种办法。

（7）如已被卷入洪水中，一定要尽可能抓住固定的或能漂浮的东西，寻找机会逃生。洪水过后，不要徒步蹚过水流很快、水深已过膝盖的小溪。

（8）洪水过后，还应按照当地卫生防疫部门的要求服用预防药物，搞好自己和周围的环境卫生，防止蚊蝇滋生，预防传染病的暴发。

法规链接

《中华人民共和国突发事件应对法》

第四十二条　国家建立健全突发事件预警制度。可以预警的自然灾害、事故灾难和公共卫生事件的预警级别，按照突发事件发生的紧急程度、发展势态和可能造成的危害程度分为一级、二级、三级和四级，分别用红色、橙色、黄色和蓝色标示，一级为最高级别。

第五十四条　任何单位和个人不得编造、传播有关突发事件事态发展或者应急处置工作的虚假信息。

安全·小·贴士

躲避泥石流的应急措施

泥石流是发生在山沟或坡地的一种包含大量泥沙、石块等的山洪急流，规模巨大的泥石流，沿途能清除一切障碍，极具灾害性。发现泥石流或听到征兆声音时，应采取应急措施。

（1）向两侧山坡或河床两岸奔跑，避开洪峰，不能沿沟向上或向下奔跑。

（2）躲避时应站立在坚实、平缓的地方，以免滑坡。

（3）不要上树躲避，因为有时大规模的泥石流会冲倒大树。

9.4.2　防灾避险　切勿侥幸

已掌握防灾减灾知识的公民，会具有防灾减灾意识，其行为选择就会具有理智性和科学性，能有效自我保护，也能够保护他人；而不了解防灾减灾知识的公民，其行为选择容易具有盲目性，面对突发事件，易惊慌失措，不能科学应对。

案例警报

【案例1】缺乏常识丢性命

1998年6月6日下午2时许，由于连日降雨，南宁市西乡塘区四联村通往向阳学校的小路有一处被洪水淹没。在没有大人陪同的情况下，学生小明和小军没有改变路线而是继续走原路，因为这样既可以省去一大半时间，又可以趁机玩一玩水。可是不幸恰恰降临到他们头上，正在他们一路嘻嘻哈哈玩水的时候，走在前面的小明突然"啊"的一声，不幸滑入已经打开盖的下水道口内，被滚滚洪水迅速冲走。见此情景，与小明相隔2米远的小军在水中吓得不敢动弹，幸得路边群众急忙相救，悲剧才没有再发生。

为什么下水道口的井盖会被打开？这样稳妥吗？还缺少哪些安全措施呢？

【案例2】疏忽大意酿悲剧

2005年9月14日，湖南某师范学校操场上，千余名新生正在军训。天空突然乌云密布，教官发号令重新集合，准备解散。队伍刚刚聚拢，闪电、响雷就迎头划过，6人随即倒地，一名军训教官和一名女生遭雷击后身亡。其实这场悲剧是可以避免的，教师和教官应当避开雷电天气，安排室内训练。天气骤变时，应该根据当时的天气异常现象，果断采取措施及时疏散学生。

你知道在室外如何避雷吗？

安全警示

一定要重视、了解自然灾害

对于雷击、地震、洪水等灾害不要抱着侥幸的心理，认为不会发生在自己身上而不去了解。对于任何一种险情我们都应该重视它、了解它。只有这样，一旦发生险情，我们才能保持镇定。大部分学生是未成年人，自认为灾害不会发生或者可以幸免，对灾害预测、防灾等措施漠不关心或麻痹大意，不积极采取行之有效的措施和办法避免灾害的发生，甚至对自救和急救还比较陌生。一旦遇到险情，由于不能积极应对，往往只能看着一条条鲜活的生命离我们而去。

危机预防

外出时如何躲避雷击？

雷电是常见的自然现象，它实质上是天空中雷暴云中的火花放电，放电时产生的光是闪电，闪电使空气受热迅速膨胀而发出的巨大声响是雷声。人在雷雨天很容易遭受雷击致伤甚至死亡。避免雷击应当做到以下几点。

（1）在外出时遇到雷雨天气，要及时躲避，不要在空旷的野外停留。

（2）雷电交加时，如果在空旷的野外无处躲避，应该尽量寻找低凹地（如土坑）藏身，或者立即下蹲、双脚并拢、双臂抱膝、头部下俯，尽量降低身体的高度。如果手中有导电的物体（如铁锹、金属杆雨伞），要迅速抛到远处，千万不能拿着这些物品在旷野中奔跑，否则会成为雷击的目标。

（3）特别要小心的是：遇到雷电时，一定不能到高耸的物体（如旗杆、大树、烟囱、电线杆）下站立，这些地方最容易遭遇雷电袭击。

危机应对

地震时如何逃生？

（1）如果住在楼房内，应迅速远离外墙及门窗的位置，可选择厨房、浴室等开间小、有支撑力的空间。千万不要跑到阳台上，不要跳楼，也不要使用电梯。最好把被子、挎包或枕头顶在头上，选择落下物、倒塌物少的场所，要注意避免接近玻璃窗，以防划伤。

（2）如果住在平房内，来不及跑到户外时，可以紧挨墙根，同时注意用随手物件护住头部。不要急于返回屋内取东西，以免接着可能发生的余震造成房屋倒塌而被埋压。

（3）如果在户外，要避开高大建筑物，赶往没有电线杆和大树的空旷地区。

（4）如果在教室、车站、商店等公共场所，应保持镇静，听从指挥，有序撤离，切忌混乱奔逃，以免造成人为的拥挤踏伤。

法规链接

《中华人民共和国突发事件应对法》

第三十条　各级各类学校应当把应急知识教育纳入教学内容，对学生进行应急知识教育，培养学生的安全意识和自救与互救能力。教育主管部门应当对学校开展应急知识教育进行指导和监督。

安全小贴士

国务院 1995 年 172 号令发布了《破坏性地震应急条例》，使我国地震应急工作纳入法制轨道，保证了防震减灾的顺利进行。

1994 年 9 月 16 日，东海外发生 7.3 级地震时，尽管震感强烈，建筑物遭到破坏，但绝大多数人都能沉着应付，从而减少了人员的伤亡。相反，有的地方曾因地震谣传而盲目避震，造成无震也成灾的局面。1992 年 11 月 26 日，在连城发生的 4.7 级地震中，有 290 多人受伤，造成这种多人受伤的原因是由于缺乏防震知识，避震不当造成的。所以，平时要多了解一些防震的知识和经验，遇到地震时就能减少伤亡和损失。

9.4.3　团结协作　共渡难关

人们往往无力避免自然灾害在瞬间造成的伤害。但在减轻灾害方面，也并非无事可做，被动地等待救援并不可取，人们需要知道如何自救、互助，并减少损失。

案例警报

【案例 1】大雪无情人有情

2008 年 1 月，中国遭受了 50 年不遇的冰雪灾害，雨雪冰冻的恶劣天气对我国南方大部分地区造成巨大灾害。在这样极度困难的情况下，灾区群众万众一心，顽强拼搏，友爱互助，团结协作，共同抗击雪灾。

在杭州，一位富有爱心的长途汽车公司员工，看到很多乘客滞留车站，在风雪中忍受饥寒的折磨，心中十分不忍。于是，他让 30 多位乘客到自己家里过夜，并且免费提供食物。

他还烧了一大锅姜汤送到了车站，面对热腾腾的姜汤，一些乘客流下了感动的泪水。

在湘潭市，一家宾馆接纳了307名受灾群众，并为他们提供棉衣、棉被和取暖设备。

在福州火车站，志愿者向受堵群众发放了2万多个热馒头……

雪灾中，还有更多默默无闻的人将自己的爱给予了寒冷中需要温暖的人，一副手套、一项棉帽，或许就可以给严寒中的人们一股温暖，帮他们抵御风雪；一杯温水、一碗泡面，或许就可以让滞留在火车站的旅客暂时忘掉饥寒，感受到家的温暖；一片积雪的清扫、一铲结冰的清除，或许就可以让车辆顺利通行，交通尽早恢复。这无数的爱汇聚起来，形成一股强大的爱心暖流，让严寒的冰雪再也不能对身在异乡的游子产生威胁。

你经历过雪灾吗？你做了哪些小小的贡献呢？

【案例2】大灾来时要冷静

美国9·11事件中纽约世贸大厦的死亡人数比预计的要少得多，其中一个很重要的原因，就是众人普遍具备较强的防灾避险意识，能够主动采取自救互救措施。

在飞机撞击1号楼后，保安立即通知和组织人员疏散，每个人都得到一个口罩、一条湿毛巾和两瓶矿泉水。几乎所有人都听从指挥，按顺序步行下楼。虽然救生楼梯很窄，仅容两个大人勉强通过，但是逃生的人们还是自动排成一行往下走，留出通道让消防队员迎头而上。

面对突如其来的灾难，人们保持了冷静，采取了正确的应急行为，相互鼓励、相互搀扶，为保护自身生命安全争取了时间和机会。如果当时发生骚乱，人们争先恐后地逃命，就会出现盲目跳楼、拥挤踩伤、压死、堵塞救生楼梯等混乱现象，必然会造成更大的灾难，后果不堪设想。

听闻美国9·11事件现场情景，你有哪些触动呢？

安全警示

我国是世界上自然灾害最为严重的国家之一，台风、地震、洪水等突发性灾害频繁发生，严重威胁人民群众的生命财产安全。据统计，一般年份中国受灾害影响的人口约2亿人，直接经济损失超过1000亿元。有效防御与减轻自然灾害给人类社会造成的损失和危害，保障民众公共安全，已成为国际社会文明程度的重要标志。

危机预防

冰雪灾害的预防

（1）关注天气预报，做好防灾准备。储备充足的食品、饮用水、燃料、手电、打火机、蜡烛和药品等，以防停水、停电、停气等。

（2）做好防寒保暖工作。给自来水管加上保温层，防止冰冻；检查房屋等设施，并进行加固，防止倒塌；备好取暖设备；准备好铁锹等扫雪器具。

（3）体弱多病的人和老年人都要做好防寒保暖准备，尽量不到寒冷的室外活动。

法规链接

《中华人民共和国突发事件应对法》

第四十九条 自然灾害、事故灾难或者公共卫生事件发生后，履行统一领导职责的人民政府可以采取下列一项或者多项应急处置措施：

（一）组织营救和救治受害人员，疏散、撤离并妥善安置受到威胁的人员以及采取其他救助措施；

（二）迅速控制危险源，标明危险区域，封锁危险场所，划定警戒区，实行交通管制以及其他控制措施；

（三）立即抢修被损坏的交通、通信、供水、排水、供电、供气、供热等公共设施，向受到危害的人员提供避难场所和生活必需品，实施医疗救护和卫生防疫以及其他保障措施；

（四）禁止或者限制使用有关设备、设施，关闭或者限制使用有关场所，中止人员密集的活动或者可能导致危害扩大的生产经营活动以及采取其他保护措施；

（五）启用本级人民政府设置的财政预备费和储备的应急救援物资，必要时调用其他急需物资、设备、设施、工具；

（六）组织公民参加应急救援和处置工作，要求具有特定专长的人员提供服务；

（七）保障食品、饮用水、燃料等基本生活必需品的供应；

（八）依法从严惩处囤积居奇、哄抬物价、制假售假等扰乱市场秩序的行为，稳定市场价格，维护市场秩序；

（九）依法从严惩处哄抢财物、干扰破坏应急处置工作等扰乱社会秩序的行为，维护社会治安；

（十）采取防止发生次生、衍生事件的必要措施。

安全·小·贴士

应对自然灾害的"十字经"

（1）学：学习有关预防各种灾害的知识和减灾知识。

（2）听：经常注意收听国家或地方政府和主管灾害部门发布的灾害信息，不听信谣传。

（3）备：根据面临灾害的发展，做好个人、家庭的各种行动准备和物质、技术准备，保护灾害监测、防护设施。

（4）察：注意观察研究周围的自然变异现象，如有条件，也可以进行某些测试研究。

（5）报：一旦发现某种异常的自然现象不必惊恐，尽快向有关部门报告，请专业部门判断。

（6）抗：灾害一旦发生，首先应该发扬大无畏精神，组织大家和个人自卫。

（7）避：灾前做好个人和家庭躲避和抗御灾害的行动安排，选好避灾的安全地方。一旦灾害发生，个人和组织一起进行避灾。

（8）断：在救灾行动中，首先要切断可能导致次生灾害的电、火、煤气等灾源。

（9）救：要学习一定的医救知识，准备一些必备药品。在灾害发生期间，医疗系统不能正常工作的情况下，及时自救和救治他人。

（10）保：为减少个人和家庭的经济损失，除了个人保护以外，还要充分利用社会的防灾保险。相信随着国家减灾体制的健全、减灾能力的提高，以及每一个公民的齐心协力，灾害损失一定会大幅度减少。

自我检测

1. 遭遇泥石流，逃生自救的方法有哪些？

2. 遭遇洪水，应如何应对呢？

应急模拟

1. 在地震灾难发生时如何进行逃生？

2. 夏季的一天，天空突然乌云翻滚、雷声隆隆，此时你正在回家的路上，你应如何应对呢？

第 10 章

自 我 保 护

☞ 知识要点

1. 遵纪守法　严格自律
2. 见义智为　弘扬公德
3. 正当防卫　制止侵害

→ 10.1 遵纪守法　严格自律

法律是维护社会正常运行的重要保障。公民的生活离不开法律，国家的治理离不开法律。能否自觉学法、知法、懂法、用法，既是现代公民应具备的基本素养，也是衡量一个公民是否成熟的标志。

10.1.1 学法是自我保护的重要基础

青少年缺乏生活经验，辨别是非的能力还不强，如果不注意约束自己的行为，就容易违法犯罪，直到付出惨痛代价后才追悔莫及。职校学生既要主动学习法律知识，明辨是非，清楚法律所禁止的行为，也要做到依法律己，依法办事，养成遵纪守法的良好习惯。

案例警报

【案例1】陪同抢劫　照样判刑

职校生小刘打算"弄点钱"买礼物送给女朋友。由于自身身材矮小，单独实施抢劫，恐怕有难度，便约身材高大的同学小王给自己壮胆。小王起初不答应，小刘劝说："只要你站在一边壮个胆。在抢劫过程中不需要你说话，更不需要你参与动手。"小王以为这样就可以不算抢劫，便欣然前往。两人抢劫了路人的一部手机，后被抓获。

小王在法庭上辩称："我既没有动口也没有动手，怎么能判我抢劫呢？"但检方认为，由于他在抢劫前参与策划；抢劫中为小刘壮胆；且受害人称，由于看到对方是两人，所以才让其轻易得手。法院最后认定小王在共同犯罪中起了辅助作用，以抢劫罪判处有期徒刑一年半。

你认为小王参与抢劫了吗？小王不动口、不动手，只是站在旁边，为什么认定他也有罪？

【案例2】贪财被抓值得吗？

2006年4月21日，外来打工人员许霆来到广州天河区黄埔大道某银行取款机取款。他发现取款机系统出错了，自己取了1000元，取款机却只在卡里扣划了1元存款。此后一天之内，许霆从这台柜员机先后取出170多笔款项，合计17.5万元，随后离开广州。在外潜逃1年之后，许霆于2007年5月在陕西宝鸡火车站被警方抓获。2007年11月20日，广州市中级人民法院审理后认定许霆犯盗窃金融机构罪，判处其无期徒刑，剥夺政治权利终身，并处没收个人全部财产，追缴许霆违法所得175000元返还给银行。随后，许霆提出上诉，广州市中级人民法院于2008年3月31日重审后，判处其有期徒刑5年，并处罚金2万元，继续追缴其未退还的非法所得。

假如遇到取款机出错，多吐出现金，你会如何处理呢？为什么？

【案例3】网络世界　也有法律

2007年1月，家住南京市秦淮区的网络游戏玩家齐某，用QQ号登录腾讯财付通游戏点卡销售网站，并在网上支付了一张"久游"休闲卡的钱。在单击"确认无误"付款标志时，齐某无意中发现，只要用鼠标连续不间断地多次单击该标志，网络就会给出几条至几十条不等的同样面值的"久游"休闲卡的卡号和密码。

齐某原以为这只是网络一时出现错误。可几天后，他惊奇地发现这种"好事"依然存在。他告诉了自己的朋友李某和高某，三人决定利用深圳腾讯公司服务器与广州新泛联公司服务器之间的程序漏洞，采用连续快速点击的非正常操作手段，获取大量的"久游"休闲卡的卡号和密码（此操作方法被称为"刷卡"），再以面值 5 折的价格在网上低价销售牟利。与此同时，该作案方法通过齐某在南京多家网吧传播蔓延，形成 5 个作案团伙。在 2007 年 1 月 1 日—3 月 30 日的 3 个月内，共有 22 名犯罪嫌疑人使用了 21 个 QQ 号，非法占有"久游"休闲卡 17163 张，价值约百万元。

2007 年 4 月 26 日，齐某被公安机关刑事拘留，随后包括李某、高某在内的 22 名犯罪嫌疑人先后到案。法院以诈骗罪判处齐某有期徒刑 6 年，处罚金 5 万元人民币。其他有关涉案人员也被判处罚金及有期徒刑 10 年不等的刑罚。

在网络世界里，还有哪些行为会触犯国家法律？

安全警示

上面案例中的小王、许霆、齐某在作案过程中，都曾有过担心、害怕的过程，但最终被贪念占据了上风。他们法律意识淡薄，不考虑事件的严重后果，对于自己的行为抱有侥幸心理，最终走向了犯罪的深渊。青少年要加强自我保护，首先要学习法律知识，增强法律意识。

危机预防

主动、积极、认真地学习法律知识

（1）通过对《中华人民共和国宪法》的学习，培养良好的法律意识。宪法是国家的根本大法，规定了国家各个方面带有全面性、根本性的问题，体现了国家和人民的最高利益。只有对《中华人民共和国宪法》有所了解，才能知道自己在政治民主、人身、财产、受教育、劳动、休息、婚姻家庭等方面享有的权利。具备良好法律意识的职校生，应该正确、合法地运用好自己的权利，并依法维护自己的合法权益。一旦受到侵犯，可以运用法律来维护自己的权利。

（2）通过学习《中华人民共和国治安管理处罚条例》、《中华人民共和国刑法》，了解基本法律规范，帮助自身守法观念和法律信仰的形成。《中华人民共和国治安管理处罚条例》是对有轻微违法的行为的人进行行政处理的行政性行为规范；《中华人民共和国刑法》是对构成犯罪的人进行刑事处罚的刑事法律规范。通过学习《中华人民共和国治安管理处罚条例》和《中华人民共和国刑法》，我们可以初步认识和区分什么是违法行为，什么是合法行为；哪些行为是法律、法规禁止的，哪些是准许的、受鼓励的。

（3）处处留心皆学问，在生活中我们要做有心人。在日常生活中学习法律的途径有很多，我们可以多翻看一些关于法律的书籍报刊，这对于增长法律知识是大有好处的。我们还可以看一些关于法律知识讲座的电视节目，或者是关于法律的节目与新闻，可以通过别人的案例，帮助我们了解更多的法律知识，既不枯燥乏味，掌握起来也比较灵活有效。

危机应对

拒绝诱惑

在现实生活中，面临许多充满危险的诱惑，我们是欣然接受，还是断然拒绝呢？诱惑的表面往往都是很绚丽的，但浮华的背后是残酷的事实。与其接受残酷的事实，不如拒绝诱惑。

同学们在生活中一定要有法律意识，严格遵守国家的法律、法规。拿不准的事情，多咨询教师、家长及法律界人士。多思考、慎做事。遵守法律，是每个公民必须承担的义务。一些走上犯罪道路的青少年，正是由于不学法，不懂法，养成了不良的行为，而这些不良行为和习惯在其成长过程中又没有能够及时地得到纠正和克服，最终走上了犯罪的道路。

法规链接

《中共中央关于社会主义精神文明建设指导方针的决议》

加强社会主义民主和法制的建设，根本问题是教育人。要从小学开始，在进行理想、道德、文明礼貌等教育的同时，进行民主、法制和纪律的教育。要在全体人民中坚持不懈地普及法律常识，增强社会主义的公民意识，使人们懂得公民的基本权利和义务，懂得与自己工作和生活直接有关的法律和纪律，养成守法遵纪的良好习惯。

《中华人民共和国预防未成年人犯罪法》

第六条　对未成年人应当加强理想、道德、法制和爱国主义、集体主义、社会主义教育。对于达到义务教育年龄的未成年人，在进行上述教育的同时，应当进行预防犯罪的教育。

预防未成年人犯罪的教育的目的，是增强未成年人的法制观念，使未成年人懂得违法和犯罪行为对个人、家庭、社会造成的危害，违法和犯罪行为应当承担的法律责任，树立遵纪守法和防范违法犯罪的意识。

第四十条　未成年人应当遵守法律、法规及社会公共道德规范，树立自尊、自律、自强意识，增强辨别是非和自我保护的能力，自觉抵制各种不良行为及违法犯罪行为的引诱和侵害。

安全·小·贴士

学法好处多

（1）学好法律，毕业求职时不吃亏。毕业后我们会到各行各业的岗位上进行求职面试，继而就业。在此过程中，我们要根据法律维护自己的一系列合法利益。例如，关于单位是否能收取违约金、保险金的办理、工资的最低保障等方面，我们只有了解国家法律规定，才能为自己的权利进行合法争取。又如，在签订工作合同时，毕业生可通过法律了解聘用合同必须具备哪些条款，什么条款是无效条款，最大限度地保护自己。

（2）学好法律，创业才有保障。现在国家鼓励年轻人毕业后进行自主创业。但是，在创业过程中总会涉及不少法律条规。例如，要进行创业，以什么形式开公司最为适宜，有哪些优惠政策，要通过什么程序，要承担什么法律责任，这些都需要法律的支持。

（3）学好法律，消费者的权益才能得到更好的维护。尽管国家出台了《中华人民共和国消费者权益保护法》，但是许多消费者的权益并没有完全得到法律的维护。并不是法律本身不够完善，而是因为消费者们不懂得运用法律维护自己的合法权益，甚至连自己的合法权益受到侵害都不知道。只有消费者本身学好法律，才能使自己的权益得到最好的维护。

10.1.2 守法是自我保护的重要条件

学习法律知识仅仅是基础，想要做守法的人，关键还要我们身体力行，洁身自好，保护自己，远离高危场所。面对种种不良诱惑，我们一定要睁大双眼，不能"心动"，更不能行动。当前社会上一些不良场所内部比较混乱，黄、赌、毒等违法犯罪活动猖獗，一旦走进去就有可能身不由己，陷入深渊。因此，我们要坚决不涉险境。

案例警报

【案例1】艳照门的启示

2008 年 1 月，网上爆出疑似明星陈某、钟某不检点的性行为照片，进而引发轩然大波。截至目前，已有多位女星被指涉及艳照，多达数百张各类疑似艺人性行为的艳照流传网络。事件发生后，多位明星的演出事业遭重创，身心也承受巨大压力。

拍摄不雅照片时，明星们有没有意识到自己已经身涉险境呢？

【案例2】迷恋网吧 上街抢劫

某市公安分局刑警一中队民警巡逻时，发现一青年男子形迹可疑，遂进行秘密跟踪。发现该男子突然将一名行走的女青年摔倒在地，并将其一部手机抢走后迅速逃窜。于是，巡逻民警立即进行追击，将该男子抓获，并在其身上查获作案用的一把匕首，以及抢劫的一部价值 2600 元的手机。

犯罪嫌疑人杨某现年 16 岁，某中学在校学生。他对自己抢劫他人手机的犯罪事实供认不讳，其抢劫行为是因自己上网没钱而产生恶念。杨某抢劫手机 3 部，所卖赃款全部用于上网。

杨某肯定知道抢劫是犯罪，但为什么还敢实施抢劫呢？

【案例3】"十三太保"的毁灭

某市公安局捣毁了号称"十三太保"的犯罪团伙。这个犯罪团伙成员的年龄都很小，基本都是十几岁的在校学生，最小的只有 14 岁。这些人员基本上都是主犯王某在游戏厅、网吧结识的，在王某免费安排玩乐、配发手机、给行动中表现"英勇"的奖励金钱等笼络下，大量在校学生入伙。此恶势力团伙的犯罪行为共造成了 1 死、1 重伤、4 轻伤，另有其他大量经济犯罪行为，等待他们的将是法律的严厉处罚。

这些在校学生违法犯罪的背后，有哪些值得我们注意的问题？

安全警示

社会调查表明，诱发中学生犯罪最主要的几种不良行为中，就有青少年进入不宜的场所及和品行不良的人交朋友这两种行为。在歌厅、迪厅、网吧、酒吧等场所由于管理不严，人员混杂，社会丑恶现象常在那里滋生繁衍。青少年由于不成熟，缺乏自我约束能力，往往成为犯罪分子眼中的"羔羊"。又由于青少年缺乏自控能力，往往头脑冲动，不注意自我保护，容易付出惨痛代价。这就启示我们：要远离犯罪，就要从现在做起，洁身自好，不涉险境。

危机预防

不去高危场所

（1）青少年不应去社会不良场所，如确有需要，最好能有家人陪同，结伴而行。在这些场所要提高自我保护意识，不要轻易接受陌生人的各种好处，注意保护好自身人、财、物的安全。

（2）交友要有正确的选择，不搞江湖义气，不在自己不了解的情况下轻易加入任何社团，需知上船容易下船难。要有一定的行动自决能力，常态下能做到不盲从、不轻率，一般情况下能控制自己。

（3）一些不良团体往往用金钱、吃喝玩乐等手段来引诱青少年参与犯罪活动，进而达到控制青少年的目的。青少年要洁身自爱，不要贪图物质和感官享受，不要陷入黑社会组织的泥潭。

（4）要培养自己健康的生活情趣，以多彩的文体活动丰富自己的课余生活。这不仅有利于我们的身心发展，更能开阔我们的视野，提升自身素质。

危机应对

远离不良人员

（1）发现自己身处险境时，不要慌张，镇定自若，可以借故离开现场，以平安离开险境为第一目标，不要和别人发生正面冲突。

（2）在发现身边的朋友是不良团体的成员时，要主动回避，采用冷处理的方法，渐渐疏远。特别不能抱有侥幸、好奇心理参与其活动，如若尝试必然要付出惨痛代价。

（3）如果发现已身处于不良团体之中，这时已经很危险，切不能随波逐流，任由自己越陷越深。可以及时和家长、老师取得联系，向警方汇报情况，回头是岸。

法规链接

《中学生日常行为规范》

第四条 举止文明，不讲脏话，不骂人，不打架，不赌博。不涉足未成年人不宜的活动和场所。

第三十七条 珍爱生命，不吸烟、不喝酒、不滥用药物，拒绝毒品，不参加各种名目的非法组织，不参与非法活动。

《中华人民共和国未成年人保护法》

第二十三条 营业性舞厅等不适宜未成年人活动的场所，有关主管部门和经营者应当采取措施，不得允许未成年人进入。

《中华人民共和国预防未成年人犯罪法》

第三十三条 营业性歌舞厅以及其他未成年人不适宜进入的场所，应当设置明显的未成年人禁止进入标志，不得允许未成年人进入。营业性电子游戏场所在国家法定节假日外，不得允许未成年人进入，并应当设置明显的未成年人禁止进入标志。对于难以判明是否是已成年的，上述场所的工作人员可以要求其出示身份证件。

安全·小·贴士

牢记古训

（1）"君子不立于危墙之下"，君子要远离危险的地方。这包括两方面：一是防患于未然，预先觉察潜在的危险，并采取防范措施；二是一旦发现自己处于危险境地，要及时离开。

（2）"常在河边走，哪能不湿鞋"，经常在河边走路，哪有鞋子不沾泥带水的，游走在法律的边缘难保哪天不突破红线。

（3）"夫祸患常积于忽微"，祸患常常是由平时不注意的细节积累造成的。劝告人们，要经常注意身边那些小的祸患，不要掉以轻心，否则会积成大祸。

10.1.3　用法是自我保护的重要手段

青少年身为法治社会的公民，要有法律意识。遇到难以解决的矛盾，首先要想到运用法律手段解决问题、维护权益。运用法律武器进行自我保护，不仅能使自己的合法权益不受侵害，而且是在维护法律的尊严。

案例警报

【案例 1】法律维权成功

某职校的学生张某成功就业于某大公司，全家都十分开心。在当地某大酒店举行宴会，宴请亲戚朋友。在宴会过程中，张某以酒向大家表示感谢，将一瓶啤酒一饮而尽，却顿时觉得喉咙似有一硬物卡住，并不时有刺痛感。张某马上到附近医院就诊，经过医生的仔细观察，诊断证明其喉咙被一细铁丝卡住。张某于当天做了手术，并在医院住了十多天，前后共花去各项费用 4000 多元。

原是喜事却负伤住院，张某就到酒店讨说法，要求赔偿损失。酒店以酒水免费为由拒绝赔偿。张某学过法律，知道《中华人民共和国消费者权益保护法》第十一条规定："消费者因购买、使用商品或者接受服务受到人身、财产损害的，享有依法获得赔偿的权利。"第三十五条第三款规定："消费者在接受服务时，其合法权益受到损害的，可以向服务者要求赔偿。"于是诉至法院，法院认为案中张某在大酒店消费，并享受该大酒店酒水免费的服务，从而在他们之间就形成了事实上的服务合同。张某在接受酒店提供的服务时因酒店提供的酒中有铁丝而遭到人身损害，尽管该酒店对酒水存在瑕疵没有过错，而且是免费使用，但这免费的酒水属于酒店所提供服务的一部分，因此酒店作为服务的经营者就应当为此承担赔偿责任，而不能以免费提供服务为由拒绝赔偿。

你了解《中华人民共和国消费者权益保护法》吗？如果遇到此事，你会如何处理？

【案例 2】童婚不合法

小王是一位农村姑娘，10 岁时由父母做主，同一位 30 岁的男青年订立了婚约。男方给了小王家 2000 元的礼金。小王在考入职校后，学习了法律知识，明白婚姻自由是国家法律赋予每个人的权利，便提出与男方解除婚约，男方不肯，坚持要履行婚约。小王为保护自身的权益，便到法院起诉。法院经调查了解，在做好疏导工作的基础上，依法裁决小王的父母退还男方 2000 元的礼金，并解除婚约。

小王运用法律武器保护了自己的合法权益，这是最好的自我保护。你准备如何学习法律以便有效地保护自己呢？

安全警示

法律是神圣庄严而不可侵犯的。一些学生，总认为法律只是用来约束自己而不是用来保护自己的，所以从没有想过用法律来维护自己的权益。即使自己的权益受到了侵害，也忍气吞声，自认倒霉。因为不懂法，丧失了很多维权的机会，在无知中一再被侵害。

看了以上案例，同学们应该知道善用法律的重要性，当我们遇到财产纠纷、劳动合同的不公、消费欺诈等情况时，当我们的名誉、肖像、身体受到侵害时，我们可以拿起法律武器保护自己，讨回公道。法律面前人人平等，法律不是特权，不是一个人的法律，法律是维护大多数人基本利益的工具。

危机预防

敢于用法

（1）认真学法、依法自护。我们应从身边人、身边事上着手分析，从鲜活的日常生活中总结、提炼典型案例，自我教育、明辨是非、依法自护。

（2）了解诉讼程序，敢于维权。青少年应从学习《中华人民共和国民事诉讼法》《中华人民共和国行政诉讼法》等法律入手，增强维权意识。要明白打官司是一种让争端在公开、公平的前提条件下，谋求来自第三方独立公正地加以解决的争端解决机制。为了维护自己的合法权益，要大胆地运用法律的武器，维护自身的合法权益。

危机应对

善于用法

（1）当自身权益被侵害，准备采取法律手段保护自身时，首先要查阅相关法律知识，做到心中有数，最好能咨询法律界人士。如实陈述事件情况，不得隐瞒、夸大或缩小，既要如实讲清自己有利的一面，也要如实陈述自己不利的一面，这样就可以使法律界人士在全面了解案情的基础上，对你进行帮助。

（2）注意法律时效。时效，往往是决定民事诉讼成败的一个重要原因。在现实社会生活中，公民或法人通过诉讼的途径主张自己的权利，是有一定的时间限制的。这种由法律规定的时间限制，就是诉讼时效。公民或者法人的权利一旦受到侵害，长期犹豫不决，就会白白失去诉讼时效。

关于民事案件的诉讼时效，《中华人民共和国民法通则》规定：身体受到伤害赔偿的、出售质量不合格商品未声明的、延付或者拒付租金的、寄存财物被丢失或者损毁的，诉讼时效期间为一年。其余的民事案件的时效，一般都是二年。诉讼时效期间从知道或者应当知道权利被侵害时起计算。但是，从权利被侵害之日起超过二十年的，人民法院不予保护。有特殊情况的，人民法院可以延长诉讼时效期间。

（3）注意搜集证据。谁主张谁举证是司法中的一条基本原则，想要打赢官司，不仅仅要靠自己说理，更要拿出切实的证据来证明自己是有理的。证据的形式为书证、物证、视听资料、证人证言、当事人陈述、鉴定结论、勘验笔录 7 种。

法规链接

中国青少年司法保护的相关法规

（1）中国所签订的相关国际公约中的规定，如《联合国预防少年犯罪准则》（利雅得准则）、《联合国少年司法最低限度标准准则》（北京准则）、《联合国保护被剥夺自由少年规则》等。

（2）中国相关法律的规定。《中华人民共和国刑法》《中华人民共和国刑事诉讼法》《中华人民共和国未成年人保护法》《中华人民共和国预防未成年人犯罪法》中的相关规定。

（3）中国公检法的有关司法解释、意见和通知，如《关于办理少年刑事案件的若干规定（试行）》《关于办理少年刑事案件建立配套工作体系的通知》《关于审理少年刑事案件聘请特邀陪审员的联合通知》等。

（4）各省市相关的地方法律法规。包括全国地方人大、政府颁布的法律文件，如 1987 年的《上海市青少年保护条例》是我国的第一个青少年保护法规，它第一次把少年法庭写入法律之中。

安全·小·贴士

打官司要准备什么证据材料？

由于青少年平时较少接触法律服务，不知道需要为案例准备哪些证据材料。因此，提供如下的需备证据清单供参考。各类案件均需准备的证据如下。

（1）证明我方主体资格。

①当事人是个人的，准备身份证或户口簿。

②当事人是单位的，准备营业执照或社团法人登记证等。

（2）证明对方主体资格。

①对方是个人的，提供身份证复印件，如不能提供，可由律师向公安部门调查取得对方户籍资料。

②当事人是单位的，提供营业执照或社团法人登记证复印件，如不能提供，可由律师向工商部门调查取得对方工商登记资料。

（3）争议金额的计算依据。

自我检测

1. 有一位名人说过："播种行为，收获习惯；播种习惯，收获性格；播种性格，收获人生。"从培养法律观念上讲，这句话蕴含了什么道理？

2. "法网恢恢，疏而不漏。"请你结合实际，谈谈对这句话的理解。

应急模拟

1. 有一天，你的一位初中同学过生日，约你到歌舞厅庆祝。你碍于情面到了现场，可是发现人员复杂，还有一些不良人员。你想走，你的初中同学很不高兴，认为你不给面子，这时你应该怎么做？

2. 你在外打工两个月，老板却以你工作不好为理由，不给你发工资，你该怎么办？若需打官司，你要准备哪些证据材料？

→ 10.2　见义智为　弘扬公德

见义勇为自古以来就是人们赞美的高尚行为和品德，也是我国宪法和法律明确规定的公民义务。但是，青少年由于自身年龄和经历的限制，缺乏与违法犯罪行为作斗争的能力与经验，一味"勇为"，往往会付出沉重的代价。所以在提倡见义勇为的同时更应让青少年学会见义智为。在遇到险情时善于审时度势，分析客观情况，发挥自身的聪明才智，采取合适的方式方法，做出力所能及的恰当行动，既保护自己，又消除危机。

10.2.1　弘扬见义勇为精神

见义勇为是中华民族的传统美德，《论语·为政》曰："见义不为，非勇也。"《宋史·欧阳修》说："天资刚劲，见义勇为，虽机阱在前，触发之，不顾。"用现代话语来说，见义勇为就是指在人民、社会、国家的利益遭到侵害的时候，为了维护正义，不顾个人安危，英勇斗争的行为。这是一种敢于担当道义责任、一往无前、无所畏惧的道德品质，亦是一种正义感、责任感和使命感的体现。

案例警报

【案例 1】弘扬公德　见义勇为

2005 年 5 月 21 日上午，南京市金陵职业教育中心的刘潇（见图 10-1）等 3 名同学路经进香河农贸市场十字路口时，看见一名男青年拉开一位骑车妇女的背包，进行偷窃。三人见状上前指责，制止其盗窃行为。这时旁边冲出四五个男青年的同伙，用砖头、竹竿等凶器行凶，妄图继续作案。面对危险，刘潇等 3 位同学没有后退，勇敢地与小偷搏斗。歹徒见无法脱身，穷凶极恶地拿出匕首，狠狠刺中刘潇的背部，见其血流如注，歹徒仓皇逃去。在群众的协助下，犯罪嫌疑人很快全部落网。不久后刘潇也在医院治疗下康复出院，并和另两位同学一起被授予南京市"弘扬公德好少年"的光荣称号。

你认为刘潇等还能采取什么更好的办法与歹徒智斗呢？

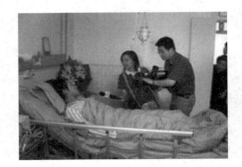

图 10-1　弘扬公德好少年——刘潇

【案例 2】勇救落水儿童

2007 年 10 月 5 日上午，正在潍坊金宝乐园金泉寺放生池边玩耍的 7 岁男孩吕某不慎滑入池中。就在这千钧一发之际，在放生池附近的山东经贸职业学院会计系的小韩同学奋不顾身跳入水中实施救助。在同学及游人的帮助下，孩子被及时救上了岸并脱离生命危险。事后，小韩同学谢绝了被救孩子家长的现金酬谢，且不留姓名默默地离开。当获救儿童家长在《潍坊晚报》刊登启事寻找救命恩人时，小韩同学的英雄事迹才为人知。

勇救儿童，不求回报，大丈夫所为。你若在现场也会奋勇当先吗？为什么？

安全警示

以上案例仅仅是学生见义勇为的几个典型事例。其实，青少年勇斗歹徒、抢救落水儿童、救助身处危险中的人民群众、保卫国家财产等见义勇为的事例数不胜数，充分展示了新一代青少年高尚的思想境界和良好的精神风貌。他们这种不图报酬、不计功利，冒着生命危险，见义勇为的行为值得我们大家学习。也正是有这些见义勇为者，我们的社会才能飘扬着正义的旗帜，高唱着正气之歌。

危机预防

（1）参加体育锻炼，强身健体。见义勇为的事件中，往往都具有危险性，这时一个健康充满力量的身体就显得尤为重要。在很大程度上，它对于保护自己与救助他人都具有决定性的意义。参加体育运动，不仅能强身健体，而且对于自己陶冶情操、磨炼意志、启迪智慧都有着重要作用，有助于全面提高自身素质。

（2）对一些生活安全常识要有了解，如救火时要注意什么，落水者如何救助，一些内外伤如何及时简单处理等。这些知识如果不了解，只凭一腔热血就一味"勇"为，不仅帮助不了他人，有时还会把自己置于险境，造成更大的灾难，付出惨痛代价。

危机应对

（1）见义勇为需要冷静出手，要看清形势，千万不要莽撞，随意出手，被卷入不良青年的斗殴中。

（2）在见义勇为过程中要注意保护自己。诚然，见义勇为需要"血性"，需要在关键时刻挺身而出。但是，生命是宝贵的，生命对于每一个人只有一次，在见义勇为的过程中要注意保护自己。

（3）在见义勇为时，要善于取得帮助，如及时拨打110、向路人寻求帮助等，切不可单枪匹马、逞个人英雄主义。

法规链接

《北京市见义勇为人员奖励和保护条例》

本条例所称见义勇为，是指为保护国家、集体利益或者他人的人身、财产安全，不顾个人安危，与正在发生的违法犯罪作斗争或者抢险救灾的行为。

安全·小·贴士

中华见义勇为基金会

中华见义勇为基金会（以下简称基金会）于1993年6月，经政府核准，依法登记成立，是由公安部、中宣部、中央政法委等部委联合发起成立的全国性公益社会团体。

基金会以发扬中华民族传统美德，弘扬社会正气，倡导见义勇为，促进社会主义精神文明建设，加强社会治安综合治理为宗旨；以表彰奖励见义勇为先进分子，宣传英雄人物和英雄事迹，研讨见义勇为理论问题，推动见义勇为立法等为主要任务。

10.2.2　见义智为是讲策略的见义勇为

弘扬见义勇为精神，并不意味着可以不讲方式、方法。《论语》中说："暴虎（赤手搏虎）冯河（徒手过河），死而无悔，吾不与也。"可见，孔子也不赞成那种没有意义的牺牲。见义勇为也应该讲究策略性，那就是见义智为。见义智为需要人们一方面提高见义勇为时的自我保护能力，另一方面增强自身面对危急情况和险恶局面时的应变能力。

案例警报

【案例1】灵机一动　救人成功

2006年春节前的一个夜晚，职校生成某乘坐大巴返家。午夜时分，"把灯打开，都不许动！"随着一声大吼，车厢内突然冒出几个彪形大汉，手里拿着明晃晃的大刀。"想活命就把钱交出来！"他们穷凶极恶地叫嚷着。车上的乘客被这突如其来的变故吓呆了，一个个"乖乖"地把钱和手机等贵重物品拿了出来。有几个青年稍有犹豫，几个大汉就上去拳打脚踢，直到把人打得不能动弹才收手。

这时成某的脑子也在飞转："我是个学生，身上也没几个钱，何必出头呢？"但是看到几个返乡青年那极度凄惨的样子，心中真是不忍，那可是他们辛辛苦苦在外打工一年的钱。不行，必须管。但这时站起身来与歹徒搏斗，无异于以卵击石。看来只能以智取胜，他苦苦思索着，突然想到在学习驾驶汽车时，突然踩制动时的情形。对，就这样干。"刚才拦到人了。"驾驶员一听，下意识一脚紧急制动，车子像一头野马突然被勒住一样，轮胎在地上发出"吱"的一声尖叫后，停了下来。车上的歹徒们都被这巨大的惯性一个个摔倒在地。说时迟，那时快，车子刚一停住，成某一个飞身鱼跃，飞出了窗外。他从地上一爬起来就往车后跑去，并拿出手机进行报警。歹徒们一看这种情况，吓得扔掉手中的东西，跳下车，像兔子一样逃跑了。成某以自己的智慧救了大家。

成某从自己所学的知识中获得灵感，机智地救助了大家。我们从中得到了什么启示呢？

【案例2】装睡克敌

2007年12月午夜，职校生小张正在家中睡觉。突然，一阵撬门声传来，虽然不大，但惊醒了小张，没等他做出反应，一条黑影便潜入了室内，开始翻箱倒柜。小强没有起来跟窃贼搏斗，因为自己很可能打不过他，他继续装睡，等待机会。一会儿，窃贼搜罗完毕，在溜走之前，仔细看了看小张，说了声："睡得像个死猪！"然后离去。窃贼刚走，小强立即爬起来，先后拨通了110和邻居们的电话求助。结果窃贼走出不远，就被抓了个正着。

小张为什么装睡？否则，情况有可能会是怎样的呢？

安全警示

有专家提出："在教育青少年有正义感，有见义勇为的精神时，更要教会他们正确掌握处理问题的方式与方法。"见义智为就是指遇到险情时善于动脑筋、想办法，审时度势，分析客观情况，做出力所能及的恰当反应，既消除危险、打击犯罪，又保护自己，不做无谓的牺牲，见义智为就是讲策略的见义勇为。

危机预防

积累智慧　见义智为

见义智为的核心在于讲智慧，智慧是一切"智为"的基础。智慧来源于知识，来源于生活。智慧对见义智为有着至关重要的作用，它往往决定了见义智为的成效，也决定了青少年见义勇为与珍爱生命能否实现双赢。青少年要具备见义智为的智慧，必须认真学习科学文化知识，积累生活经验，从中获得灵感。出现需要见义智为的时刻，救助者的智慧定会迸发出美丽的火花，创造"自身无损斗凶险，见义智为夺胜利"的奇迹。

危机应对

如何见义智为？

在与违法犯罪作斗争时，要以智斗取胜。犯罪分子在实施违法犯罪时，或突然袭击，或依仗人多势众，或手执凶器，或孤注一掷。青少年在斗争中，不要鲁莽行事，而要发挥智慧，用智力斗暴力，使智力起到四两拨千斤的作用。

（1）沉着应对。面对犯罪分子实施犯罪行为，要正气凛然，沉着冷静，不要自己先乱了方寸。若自己头脑混乱，就想不出与犯罪分子斗争的好方法了。

（2）不要硬拼。青少年学生年幼体弱，体力一般不如犯罪分子，硬拼会对身体甚至会对生命造成伤害。

（3）找准犯罪分子最薄弱处给予反击。制止犯罪，对犯罪分子最薄弱部位只需轻轻一击，便能产生"点穴"般的效果，使其停止犯罪。

（4）依靠社会的力量打击犯罪分子。青少年身单力薄，在对抗中处于劣势，但依靠社会的力量与犯罪分子作斗争便可转劣势为优势。

（5）及时拨打 110，向公安机关报案，提供犯罪嫌疑人的特征及去向，协助公安人员打击犯罪活动。

在面对危险救人、助人时，以"智助"取胜。青少年在救助他人、抢救财产时，要讲究方法科学，头脑要冷静，果敢而不蛮干，否则会无功而返，甚至会出现牺牲自己而又没救助到他人的悲壮。

面对他人遇到困难，特别是遇到危险的时候，我们要主动帮助，不退缩、不回避。但是在实施救助时我们也要强调和重视救助的成效和方法，要顾及救助方法产生的后果，既要救他人，也要保护自己；既要奋勇，又要顾身。争取化险为夷、皆大欢喜的圆满结果。

（资料来源：《中学政治教学参考》2005 年 1～2 期）

法规链接

《中华人民共和国未成年人保护法》

第六条　国家、社会、学校和家庭应当教育和帮助未成年人维护自己的合法权益，增强自我保护的意识和能力，增强社会责任感。

安全·小·贴士

> **见义智为之歌**
> 路见不平敢援手，不急帮忙先观察。
> 斗智斗勇智为先，保护自己是关键。
> 机智沉着妙应对，以智斗力巧取胜。
> 发动群众齐上阵，见义智为大家行。

自我检测

1. 北京市从 2004 年 2 月 17 日开始试行新的《中小学生日常行为规范》。原条款中的

"见义勇为" 4 个字被删掉，取而代之的是 "遇有侵害要善于斗争，学会自救自护" 等内容。由此引发两种观点：中学生应该见义勇为和中学生不应该见义勇为。请同学们以小组为单位就这两种观点进行讨论。

2. 一日，街头一名持刀歹徒在捅伤了一个行人后，又劫持了一名 6 岁的小学生。这时，旁边职校生小张大声对歹徒说："他还小，你要抓人就抓我好了。"歹徒二话不说，当即转过刀口劫持了小张。此后，歹徒用刀架在他脖子上劫持长达 6 个多小时，但小张一直镇定自若，毫不示弱。最后，歹徒被警方狙击手一枪击毙，小英雄安全脱险。

就此案例，大家展开研讨：

（1）在你的眼中，小张同学是一个什么样的人？

（2）如果你是小张同学，你会怎么做？

（3）小张同学的做法带给我们哪些启示？

应急模拟

职校生小马放学走在回家的路上，走到僻静处，突然有个陌生人几步蹿上来，用水果刀顶住小马的后背，小声说："站住!把兜里的钱全都拿出来!" 小马知道遇到抢劫了。如果你是小马，面对这种情况，你如何应对？

→ 10.3 正当防卫 制止侵害

"防卫"是一个古老而永恒的话题，在终极意义上它永远指向社会的安宁和个人的幸福。一项国际性的研究表明：人一生中有 80% 的可能性会遭到至少一次人身攻击。也就是说，一生只有 20% 的机会可能免受攻击。那该怎么办？答案只有一个：增强自身正当防卫能力。

10.3.1 事前防范 最有效的防卫

安全是幸福生活的前提，面对生活中随时可能发生的危机，我们必须做好应对。事前防范就是在歹徒行凶犯罪前就把其通向受害者的路都堵死，最大限度地减少受害者遭到攻击的可能性。预防犯罪的发生远比格斗自卫要安全得多、重要得多。

案例警报

【案例 1】不以为然 后果惨痛

2007 年 12 月一天的晚上在上海某饭店，职校生小林正在为自己的 20 岁生日举办庆祝会。在活动中，小林和朋友小张由于争夺洗手间与几个社会青年发生口角，当时由于小林朋友众多，几个青年没讨到便宜，便骂骂咧咧地离开。事后，有人劝告小林，这几个社会青年都不好惹，及早离去为好。小林自认为人多势众，不以为然。一小时后，这几个社会青年手持砍刀返回，在众人未及反应的情况下冲进包厢，把小林、小张等人砍倒在血泊之中。

从防范的角度分析，小林应如何避免惨剧的发生？

【案例 2】网络交友 需要警惕

2007 年 6 月，职校女生小郭到公安局报案，称其被人强奸并被敲诈。经询问，原来小郭在网络上认识了一个网名"真爱地球"的男子，在网上两人越谈越投机。于是"真爱地球"邀请小郭五一长假到他那里去玩。小郭毫无警惕之心，向家人谎称到同学家玩，来到了上海，在火车站见到了"真爱地球"。午饭后，"真爱地球"要求找个地方休息，两人便来到宾馆。小郭喝了"真爱地球"买的饮料后，便失去知觉。3个小时后，小郭才苏醒过来，但发现"真爱地球"已不知去向，自己受到了"真爱地球"的性侵犯，随身携带的手机及部分现金也被抢走。5月底，小郭突然收到"真爱地球"的电子信件，内容为小郭的裸体照片，还附有敲诈信称："如果不在一个星期内给我的账户上汇款3000元，我就把照片发到你学校、你家，让全社会的人都看到。"小郭发现事态严重，才向家人坦白，在家人的陪同下，向公安机关报案。

网络交友有风险，案例中小郭存在哪些防范失误？

【案例3】合理防范　保护自我

2007年11月，职校女生小玲独自在家。突然有人敲门，称是煤气公司查表的。时间已经很晚了，难道这时煤气公司人员还在工作？这很反常，小玲立刻警惕起来，假称不会看煤气表，要求这人报出上月度数，估估读数。外面的人回答说没带数据本，查不出上月的数据，直叫小玲开门。小玲感觉外面有可能是坏人，打电话报警，警察告诉她：我们已经派人前往，无论如何不能开门。警方已有证据怀疑这是一个连续杀人犯，假扮煤气公司人员进行作案。不一会警方赶到，自称煤气公司职员的人已不知去向，小玲以警惕之心，合理防范救了自己。

同样的情形，如果你是男生，敲门的是女性，你会开门吗？

安全警示

小林、小郭由于缺乏安全意识，遇到危险却没能识别，没能有效防范，最后付出了惨重代价。而小玲自卫防范意识强，遇到危机时有着清醒的认识和警觉，有效保护了自己。事前防范是最有效的防卫。

危机预防

冷静处事　宽容忍让

（1）具有安全意识，冷静而警觉。在即将引发或卷入争执和冲突时，不要头脑发热、蛮干，而要三思而后行。不卷入无谓的冲突，并不说明我们胆小怕事，而是证明我们不为小事而影响大局的高瞻远瞩的胸怀和气量。要随时随地保持我们大脑的冷静、警觉，处处留心，保护自我。

（2）积极参加体育锻炼，增强身体素质。经常运动能使肌肉保持弹性和耐力，使头脑敏捷，感觉灵敏。身体健壮、行动干净利落，就能很好地照顾自己，应付危机。

（3）改变自己的坏脾气。要克制自己的坏脾气，学会理解尊重他人，不要总想占上风。一个坏脾气往往会给你带来惨痛的教训。

（4）牢记生活智慧。"好汉不吃眼前亏""进一步万丈深渊，退一步海阔天空"是预防危险的至理名言，同学们需好好体会其中的含义。

危机应对

（1）及时离开，走为上策。在预感危险时，及时离开不失为上策。这样做较为简单，不仅离开了险境，也避免了采用格斗护身而可能造成的危害。

（2）做好防范准备。歹徒在选择攻击对象时，一般都愿意挑选容易得手的目标。在预感危险时，做好防范准备，以一种拼命架势应对，在增加自身勇气时，往往也能吓退歹徒。

法规链接

《中华人民共和国刑法》

第二十条第一款　为了使国家、公共利益、本人或者他人的人身、财产和其他权利免受正在进行的不法侵害，而采取的制止不法侵害的行为，对不法侵害人造成损害的，属于正当防卫，不负刑事责任。

安全·小·贴士

事前防范的主要策略与措施

1. 住所

（1）择安而居：对于住处选择首要考虑安全，远离复杂地区。

（2）低调行事：不要显露财富，不要轻易把自己家的信息告诉别人。

（3）和平相处：与邻居处好关系，不要为一点小事就争吵、闹别扭，"千金买屋，万金买邻"，好邻居总是会守望相助。

（4）小心行事：如女学生回家过晚，应请人相送。

（5）切勿引狼入室：不要告诉陌生人你的地址，不要让推销员入室；若有修理工来家里，请核实再放其进入。

2. 校园

（1）心里有数：上学后要对自己的校园了解透彻，如哪些地方僻静容易出事；哪些地方可能会有外人进来；哪些道路晚上照明不够，心中有数自然会避开危险地段。

（2）小心小贼：校园不是保险箱，要注意保管好自身的钱、物，特别是住宿生要严防小偷。

（3）低调行事：校园中学生年轻气盛，较容易发生冲突，同学们遇事情还是要"退一步海阔天空"，避免不必要的纠纷。

（4）谨慎交友：女学生要特别留意，与社会上的人交往尤其要小心，不知底的人不要去交往。跟同学交往时也要小心，切不可无防范之心。对于单独见面要三思而后行。

3. 校外

（1）乘车安全：要注意藏好钱包，不给歹徒下手的机会；在车上少惹事，多忍耐；不要为了一点小事就与人争吵，遭人报复；尽量避免单独在夜间坐车，如需要，要当着出租车司机的面告知亲友出租车号牌，以绝其念。

（2）打工安全：要找正当有信用的地方打工，注意打工的地点与时间，晚上打工总不是太安全；打工时，要与服务对象及同事友好相处，避免冲突。

（3）街头安全：选择安全的地方和时间，尽量减少晚间出门；要有警觉，少带贵重物品，把钱包收好；不要随便与陌生人搭讪；在感觉有人尾随时，快步走向人多地区，或者走入商店寻求帮助；在街头打电话时要留心身边的情况。

10.3.2 正当防卫 保护自我

正当防卫作为一种排除社会危害性的行为，对于普法、执法、号召全民见义勇为，进而共同打击刑事犯罪有着重大作用和影响。特别是在暴力侵犯中，当事人若能清楚地了解正当防卫的法律知识，在与犯罪人作斗争的过程中，将起到很大的作用。

案例警报

【案例1】奋力搏斗 保护自我

2007 年某日，丁某伙同张某、陈某三人在郊区路旁伺机抢劫。当看到王某携带挎包从对面走来时，三人便尾随王某，丁某从后方勒住王某的脖子，张某、陈某上前抢劫王某的财物。王某几次挣扎都未能摆脱丁某的控制，遂拿出随身携带的水果刀，朝勒住其脖子的丁某刺了几刀。挣脱丁某的控制后，王某又与张某、陈某搏斗。张某、陈某均被王某刺伤。

经公安部门认定，王某于凌晨在偏僻处遭三人抢劫，周围无人可以求救，处境非常危险，其在此情况下出于防卫的目的使用水果刀刺死丁某、刺伤张某及陈某的行为属于正当防卫，不负刑事责任。

如何界定正当防卫？王某的行为符合正当防卫的哪些条件？

【案例2】弱女子反抗 救人救己

2003 年某日凌晨 2 时许，小吴和另外两个女孩正在宿舍休息，3 名男子突然破门闯了进来。其中一名男子进门就殴打并强拉女孩小尹出去，小吴下床劝阻却遭到对方殴打，她的睡衣也被撕开了。为了保护自己，小吴顺手拿起床头柜上的水果刀。这时，李某用铁锁打过来。小吴一抬手，他自己就撞在了水果刀上。法院认为，李某 3 人夜闯民宅殴打他人已严重侵犯了 3 名弱女子的人身权利。当李某挥着长 11 厘米、宽 6.5 厘米、重达一斤的锁砸向小吴时，致使暴力程度愈演愈烈，甚至危及小吴的生命安全。而案发时夜深人静，案发现场离其他人住宿比较远，小吴等人被围困在空间狭小的宿舍里，实际上处于孤立无援的状态。因此，小吴的行为完全属于正当防卫，故判决吴某无罪。

正当防卫的合法性和限度性是如何界定的？

安全警示

王某和小吴在遭到暴力侵犯的过程中，并没有屈服，而是进行防卫反击，利用正当防卫，保护了自我。正当防卫是法律赋予我们每个公民的权利。

危机预防

如何正确理解正当防卫？

1. 正当防卫的限度要求的条件（一般条件）

（1）正当防卫必须针对正在进行的不法侵害行为实施。所谓"正在进行的不法侵害"，包含了两层含义。

①侵害行为必须是实际存在而不是主观想象或推测的。

②不法侵害必须是正在进行，而不是尚未发生或已经结束的。

（2）必须是为了保护国家、公共利益、本人或他人的人身、财产或其他权利免受正在进行的不法侵害。这一条件包含了两层含义。

①正当防卫是由于防卫的需要，而不是防卫挑拨。防卫挑拨是指行为人故意挑逗对方攻击自己，然后以所谓"正当防卫"为借口对对方进行报复、加害的行为，其形式好像是正当防卫，但实际上是一种特殊的违法犯罪行为。

②防卫行为是为了保护合法权利。所谓合法权利，就是受法律保护的权利。聚众斗殴、争抢赌物等行为，由于双方都是为侵害对方去保护非法利益，因此双方的行为都是不法侵害而不是正当防卫。

（3）正当防卫必须针对不法侵害者本人实施，而不能对没有实施不法侵害的第三人实施。

（4）必须有危害社会的不法侵害行为。

2．正当防卫的必要限度的 3 个特征

（1）防卫行为必须具有制止不法侵害的目的性。

（2）防卫强度以制止正在进行的不法侵害所必需的强度为限度，它是从制止不法侵害的目的性中派生出来的一个特征。其主要表现如下。一是防卫行为的被迫性。也就是说，正当防卫的行为，都是由不法侵害行为引起的，并且是为了制止不法行为的继续侵害所进行的防卫。二是防卫强度具有约束性。防卫行为始终以制止不法侵害为约束，而不能是出于报复目的的报复活动，始终是以不法侵害的强度（包括行为、性质、方法、手段、工具、作用力量的强度、作用部位及行为人的特点等）来约束防卫行为的强度，使之不明显超过不法侵害的强度。三是这种防卫行为还应具有随时随地的彻底终止性。防卫行为在制止了不法侵害行为的继续侵害之后，应立即彻底终止防卫行为。

（3）防卫行为的合法性。由于防卫是出于不法行为的侵害，而且其防卫的强度又必须以制止住正在进行的不法侵害的强度为限度，所以这种防卫行为无疑是有益于社会的行为。

危机应对

几种危急情况下的正当防卫

1．对付凶杀及攻击伤人

（1）已经形成冲突并有暴力倾向，应马上退出以避免武斗。

（2）如歹徒还继续攻击，可跑向有人的地方求助。

（3）受害者感觉危险，唯一的选择就是逃命，逃走就是胜利。

（4）当发现歹徒不会放过自己时，应抓住一切时机格斗反抗，不能任人宰割。

2．对方抢劫

（1）马上交钱，绝不为保钱财而冒险，尤其是在不能逃避时，要扔了钱就跑，以免歹徒得了钱后继续施暴。

（2）不要试图去记住歹徒的样子，以免招致杀身之祸。

（3）如果歹徒得手后还想带走或杀害受害者，受害者则应立即出逃或拼命格斗。

3．对方强暴

（1）对付熟人强暴。

①态度坚决，严词拒绝，警告对方应负的法律责任。

②威胁对方要以牙还牙，拼死反抗，至少两败俱伤。

③找个借口（如例假）给对方一个台阶下，不失面子地收场。

（2）对付陌生人强暴。

①跑向有人的地方，如无生命危险，喊叫求援吓退歹徒。

②拉开格斗架势，使用各种正规与非正规反击，准备一拼。

③如不服从便有生命危险时，只好妥协，同时寻找逃跑或格斗机会。

4．对付入室行窃

（1）发现家门被撬，不要急于进去检查损失状况，应马上报警。

（2）如人在家时歹徒撬门破窗，可扭大电视音量，或高喊男士的名字，以吓退歹徒。

（3）持刀持棍先向歹徒发起攻击，趁其立足未稳将其打退。

（4）如与入室行窃歹徒碰面，可假意打声招呼，让座并请其喝茶，并说去邻居家叫歹徒要找的人回来，趁机溜走。

5．对付刀枪

如已面对刀枪，则交出钱物。歹徒如果想杀人灭口，则应尽全力反抗。

（资料来源：张锐，陈工．安全教育与自卫防身．北京：北京体育大学出版社，2004）

法规链接

《中华人民共和国刑法》

第二十条第三款　对正在进行行凶、杀人、抢劫、强奸、绑架以及其他严重危及人身安全的暴力犯罪，采取防卫行为，造成不法侵害人伤亡的，不属于防卫过当，不负刑事责任。

安全小·贴士

正当防卫要点

（1）保持冷静。仔细对周围的环境进行观察，评估形势。地形如何、哪些东西可以利用都要有计划，以便于防卫时使用，取得胜利。

（2）等待机会。要抓住有利时机，如歹徒换手、转头等机会，一击必中。

（3）采取行动后，不要再瞻前顾后，集中你所有手段保护自己。

10.3.3　防卫不当　后果严重

正当防卫是法律赋予公民在国家、公共利益、本人或他人的人身、财产和其他权利受到不法侵害时可采取的正当行为，但是，法律赋予公民的这项权利也必须正确行使，才能达到正当防卫的目的。如果使用不当，反而会危害社会，转化成犯罪，造成严重后果。

案例警报

【案例1】争抢板凳的血案

2002 年 10 月，职校生小孙在游戏机室内玩电子游戏，为争板凳坐，与室内一青年小朱发生争执。小朱的同伴涂某知情后，抓住小孙的头发，并将随身携带的弹簧刀架在小孙的脖子上，把小孙往室外拖，兼以语言威胁。小孙趁机夺过涂某的刀后，继而又对涂某的胸、腹部连刺两刀，致涂某经抢救无效死亡。法院认为，涂某持刀威胁小孙的行为虽具有不法性，但当时尚未达到实施正当防卫的紧迫程度；同时，小孙夺过涂某手中的刀，此威胁已经解除，但小孙又朝涂某的身体连刺两刀，其行为不符合正当防卫的特征。最后依法判处被告人小孙有期徒刑13年，赔偿各项经济损失十多万元。

对照正当防卫的条件，请说出小孙的行为为什么不是正当防卫。

【案例2】小偷也不能乱打

2005年某晚8时许，职校生小赵在自家屋内看电视时，突然听见家后院停放的电动车处有动静，遂顺手从院内拿起一根2尺多长的铁管绕到房后，看到有人正在偷他电动车的电瓶，小赵举起铁管朝此人头部、腰部等处连打数下，见小偷趴在地上起不来后，打110报了警。

小偷叶某立即被送往医院，诊断为头挫裂伤、颅骨骨折、外伤性脾破裂，损害程度经鉴定为重伤。法院审理此案后认为，小赵对正在实施盗窃其财物的叶某多次击打，虽是为保护自己的财产免受正在进行的不法侵害而采取的防卫行为，但其行为造成了严重后果，明显超过了必要限度，是防卫过当，其行为已构成了伤害罪，应予处罚。法院以故意伤害罪，判处小赵有期徒刑2年，缓刑2年。

小偷可恨，但也不能乱打。为什么说小赵的行为属于防卫过当？

【案例3】事后防卫　仍需负责

无业游民李某为还赌债于某日晚将一刚下晚自习走在回家路上的中学生小邵拦住，用刀威胁小邵交出财物。在这过程中，李某想起自己年轻时的辛酸，遂良心发现，觉得学生可怜，便抽身离开。看着拦路抢劫者的离去，小邵怒气涌上心头，捡起一块石头追上李某并砸在他的头上，造成李某重伤。法院认为，小邵在遇到不法侵害后再做防卫，属于事后防卫，不属于正当防卫，需要承担法律责任。

什么是事后防卫？小邵的行为存在什么过错？

安全警示

以上3位同学的遭遇告诉我们：在正当防卫时，若不法侵害者的行为已经不再构成威胁，应立即终止防卫，否则很有可能造成防卫不当，需负法律责任。

危机预防

非正当防卫的主要类型

（1）防卫过当是指行为人在实施正当防卫时，超过了正当防卫的限度，并造成了不应有的危险行为。

（2）对于防卫挑拨行为不能视为正当防卫，所谓防卫挑拨，是指故意以挑拨、寻衅等不正当的手段激怒他人，引起他人向自己袭击，然后以防卫为借口故意伤害他人的行为。由于该不法侵害是在挑衅人的故意挑逗下诱发的，其主观上具有犯罪意图没有防卫意图，客观上实施了犯罪行为，因而依法构成犯罪。

（3）互殴、聚众斗殴、械斗行为，是指参与者在其主观的不法侵害意图的支配下，客观上所实施的连续相互侵害的行为。其主观目的都是侵害对方，而不是保护公私财产及人身安全的合法权益，故双方均无正当防卫可言。

（4）事前防卫，也叫提前防卫，指行为人在不法侵害尚未发生或者还未到来的时候，而对准备进行不法侵害的人采取的所谓防卫行为。

（5）事后防卫指不法侵害终止后，对不法侵害者进行的所谓防卫行为。

危机应对

在进行防卫后，发现有可能是防卫不当后，应及时做好对受伤者的救助工作，并及时报告警方，说明情况，争取宽大处理。

法规链接

《中华人民共和国刑法》

第二十条第二款　正当防卫明显超过必要限度造成重大损害的，应当负刑事责任，但是应当减轻或者免除处罚。

安全小贴士

正当防卫的限度条件

防卫行为不能明显超过必要限度造成重大损害。要求行为人的防卫行为是制止不法侵害行为所必需的；同时，防卫的手段、强度同侵害行为的手段、强度之间，防卫人对侵害人所造成的后果同侵害行为可能造成的危害结果之间基本相适应，不能明显超过必要限度，造成重大损害。如果符合其他4个条件，但是超过了必要限度的防卫行为，则称为防卫过当。根据防卫过当的行为人主观上的罪过形式，确定其行为构成何罪。其罪过形式一般为过失，也可以为间接故意。因此，其行为可能构成过失致死罪、间接故意杀人罪等，不能认为构成防卫过当罪。防卫过当的，应当减轻或者免除处罚。

需要注意的是，并非凡是超过必要限度的，都是防卫过当，只有"明显"超过必要限度造成重大损害的，才是防卫过当。

首先，轻微超过必要限度的不成为防卫过当，只有在能够被清楚容易地认定为超过必要限度时，才可能属于防卫过当。其次，造成一般损害的不成为防卫过当。最后，上述正当防卫的必要限度条件不适用于对严重危及人身安全的暴力犯罪所进行的防卫（无过当防卫）。鉴于严重危及人身安全的暴力犯罪的严重社会危害性，为了更好地保护公民的人身权利，《中华人民共和国刑法》第二十条第三款规定了无过当防卫，即对正在进行行凶、杀人、抢劫、强奸、绑架以及其他严重危及人身安全的暴力犯罪，采取防卫行为，造成不法侵害人伤亡的，不属于防卫过当，不负刑事责任。

自我检测

1. 小偷宫某在公共汽车上扒窃小袁的钱包，得手后向车门处离去。小袁发现自己的钱包被宫某所盗，随即追上一把抓住宫某，宫某一拳击中小袁的脸部，欲挣脱逃走，小袁随手拿起车上的摇把向宫某砸去，正好砸中宫某的头部，致宫某死亡。小袁的行为是正当防卫吗？

2. 3名嫌疑人在大巴上实施抢劫，逃窜中一人被司机用车门夹死。对于司机和乘客是否应该为嫌疑人的死亡负责，广大市民普遍认为司机属于正当防卫，不应受罚；但也有律师认为司机的行为不属正当防卫，而属于见义勇为，对于是否要承担相应的刑事责任则要等待法医的最后鉴定。你的看法是什么？

应急模拟

某晚，你乘坐电梯回家，电梯里只有你与一名陌生人。你突然发现他的行为可疑，这时你该如何做？如果他要对你实施侵害，你又该如何做？

第 11 章

自 我 救 助

☞ 知识要点

1. 主动保险　合理避险
2. 及时报警　有效求助
3. 日常急救　方法得当

→ 11.1 主动保险 合理避险

保险不是保证风险不会发生，而是在风险事故发生后，对被保险人所遭受的经济损失进行赔偿或资金给付的一种制度。

案例警报

【案例1】舍不得几十元 付出几万元

夏日的一天晚上，某中学下晚自习，在二楼、三楼上晚自习的700多名学生走出教室，像往常一样沿着楼梯下楼。在一楼、二楼之间的楼梯上出现拥挤，后面的学生不知前面的情况，造成事故。教师和医护人员闻讯赶到现场时，10多人倒在地上不动，其中3名学生当时就已停止了心跳。此次事故中受伤的20多名学生被送往医院抢救后，脱离了生命危险。

事故发生后，当地保险公司迅速展开相关赔付调查，经核实，该校学生投保的学生平安险已于事发前十几日到期，却没能及时续保，因此此次事故不在保险期之内，不予赔付。事后采访受伤学生家长"为何没有续保"，家长说："图侥幸吃了大亏，前一年几十元保费交了也没发生什么事情，认为白交了，今年就不想再交了，哪知道出了这么大事。"

区区几十元保险费，也是一种保障。

【案例2】学生保险个案

小张在学校课间休息时，不慎从楼梯上摔下，当时无法行走。校医随即将其送往医院治疗，诊断为左大腿股骨骨折，住院治疗花费15000余元。由于参保了学平险，保险公司共赔付了7000多元。

职校生小周于2006年9月1日参保了学平险。在2006年11月放学回家路中，被汽车撞伤，共花费医疗费用2万余元。经调查确认属于意外伤害事故，保险公司赔付医疗费1万多元。

职校生小李在校期间突发骨肿瘤住院。由于他参保了学平险，获得了保险赔款40000余元。

主动保险，合理避险，防患于未然。

安全警示

随着时代的发展，我们将会越来越多地接触到保险。对于保险，我们要尝试去了解它、认识它、利用它。我们要根据自身情况安排好保险计划，以最小的支出获得最大的保障。保险投保及保险索赔，各保险公司都有一些具体规定，同学们在事前要做好咨询、分析等准备工作，按规定操作。

危机预防

学生平安保险的基本知识

学生平安保险（简称学平险）具有保费低、保障高的特点，非常适合在校学生投保。目前，学平险年缴保费100元。

（1）学平险被保险人是指在学校注册，身体健康，能正常学习和生活的学生。

（2）学平险所包括的险种：平安保险、平安保险附加意外伤害医疗保险、平安保险附加住院医疗保险。

（3）学平险的保险责任：主要涵盖意外伤害致病或死亡、意外伤害致残、意外伤害就医、疾病住院 5 项医疗责任。

危机应对

保险的投保与索赔

（1）投保人、被保险人应履行的义务有哪些？

缴纳保险费和如实告知的义务。应将被保险人的健康状况、投保前是否患有疾病、疾病名称、确诊时间或何时治愈、残疾等级等情况如实告知保险公司。

（2）被保人出险后应如何处置？

被保人出险后，被保险人或投保人应在保险合同规定的时间内尽快向保险公司报案，并到保险公司指定的医院就医。如遇急救，可到就近医院治疗，待病情稳定后再转入定点医院治疗。

（3）申请索赔需提供哪些资料？

①保险合同。②被保险人的户籍证明和身份证明。③公安机关出具的相关事故证明。④医院出具的相关证明，医疗费用收据、诊断证明和病历等。

安全·小·贴士

名人谈保险

李嘉诚：别人都说我很富有，拥有很多的财富。其实真正属于我个人的财富是给自己和亲人买了充足的人寿保险。

胡适：保险的意义，只是今日做明日的准备，生时做死时的准备，父母做儿女的准备，儿女幼小时做儿女长大时的准备，如此而已。今天预备明天，这是真稳健；生时预备死时，这是真旷达；父母预备儿女，这是真慈爱；不能做到这三步，不能算作现代人！

丘吉尔：如果我办得到，我一定要把保险这两个字写在家家户户的门上以及每一位公务员的手册上。因为我深信，通过保险，每一个家庭只要付出微不足道的代价，就可免除遭受永劫不复的代价。

➡ 11.2　及时报警　有效求助

在遇到危险需要帮助时，拨打报警电话是一种极为有效的自我救助方法。下面将介绍一些报警求助常识。

11.2.1　110 报警服务电话

当公民的人身、财产受到不法侵害；发现国家财产、他人生命受到不法侵害；遇到交通、火灾、生产等事故和自然灾害；发现刑事、治安案件线索及其他事故苗头；遇到自身不能解决，需要公安机关提供帮助的急、难、险、重等事宜可以随时拨打 110。

（1）110 免收电话费，可通过有线电话（固定电话、投币电话、磁卡电话）、移动电话（手机）等拨打，不用拨区号，可直拨"110"号码。

（2）报警时请讲清楚案发的时间、方位，你的姓名及联系方式等。如对案发地不熟悉，可提供现场附近具有明显标志的建筑物、大型场所、公交车站、单位名称等。

（3）报警时要按民警的提示讲清报警求助的基本情况：现场的原始状态如何；有无采取措施；犯罪分子或可疑人员的人数、特点、携带物品和逃跑方向等。

（4）报警后，要保护现场，以便民警到场后提取物证、痕迹。

（5）未成年人遇到刑事案件时，应首先保护好自身安全。

11.2.2　122 报警服务电话

发生交通事故或交通纠纷，可拨打 122 或 110 报警电话。

（1）122 免收电话费，不用拨区号，可直拨"122"号码。

（2）拨打 122 或 110 时，必须准确报出事故发生的地点及人员、车辆伤损情况。

（3）双方认为可以自行解决的事故，应把车辆移至不妨碍交通的地点协商处理或等候交通警察处理。

（4）遇到交通事故逃逸车辆，应记住肇事车辆的车牌号，如未看清肇事车辆的车牌号，应记下肇事车辆的车型、颜色等主要特征。

（5）交通事故造成人员伤亡时，应立即拨打 120 急救求助电话，同时不要破坏现场和随意移动伤员。

11.2.3　119 报警服务电话

发现火情应及时拨打 119 火警报警电话。

（1）119 免收电话费，不用拨区号，可直拨"119"号码。

（2）拨打 119 时，必须准确报出失火方位。如果不知道失火地点名称，应尽可能说清楚周围明显的标志，如建筑物等。

（3）尽量讲清楚起火部位、着火物资、火势大小、是否有人被困等情况，同时应在主要路口接应消防车。

（4）在消防车到达现场前应设法控制火灾，以免火势扩大蔓延。扑救时需注意自身安全。

（5）119 还参加其他灾害或事故的抢险救援工作，包括各种危险化学品泄漏事故的救援，水灾、风灾、地震等重大自然灾害的抢险救灾，空难及重大事故的抢险救援，建筑物倒塌事故的抢险救援，恐怖袭击等突发性事件的应急救援，单位和群众遇险求助时的救援救助等。

11.2.4　120 报警服务电话

需要急救服务时，可拨打 120 急救求助电话。

（1）120 免收电话费，不用拨区号，可直拨"120"号码。

（2）拨通电话后，应说清楚病人所在地点、年龄、性别和病情。如不知道确切的地址，应说明大致方位，如在哪条大街、哪个方向等。

（3）尽可能说明病人典型的发病表现，如胸痛、意识不清、呕血、呕吐不止、呼吸困难等。

（4）尽可能说明病人患病或受伤的时间。如为意外伤害，要说明伤害的性质，如触电、爆炸、塌方、溺水、火灾、中毒、交通事故等，并报告受害人受伤的部位和情况。

（5）尽可能说明你的特殊需要，了解清楚救护车到达的大致时间，准备接车。

（6）如果了解病人的病史，在呼叫急救服务时应提供给急救人员参考。

11.2.5　切忌随便拨打报警电话

110、122、119、120 报警电话是为群众应急服务的特种专用电话，必须在遇到紧急情况时拨打。不能随意拨打报警电话，更不能用报警电话取闹。对于虚报警情、谎报险情的，警方将按照《中华人民共和国治安管理处罚条例》严肃处理，构成犯罪的，依法追究刑事责任。

11.2.6　安全救助卡

为了在遭遇意外时能及时得到救治，我们可以制作安全救助卡（见表 11-1）放在身边。在救助卡上有姓名、年龄、血型、家庭电话、紧急联系人电话、药物过敏史、病史等信息。这样一旦发生意外，也能求助有路。

表 11-1　安全救助卡

安全救助卡					
姓名		年龄		性别	
血型		家庭电话		紧急联系人电话	
病史					
药物过敏史					

➡ 11.3　日常急救　方法得当

11.3.1　外科急症的自救与救护

1．脱臼肢体的急救

一旦发生脱臼，要保持安静，不要活动，更不可揉搓脱臼部位。如脱臼部位在肩部，可把患者肘部弯成直角，再用三角巾把前臂和肘部托起，挂在颈上，然后用一条宽带缠过脑部，再对侧脑做结。如脱臼部位在髋部，尽量不要挪动患部，尽早联络救护车去医院治疗。

2．刀伤肢体的急救

刀刺入体内，严禁拔出；应在刀根的周围用消毒纱布垫压；用纱布包绕伤口四周，用胶布贴牢，尽快赶到医院治疗。

3．肢体断离的急救

遇到断离肢体的事故时，请不要惊慌，先用消毒纱布包裹断离肢体；再将断离肢体放入干净塑料袋，封口后放入冰水或者存冰块的保暖杯中；把残端包扎好后与断离肢体一起送往医院急救。

4. 气道误入异物的急救

当异物误入气道时，会发生不完全性或完全性气道阻塞，严重时会导致死亡，抢救方法如下：①上腹部猛压椅背，或用力咳嗽；②拍背法，让病人弯下腰，然后拍打病人的背部。

11.3.2　内科急症的自救与救护

腹痛是临床上非常常见的症状，但也非常复杂。可考虑这样救治：两腿屈曲侧卧，以减轻腹肌紧张度、减轻疼痛。腹膜炎以半坐位为好；观察腹痛的性质、部位、发作时间、伴随症状，尽快查明病因。病因不明时切忌盲目热敷或冷敷腹部。在病因不明时尽量不用止痛药，以免干扰疼痛的性质而误诊。病因明确的肠炎、痢疾、胃炎等病，可适当应用止痛药。用药1～2次后腹痛不见减轻应及时到医院诊治。

11.3.3　中毒的自救与救护

1. 农药中毒的急救

因吃了农药污染的食物，或因误服、吸入农药蒸汽等而引起农药中毒时，可出现头晕、头痛、呼吸急促、心跳加快甚至大小便失禁、瞳孔缩小等症状，如不及时抢救，可有生命危险。应先让中毒者迅速离开现场，安排在空气新鲜的环境，脱去污染衣服，再用清水或肥皂水清洗被污染的皮肤、头面部及手指甲缝等处（不可用热水，因为热水会加快毒物经皮肤吸收）。对误服农药者，应马上催吐，让中毒病人快速连饮清水或稀肥皂水（敌百虫中毒时，不可用肥皂水，只能用清水）2～4大碗，再用手指或筷子刺激咽喉催吐，反复多次。急救后，再送往医院继续观察治疗。

2. 药物或食物中毒的急救

必须立即送医院抢救，并将可疑的中毒药物或食物带交医院化验检查，以便医生确定中毒原因，采取对症的抢救措施，加快病人的康复。药物或食物中毒急救的一般原则如下。第一是对创面毒物的冲洗。若毒物尚在皮肤黏膜表面的部位时，应迅速用清水反复冲洗，使毒物脱离患部。若为酸性的药物，可用肥皂水或石灰水等弱碱性溶液洗涤中和之。若为碱性的药物，可用食醋、稀醋酸、枸橼酸等酸性溶液来冲洗中和。若中毒的药物易溶于油类或酒精等，被污染的创面可用油类或酒精来洗涤，使其溶于这些溶媒中。第二是催吐。为了使未被吸收的毒物能尽快地排出体外，避免洗胃时固形物体堵塞胃管的孔口，应设法催吐。

3. 煤气中毒的自救与救护

洗澡时一定要打开排气设施，保持浴室内通风。

在注意保暖的条件下迅速将病人转移到空气新鲜的地方，或打开门窗通风换气。保持中毒者呼吸道通畅，如穿有衣服，应解开上衣领扣和腰带，使头后仰，以便呼吸。有条件的应立即给中毒者进行吸氧。对昏迷不醒、皮肤和黏膜呈樱桃红、苍白或青紫色的严重中毒者，应立即送往条件较好的正规医院及时给予高浓度氧气吸入抢救。对已深度昏迷或休克者，在已通知急救中心等候送往医院急救前，应以就地抢救为原则，及时进行人工心肺复苏，同时，须做好准备，争取尽早把患者送往医院救治。

4．醉酒的自救与救护

醉酒，轻者红光满面，语无伦次，行走不稳；重者呕吐、昏睡、血压下降；极严重的可陷入昏迷，甚至造成死亡。

急救措施：①用清水灌口，用湿毛巾分别敷在醉酒者的后脑和前胸，并不断用清水灌入口中，直至醉酒者清醒；②用花露水敷脸，在热毛巾上滴数滴花露水，敷在醉酒者的脸上，对醒酒、止吐效果很好；③多饮茶水，由于绿茶中含有的单宁酸能分解酒精，从而使醉酒者尽早解除酒精中毒状态；④及时送往医院救治。

11.3.4 心肺复苏常识（CPR）

大量事实表明，心跳停止 4 分钟内进行心肺复苏可有 50%的人被救活。心肺复苏就是挽救生命，使其恢复心跳和呼吸，避免脑损伤的一项急救技术，它主要包括人工呼吸和胸外按压两方面的内容。

1．人工呼吸的操作方法

（1）"口对口式"人工呼吸。

①用手指捏住病人的鼻子，深呼吸后用嘴封住病人的嘴，缓慢持续吹气。

②吹气后立即与病人口部脱离，抬起头，手松鼻，侧身吸气并观察病人的胸部变化。如果人工呼吸成功，患者隆起的胸部会自然下落，并能听到病人的呼气声。待患者胸部回落到正常位置后，再进行下一次。

③施行人工呼吸的频率为：成人每分钟进行 14～16 次，儿童每分钟进行 20 次。每次吹气 1～1.5 分钟。反复进行，直到病人有自主呼吸。

（2）"口对鼻式"人工呼吸。

当患者口腔内有血液及其他分泌物或损伤时，不能使用上一种方法，可将病人的嘴封住，进行口对鼻式人工呼吸。

2．胸外心肺按压操作方法

（1）上身前倾，双臂伸直，双手交叉，手掌根部放在患者胸骨的中下处，垂直向下按压。

（2）用力要均匀，不可过猛。按压深度，成人为 4～5 厘米，频率为 60～80 次/分。

（3）每次按压后要全部放松，使患者的胸部恢复到正常位置，但手掌根部不要离开，以免改变按压位置。

反侵权盗版声明

电子工业出版社依法对本作品享有专有出版权。任何未经权利人书面许可，复制、销售或通过信息网络传播本作品的行为；歪曲、篡改、剽窃本作品的行为，均违反《中华人民共和国著作权法》，其行为人应承担相应的民事责任和行政责任，构成犯罪的，将被依法追究刑事责任。

为了维护市场秩序，保护权利人的合法权益，我社将依法查处和打击侵权盗版的单位和个人。欢迎社会各界人士积极举报侵权盗版行为，本社将奖励举报有功人员，并保证举报人的信息不被泄露。

举报电话：（010）88254396；（010）88258888

传　　真：（010）88254397

E-mail：　dbqq@phei.com.cn

通信地址：北京市万寿路 173 信箱

　　　　　电子工业出版社总编办公室

邮　　编：100036